普通高等教育"十三五"规划教材

流体力学基础

Fundamentals of Fluid Mechanics

于 勇 雷娟棉 ◎ 编

北京理工大学出版社
BEIJING INSTITUTE OF TECHNOLOGY PRESS

图书在版编目（CIP）数据

流体力学基础 / 于勇，雷娟棉编. —北京：北京理工大学出版社，2017.7
ISBN 978-7-5682-4367-4

Ⅰ. ①流… Ⅱ. ①于… ②雷… Ⅲ. ①流体力学–高等学校–教材 Ⅳ. ①O35

中国版本图书馆 CIP 数据核字（2017）第 168606 号

出版发行 / 北京理工大学出版社有限责任公司
社　　址 / 北京市海淀区中关村南大街 5 号
邮　　编 / 100081
电　　话 / （010）68914775（总编室）
　　　　　（010）82562903（教材售后服务热线）
　　　　　（010）68948351（其他图书服务热线）
网　　址 / http://www.bitpress.com.cn
经　　销 / 全国各地新华书店
印　　刷 / 保定市中画美凯印刷有限公司
开　　本 / 787 毫米×1092 毫米　1/16
印　　张 / 15.5　　　　　　　　　　　　　　　　　责任编辑 / 梁铜华
字　　数 / 365 千字　　　　　　　　　　　　　　　文案编辑 / 郭贵娟
版　　次 / 2017 年 7 月第 1 版　2017 年 7 月第 1 次印刷　责任校对 / 周瑞红
定　　价 / 46.00 元　　　　　　　　　　　　　　　责任印制 / 李志强

前言

　　流体力学作为一门基础学科，国内外的相关教材非常多，例如 Robert W. Fox 等人编写的 *Fluid Mechanics* 已经更新到第 SI 版，国内周光垌先生或者吴望一先生编写的《流体力学》也非常经典。流体力学涵盖的内容非常广泛，从不可压缩流动到可压缩流动，从内流到外流，从水动力学到流体机械到航空航天。国内许多高校都依据自己的教学实践和需求编写了相应的教材，例如清华大学张兆顺教授编写的《流体力学》侧重于用数学语言描述流体问题，上海交通大学丁祖荣编写的《流体力学》资料丰富、覆盖面广，北京理工大学车辆工程学院张业影教授编写的《流体力学》侧重于不可压缩流动。另外，还有很多关于水力学、风工程等方面的优秀的工程流体力学教材。

　　流体力学是大多数工科院校本科生的一门专业基础课。在宽口径培养的大背景下，目前各个学校对于专业基础课程的课时都在不断压缩，这就使得老师在课程安排上不可能追求内容多而全，数学推导不可能要求很高。而传统的流体力学教材涵盖面都很广，难度比较大，适合作为相应研究方向学生的参考书或者流体力学专业学生的教材，而不适合作为普通工科学生的流体力学基础课程教材。

　　鉴于此种背景，我们以航空航天为背景，涵盖不可压缩流动到可压缩流动的流体力学基础问题，选取了一些流体力学的基本物理概念、基本分析方法和基本理论作为主要内容，并在内容的选取和深度的把握上做了一定的取舍，力图使学生在较短学时内通过学习能够掌握流体力学的基本概念、基本理论及分析方法，为后续相关专业课的学习打下基础。

　　本书注重学生对基本概念和基本流体力学现象的理解，弱化数学推导，强化物理概念，强调分析问题的方式和方法，适合普通高校工科专业少学时的流体力学课程之用。

　　本书由北京理工大学雷娟棉教授和王锁柱老师负责编写第四、五、六、七、八章，于勇副教授负责编写第一、二、三、九章，并做最终的统稿工作。编者为本科生讲授"流体力学基础"和"空气动力学"课程十余年，为多届硕士研究生讲授"飞行器空气动力学"和"飞行器气动设计""计算流体力学"等课程。从本科教学需求出发，根据教学大纲要求，在多年教学实践的基础上，作者编写了《流体力学基础》内部讲义，目前已经经过多年的本科教学使用，本教材就是以该讲义为基础编写的。

　　由于编者水平有限，书中的缺点和错误在所难免，恳请使用者不吝指正。

编　者

2017 年 4 月

北京理工大学

目 录
CONTENTS

第一章
流体及其性质

1.1　流体力学的研究内容和方法

流体力学主要研究在各种力的作用下，流体本身的静止状态和运动状态特性，以及流体和相邻固体界面间有相对运动时的流动和相互作用规律。

在自然界和各种工程中，流体的存在是很普遍的，这决定了流体力学应用的广泛性，如在机械、动力、建筑、水利、化工、能源、航空、环境、生物等工程领域，存在着大量的与流体运动有关的问题，其中有一些是基础性的，有一些是关键性的。就某种意义而言，正是在流体力学问题的研究中不断取得的成果促进了这些工程技术领域的迅速发展。反过来，也正是工程技术部门有许多重要的流体力学问题需要解决，才使得流体力学学科不断发展。

目前，解决流体力学问题的方法有实验、理论分析和数值三种。实验方法包括对流动现象的现场观测、实验模拟和实验论证等内容，通过实验方法能直接解决工程技术中的复杂流动问题，能发现流动中的新现象和新原理，实验结果可以用于检验理论分析或数值计算结果的正确性及应用范围；理论分析方法包括对实际流动做适当的简化，建立正确的力学模型和恰当的数学模型，运用数学物理方法寻求流动问题的精确或近似解析解，明确地给出各种流动物理量之间朴实的变化关系；而数值方法是指利用计算机进行流动的数值模拟和数值计算。为了使流体力学问题得到圆满解决，三种方法相辅相成、相互促进，是缺一不可的。

1.2　流体质点与连续介质假设

1.2.1　流体的定义和特征

在自然界，物质的常见聚集（存在）状态是固态、液态和气态，简称物质的三态或三相，处在这三种状态下的物质分别称为固体、液体和气体。液体和气体又合称为流体。流体和固体在宏观表象上的差别是显而易见的。固体具有一定的几何外形和体积，不易变形，而流体则无一定的体积，易于变形。也就是说，和固体相比，流体明显具有易流动和不能保持一定形状的特征。

流体缺乏固体持久抵抗变形的能力。流体的流动是在剪切力的作用下实现的，剪切

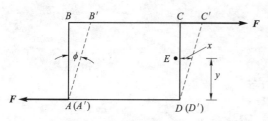

图 1–1 剪切力引起的变形

力作用持续多久，变形就持续多久。流体不能保持任何未加支撑的形状；流体在自身重力的作用下流动，并取决于与其接触的任何固体的形状。

变形是由剪切力引起的，如力 **F**（图 1–1）切向作用于它们所作用的表面并引起物质从最初所占的空间 *ABCD* 变形为 *A′B′C′D′*。这就得出定义：流体是在剪切力的作用下连续变形的物质，即使这个剪切力可能很小。反之，亦可得出：若流体处于静止，就没有剪切力作用，因此，在静止流体内的所有力必须垂直作用于它们所作用的面。

1.2.2 物质的分子结构

固体、液体与气体全由不断运动着的分子所组成。然而，这些分子的排列及它们之间间隔的不同，可决定三种不同物质状态的特有性质。固体中，分子是紧密而有规则地排列的，且分子运动很微弱，每一个分子都要受到其相邻分子的约束。液体中，其分子排列比之于固体要松散些，各个分子具有较大的运动自由度，尽管受到周围分子某种程度的约束，但能摆脱这个约束，导致结构的变化。气体中，没有规则的分子排列，分子之间的间隔很大，分子能够自由运动。

物质的分子间的相互作用力随分子间的距离的变化而变化。简单起见，我们研究某个单原子物质。在单原子物质中，每个分子由一个原子组成。宏观地观察这样一种物质的反应，可对作用力的性质形成一个概念。

（i）若两块同样的材料间隔很远，它们之间所产生的力是探测不到的，那么，当间距很大时，分子之间的力可以忽略；当间距趋于无穷大时，分子之间的力趋于零。

（ii）如果两块同样的材料非常接近，甚至能紧贴在一起，那么我们就可以说，其间距很小，分子之间的力是吸引力。

（iii）若压缩固体或者液体需要很大的力，则说明为减少分子间的间隔必须克服分子间的相互排斥力。

从以上这些观察可发现，单原子间的力随间距的变化而变化（图 1–2）且有两种：一种是吸引力而另一种是排斥力。间距小的情况下，排斥力是主要的；间距较大的情况下，与吸引力相比较，排斥力就变得不重要了。

这些结论亦可用势能的观点说明。此处所讲的势能定义为将一个原子从无穷远处移到第二个原子时的这段距离所需的能量。若原子相隔无穷远，则势能为零；若使第一个原子朝第二个原子运动时需外部能量，则势能为正。图 1–2（a）为原子间的力 *F* 对间距的关系图，势能曲线将是这条曲线从 $\infty \rightarrow r$ 的积分，即为图 1–2（a）中的阴影面积。

在 r_0 处，满足最小能量的条件，相应 $F = 0$ 并表示这是稳定平衡位置，说明固体和液体内在的稳定性。在固体和液体中具备这一条件，其分子是十分紧密排列的。图 1–2（b）还说明利用有限的能量 ΔE 能把一对原子完全分离，即把间距增大到 $r = \infty$ 需要的能量称为分离能或者结合能。

研究物质的大量粒子，每一个粒子将具有动能 $mu^2/2$，式中 m 为粒子的质量，u 为粒子的速度。若一对粒子相撞，只有转换给粒子对偶能量并使它超过 ΔE，才能引起它们分离。于是，形成一对稳定对偶的可能性取决于 $mu^2/2$ 的平均值与 ΔE 的关系。

（i）若 $mu^2/2$ 的平均值 $\gg \Delta E$，则不能形成稳定的对偶。该系统相当于气体，由快速运动的各个粒子组成，无明显的集聚或占据固定空间的倾向。

（ii）若 $mu^2/2$ 的平均值 $\ll \Delta E$，对偶不可能分离，而来撞的粒子可能被对偶所俘获。该系统具有固体的性质，形成粒子的稳定密集。这种粒子密集只有靠外部提供能量才能分离（例如加热到产生溶解直至沸腾）。

（iii）若 $mu^2/2$ 的平均值 $\approx \Delta E$，我们有一种系统介于（i）和（ii）之间，相当于液体状态，某些粒子具有的 $mu^2/2$ 值 $> \Delta E$，引起分离；其他的粒子具有的 $mu^2/2$ 值 $< \Delta E$ 而将集聚。

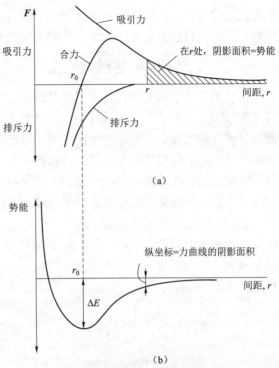

图 1–2　力和势能随间距的变化情况
（a）力随间距的变化；（b）势能随间距的变化

总结以上所述，在固体中，各个分子是紧密排列的，故它们的运动局限于小幅度振动。动能比分离能小，这样，分子不能分离，保持同样的相对状态。

在液体中，虽然分子排列依然十分紧密，但其运动幅度要比在固体中大得多。某些分子将具有足够的动能以穿过周围的分子，这样分子的相对位置能随时改变。物质将不再是刚性的且能在作用力的作用下流动。然而，分子间的吸引力仍足以确保给定的液体质量具有固定的体积并确保形成自由面。

在气体中，分子之间的间隔比液体约大十倍，其动能远大于分离能。此时，分子之间的吸引力就显得很小，分子间的效应可忽略不计，因此分子可以自由运动，直至碰到液体或固体边界才被制止。所以，气体将扩展到完全充满容器，与容器体积无关。

构成物质的内部微观结构、分子热运动和分子间的作用力不同，会造成流体和固体在宏观表象上的差别。在体积相同的常规条件下，流体中所含的分子数目比固体少得多，分子间的空隙就比固体大得多。因此，流体分子间的作用力小，分子的无规则热运动就强，从而决定了流体的易流动性。从力学角度来解释，流体的易流动性是因为流体在静止时不能承受剪切力，这一点显然与固体不同。固体在静止时也能承受剪切力，它可以通过微小变形来抵抗外力；达到平衡后，只要剪切力保持不变，则固体不再发生变形。因此，可以给流体下这样一个力学的定义：在任何微小剪切力的持续作用下能够连续不断变形的物质称为流体。

在流体的特性上需要再做点补充说明的是，虽然液体和气体统称为流体，具有相同的特性，但由于液体和气体在分子结构上还存在较大差别，它们之间还会有一些不同的特性，或虽有相同的特性但程度上差异较大。例如，虽然两者都具有易流动性，但液体只能局限在固体界面或容器内，一定质量的液体一般都占有固定的体积，若空间或容器的体积大于液体的体积，则会有自由液面存在；而气体则完全没有这个特性。

1.2.3　流体质点与连续性假设

流体力学主要研究流体的宏观运动，而研究途径有微观和宏观两种。微观途径是从研究分子和原子运动出发，采用统计平均法建立宏观物理量应满足的方程，并确定流体的宏观性质。这种途径取决于分子运动论的发展，目前应用较少。宏观的途径是先给流体建立一个宏观的"抽象化"的物质模型，然后直接应用基本物理定律来建立宏观物理量应满足的方程，并确定流体的宏观性质。这是一条常用的途径，其基础就是流体质点与连续性假设。下面以密度这个宏观物理量为例来简单说明连续介质模型的建立。

如图 1–3（a）所示，在某一时刻 t，在流体中取一包含 $P(x,y,z)$ 点的微小体积 $\Delta\tau$，在此体积内的流体中质量为 Δm，显然 $\Delta\tau$ 内流体的平均密度为 $\bar{\rho} = \Delta m / \Delta\tau$。如果能在同一时刻，对包围 P 点的流场取大小不同的微小体积 $\Delta\tau$ 并测出相应不同的 Δm，则会有不同的 $\bar{\rho}$，结果如图 1–3（b）所示。

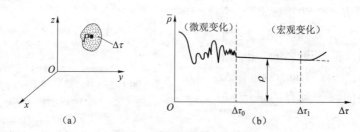

图 1–3　一点上密度的定义
（a）包含点 P 的微小体积；（b）点 P 的密度

当包围 P 点的微小体积 $\Delta\tau$ 向着某一个极限体积 $\Delta\tau_0$ 逐渐缩小时，$\bar{\rho}$ 将趋向于一个确定的极限值 ρ，而且该值不再因为 $\Delta\tau$ 的微小变化而发生变化，这说明此时流体的分子个数不起作用。但是，当体积 $\Delta\tau$ 缩小到 $\Delta\tau_0$ 时，$\bar{\rho}$ 将随机波动，不再具有确定的极限值，这是因为此时 $\Delta\tau$ 中所含有的分子数目太少，分子随机进出 $\Delta\tau$ 对 Δm 产生了明显影响。

由此可见，极限体积 $\Delta\tau_0$ 具有这样的特性：它在宏观上必须足够小，可以认为它是一个没有空间尺寸的集合点；同时，在微观上又必须足够大，使得它包含足够多的分子数目，分子的个别行为无所表现，只能表现大量分子的平均性质，这样在 $\Delta\tau_0$ 内进行空间和时间上的统计平均都具有确定的意义和数值。

在流体力学中，把极限体积 $\Delta\tau_0$ 中所有流体分子的总体称为流体质点，同时认为，流体是一种由无限多连续分布的流体质点所组成的物质，这就是流体的连续介质假设。大量的实际应用和实验都证明，在一般情况下，基于连续介质假设而建立的流体力学理论是正确的。

对某一种实际流动能否按连续介质假设下的理论来研究，有一个简单的判断式：$l \ll d \ll L$，其中，d 是前面所定义的极限体积的特征尺度，例如，取 $d = 10^{-3}$ cm，则 $\Delta\tau_0 \approx 10^{-9}$ cm³，在 0 ℃和标准大气压下，在 10^{-9} cm³ 体积的气体中仍含有 2.7×10^{10} 个分子，同样体积的液体中有 3×10^{10} 个分子。由这么多分子构成的这个体积足以得到与分子数无关的统计平均物理量；l 是所研究流体的分子运动的平均自由程，在标准状态下，气体的 l 约为

10^{-17} cm^3，液体的 l 约为 10^{-19} cm^3；L 则为所研究流动中宏观物理量将发生显著变化的特征长度，例如，如果研究的是管道中的流动，则特征长度可取管道直径或长度，如果研究的是流体绕过物体的流动，则可取物体的长度、宽度或高度等作为特征长度。

由判断式可见，如果所研究的流动问题，其宏观物理量发生显著变化的空间尺度不小于 10^{-3} cm，时间尺度不小于 10^{-6} 秒（保证分子间有足够多的碰撞次数），那么，采用连续介质假设一般是没有问题的，只是在某些特殊流动问题中，这个假设会不成立。例如，在研究高空稀薄气体中的物体运动、血液在微细血管（直径 $<10^{-3}$ cm）中的运动、冲击波（厚度 $<10^{-4}$ cm）内气体的运动、微机电系统及纳米级器件中的流体力学问题时，就不能把流体看成是连续介质，此时必须考虑分子的运动特性，采用微观或者宏观与微观相结合的途径来研究。

本书只涉及基于流体质点和连续介质假设的流体力学理论及其问题。

1.2.4　流体物理量

根据连续介质假设，流体已经抽象为一种在时间和空间上无限可分的连续体。通常把流体所占的空间称为流场。那么，在流场中，任何瞬时和每一个空间点上都有一个而且只有一个流体质点存在，流体质点没有空间尺度但是具有确定的宏观物理量，如密度、速度、压力和温度等。在流场中，它们都应该是空间和时间的连续函数，从而可以运用连续函数的解析方法来描述流体的宏观物理性质以及流体的平衡和运动规律。

1.3　流体的可压缩性与热膨胀性

1.3.1　流体的密度与比体积

单位体积的流体所具有的质量称为密度，常用 ρ 表示，其单位为 kg/m^3。根据连续介质假设，在流场中给定点上的流体的密度是指该点上流体质点的密度，如上节所述，ρ 可以定义为

$$\rho = \lim_{\Delta\tau\to 0} \frac{\Delta m}{\Delta\tau} = \frac{\mathrm{d}m}{\mathrm{d}\tau}$$

它是空间位置以及时间的连续分布函数，在直角坐标系中，有 $\rho=\rho(x,y,z)$。

如果已知在有限体积 τ 内的密度分布 ρ，则微元体积 $\mathrm{d}\tau$ 内的流体质量 $\mathrm{d}m = \rho\mathrm{d}\tau$，而 τ 内的流体总质量 $m = \int_{\tau}\rho\mathrm{d}\tau$。如果在同一时刻，$\tau$ 内的密度处处相同，则 $m=\rho\tau$。

密度的倒数称为比体积，即单位质量流体所占有的体积，常用 v 表示，且有 $v=1/\rho$，或 $\rho v=1$，其单位为 m^3/kg。

在一些介质为流体的工程流体力学问题中，还常常用到重度与比重的概念。单位体积流体所具有的重量为重度，用 γ 表示，在重力场中，$\gamma = \rho g$，其单位是 N/m^3。流体的比重是该流体的重量与 4 ℃同体积纯水密度之比，因此，比重又称为相对密度，它是量纲为 1 的量。

密度 ρ 是流体力学中一个重要的物理量指标。不同的流体有不同的密度；同一种流体，特别是气体的密度是随着压强和温度的变化而变化的，换言之，不管流体运动与否，同一时刻、同一点上的流体密度 ρ 与压强 p 和温度 T 都应满足热力学平衡状态的状态方程，即

$\rho = \rho(p,T)$。

表 1–1 中列出了几种常见的流体的密度。从中可以看到，在标准大气压下，277 K 时纯水的密度为 1 000 kg/m³，288 K 时空气的密度为 1.226 kg/m³。

表 1–1　常见流体的密度（标准大气压下）

流体名称	温度/K	密度/（kg·m⁻³）	流体名称	温度/K	密度/（kg·m⁻³）
空气	273	1.293	纯水	277	1 000.0
	288	1.226		293	998.2
	300	1.161		373	958.4
	380	0.586	水银	273	13 595.0
水蒸气	400	0.554	汽油	288	725.0
	500	0.441	润滑油	300	884.1

当流体是一种多组分的混合物时（例如，海水是水与各种溶解盐的混合物，锅炉烟气是一种混合气等），其密度是各组分浓度的函数。在研究流体运动规律时，通常把多组分的混合物折算成单一组分的流体。本书只讨论单一组分的流体。

1.3.2　流体的可压缩性与热膨胀性

流体在外力（主要是压强）作用下，其体积或密度发生变化的性质称为可压缩性，亦称为体积弹性；而流体的体积或密度随温度改变的性质称为流体的热膨胀性。由于在一般情况下，$\rho = \rho(p,T)$，因此

$$\mathrm{d}\rho = \frac{\partial \rho}{\partial p}\mathrm{d}p + \frac{\partial \rho}{\partial T}\mathrm{d}T = \rho B\mathrm{d}p - \rho\beta\mathrm{d}T$$

式中，$B = \frac{1}{\rho}\frac{\partial \rho}{\partial p} = -\frac{1}{v}\frac{\partial v}{\partial p}$，称为等温压缩系数；$\beta = \frac{1}{\rho}\frac{\partial \rho}{\partial T} = -\frac{1}{v}\frac{\partial v}{\partial T}$，称为热膨胀系数。

β 表示在一定压强下温度增加 1 ℃时流体密度的相对减小率或体积的相对膨胀率。不同流体的 β 不同，β 值越大表示热膨胀性越大，一般而言，气体的热膨胀率比液体大。

B 表示在一定温度下压强增加一个单位时流体密度的相对增加率或体积的相对缩小率。B 的倒数就是流体的弹性体积模量（或体积弹性模量），用 K 表示，即

$$K = \frac{1}{B} = \rho\frac{\partial p}{\partial \rho} = -\frac{\partial p}{\partial v} \tag{1-1}$$

显然，K 表示流体体积或密度产生相对变化所需要的压强增量，K 与压强 p 的单位相同，均为 N/m²。

K 是用来表征流体可压缩性最为方便的物理量。不同流体的 K 值不同，K 越大则可压缩性越小。同一种流体的 K 值随压强和温度的变化而变化。对液体而言，K 值可通过实验确定。实验表明液体的 K 值都很大，且受压强和温度变化的影响很小，几乎为定值，可见液体是很难压缩的。例如，水的 K 值约为 2.04×10^9 N/m²，当水压增加一个大气压强（1.013×10^5 N/m²）时，其体积仅缩小 1.013×10^5/K，约为万分之零点五。对气体而言，K 值可按式（1-1）计算。

若将气体视为完全气体，有状态方程　$p = \rho RT$。由此可知，气体在等温压缩时，其弹性体积模量 $K=p$，即气体的 K 值不是常数，而与压强成正比。例如，当气体处在标准大气压时，K 值约为 $1.013 \times 10^5 \, N/m^2$，如果此时气体等温增加 0.1 个大气压，则其体积将缩小十分之一，可见气体的可压缩性要比液体大得多。

1.3.3　不可压缩流体假设

严格地说，任何流体都是可压缩的，只是程度不同而已。但是，考虑可压缩性意味着密度 ρ 是一个变量，这增加了处理问题的复杂性。因此，在流体力学中，特别是在工程流体力学问题的处理中，为了抓住主要矛盾，使问题简化，常常将可压缩性很小的流体近似地视为不可压缩流体，简单记为 ρ = 常数，这就是不可压缩流体假设。

运动中的流体是否可以假设为不可压缩流体，不能简单地只看其 K 值的大小，不妨把式（1-1）近似改写为

$$\frac{\Delta \rho}{\rho} \approx \frac{\Delta p}{K} \tag{1-2}$$

如果要将密度视作常数，则要求 $\Delta \rho / \rho \ll 1$，通常要求 $\Delta \rho / \rho < 0.05$。有两种情况可使条件满足：一是流体的 K 值很大，即使 $\Delta \rho$ 并不很小，但仍保持流体的密度变化很小，大多数液体的流动就属于这种状况。因此，通常将液体的流动视作不可压缩流动，除非是在 Δp 特别大的状况，例如水下爆炸、封闭管道中的水击现象等特殊问题；另一种可能的状况是，在研究的范围内运动流体中的压强变化 Δp 很小，以至于 K 值并不太小时，$\Delta \rho / \rho$ 还是很小，气体的大多数低速流动就属于这种状况。理论和大量实验都表明，对于那些压强的变化是由于流动速度的变化而引起的气体流动，例如，静止大气中的低速飞行物周围的流场、风绕过建筑物的流动以及变截面管道中气体的低速流动等问题，当流动速度小于 100 m/s 时，$\Delta \rho / \rho$ 很小，此时可以忽略可压缩性，把低速气体流动视为不可压缩流动。

需要强调的是，严格地说，"不可压缩流体"和"流体的不可压缩流动"是两个概念。但是，只要是一种均质的不可压缩流体，两种提法都意味着密度 ρ 时时、处处为同一常数，都记作 ρ = 常数。

此外，所有流体也都具有热膨胀性。但在一般情况下，忽略可压缩性时也同时忽略了热膨胀性，除非流动主要是由于温度分布不均匀所造成的（如自然对流等）。

1.4　流体的黏性和导热性

1.4.1　流体的黏性

当两块平板沿接触面做相对滑动时，它们之间存在阻止滑动的摩擦力。在流体中，当相邻的两层流体之间存在相对运动时，也会产生平行于接触面的剪切力，运动快的流层对运动慢的流层施以拖拽力，运动慢的流层对运动快的流层施以阻滞力，这一对力大小相同、方向相反，是一对内摩擦力。

流体所具有的抵抗两层流体相对滑动或剪切变形的性质称为流体的黏性或黏滞性。换言

之，流体的黏性是一种在流体中产生内摩擦力的性质，因此，通常称流体中的内摩擦力为黏性剪切力。

必须注意，流体只有在流动时才会表现出黏性，静止流体中不呈现黏性。黏性的作用表现为阻滞流体内部的相对滑动，从而阻滞流体的流动，但这种阻滞作用只能延缓相对滑动的过程而不能停止它，这就是流体黏性的重要特征。

1.4.2 牛顿黏性定律

在自然界，流体的黏滞现象随处可见，也很容易在实验室中演示。如图 1–4 所示，两块表面积为 A、水平放置的平行平板间充满某种流体（例如水或油），两板间距为 h，下板固定不动，上板在力 F 的作用下沿 x 方向以等速度 U 平移。由于流体的黏性，流体与平板间存在附着力，与上板接触的流体黏附于上板，并与上板同速移动，而与下板接触的流体黏附于下板亦固定不动。只要两板间距 h 和平移速度 U 都选择得恰当小，那么，两板间的各流体薄层

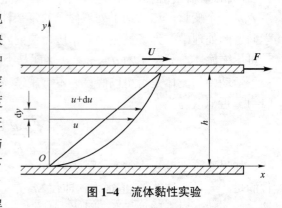

图 1-4　流体黏性实验

将在上板的带动下，一层带一层地做平行于平板的流动，其流动速度（如图 1–4 所示）由上及下逐层递减而呈线性分布：$U = U(y)$。

上述实验表明，使上板平移的外力 F 的大小与平移速度 U 以及平板面积 A 呈正比，而与两板间距 h 成反比，即

$$F \propto \frac{AU}{h}$$

牛顿通过大量的实验，把结果总结为一个数学表达式

$$\tau = \mu \frac{\mathrm{d}U}{\mathrm{d}y} \tag{1–3}$$

这就是著名的牛顿黏性定律，也称为牛顿内摩擦定律。当两板间流体速度分布可以近似假定为线性分布时，$\tau = F / A$，$\mathrm{d}U / \mathrm{d}y = U / h$。式（1–3）中 τ 是作用在单位接触面积流体上的内摩擦力，称为黏性切应力，$\mathrm{d}U / \mathrm{d}y$ 称为速度梯度或剪切应变率，μ 称为动力黏度或动力黏性系数。

式（1–3）适用于有黏性流体的一维平行层状流动。在 3.4 节中，将把它推广到黏性流体的任意流动状态。

1.4.3 流体的黏度

流体的动力黏度 μ 是由流体本身固有的物理性质所决定的量，其值是流体黏性大小的一种直接度量，也是流体在运动中抵抗剪切变形能力强弱的一种度量。在相同的环境下，μ 大表示黏性大，反之亦然，μ 的单位是 $Pa \cdot s$，即 $N \cdot s / m^2$。

不同流体的 μ 值不同，μ 值主要通过实验或专门的黏度计测量出来，同一种流体的 μ 值

一般随压力和温度的不同而变化。实验表明，压力的变化对 μ 的影响较小，在低于 10 个大气压的变化范围内，压力变化的影响可忽略不计，但受极高压强的影响较大。温度的变化对 μ 的影响较大，而且液体和气体的动力黏度 μ 随温度的变化呈现出相反的趋势，液体的动力黏度随温度的升高而减小，气体的动力黏度随温度的升高而增大。

流体的黏性主要来自流体分子间的动量交换和分子之间的吸引力、内聚力（液体分子比气体分子相互更加接近）作用。温度的增高可以减小分子间吸引力、内聚力而同时又增大分子之间的动量交换。前者的作用趋于导致切应力减小而后者却导致切应力增大。

气体的温度升高将导致气体分子之间的动量交换增快，而气体分子间的内聚力对黏性的影响较小，总的后果是导致气体黏性增大。根据气体运动理论，黏性与绝对温度的平方根成正比。

液体的温度升高导致液体分子之间的内聚力作用减弱，总的后果是导致液体的黏性降低。

已有不少的实验曲线、图表和经验公式给出动力黏度 μ 随温度变化的结果，例如，纯水的动力黏度与温度的经验关系式为

$$\mu = \frac{\mu_0}{1 + 0.033\,7t + 0.000\,221t^2}$$

式中，$\mu_0 = 1.792 \times 10^{-2}$ Pa·s，是纯水 $t = 1$ ℃ 时的动力黏度。

在小于 10 个大气压的低压情况下，气体的动力黏度与温度的经验关系式为

$$\mu = \mu_0 \frac{273 + C}{T + C} \left(\frac{T}{273} \right)^{\frac{3}{2}}$$

式中，T 是气体的热力学温度（K），C 是按气体种类给出的常数，μ_0 是气体在 $T = 273$ K 时的动力黏度。对于空气，$C = 111$，$\mu_0 = 1.71 \times 10^{-5}$ Pa·s。

在流体力学中，除了动力黏度 μ 之外，还常用到运动黏度 ν，它定义为：$\nu = \rho / \mu$，单位是 m²/s。运动黏度没有明确的物理定义，ν 的大小不是流体黏性大小的直接度量，它的引用只是为了公式书写简略而已。不过，现行的机油标号数与运动黏度有关联，比较粗略地说，所谓的××号机械油就是表示该机械油在 50 ℃ 时的运动黏度约为纯水在 20.2 ℃ 时的运动黏度的××倍。

表 1-2 给出的是一些常见流体的动力黏度和运动黏度值，从表中可以看到，液体的动力黏度要比气体的大，但对于常见的水与空气，动力黏度都不大。

表 1-2　几种常见流体的黏度

流体	温度/K	动力黏度 μ /（Pa·s）	运动黏度 ν /（m²·s⁻¹）
空气	300	1.846×10^{-5}	1.590×10^{-5}
水蒸气	400	1.344×10^{-5}	2.426×10^{-5}
水	293	1.005×10^{-3}	1.007×10^{-6}
水银	300	1.532×10^{-3}	1.113×10^{-7}
汽油	293	0.310×10^{-3}	4.258×10^{-7}
润滑油	300	0.486	0.550×10^{-3}

1.4.4 牛顿流体与非牛顿流体

式（1-3）表示了黏性流体做一维平行剪切流动时，流体中的黏性切应力与剪切应变率呈线性关系。但大量实验又表明，在同样的流动状况下，并不是所有的流体都能满足这个牛顿黏性定律。在流体力学中，通常把能服从牛顿黏性定律的流体称为牛顿流体，而把有黏性但不服从牛顿黏性定律的流体称为非牛顿流体。在自然界和工程中，常见的水、各种气体和润滑油等都属于牛顿流体，但牛奶、蜂蜜、油脂、油漆、高分子聚合溶液、水泥浆和动物血液等则属于非牛顿流体。本书只涉及牛顿流体。

1.4.5 无黏性流体的假设

一切真实的流体都具有黏性，但流体力学的发展史和应用实践表明，并不是所有的流体力学应用问题都必须考虑流体的黏性。根据式（1-3），当流体的动力黏度很小而运动的速度梯度不大，或者当运动的速度梯度很小而流体的动力黏度不大时，流体中的黏性切应力就很小（或者与其他的作用力相比较是比较小的），此时，往往可以忽略其黏性效应。这种在流动中忽略黏性效应的流体称为无黏性流体或理想流体，此时可以简单地令流体的动力黏度 $\mu = 0$。把这种人为设定黏性为零的流体称为无黏性流体，即用理想流体替代真实流体，将问题的处理变得简单，因而可以比较容易地得到流动的基本规律。对于一些实际流动，如液体表面波、绕某个物体流动不分离的压力分布及产生的升力等问题的研究中，用无黏性流体假设所得到的结果具有足够的精度，但是，用无黏性流体的假设不能解释流动中的阻力以及能量损失实质等问题。

对于那些黏性效应不能忽略的流动问题，比较简单而实用的处理方法就是先假设流体无黏性，在得到流动的基本规律后，再进行近似理论或实验方法对黏性效应进行补偿和修正。

1.4.6 流体的导热性

流体中的传热现象主要以三种方式进行：热辐射、热对流和热传导。热辐射是通过电磁波在流体中产生热量。在绝大多数流动问题中可以不考虑热辐射，在少数确实存在热辐射的流动中，往往把它作为已知的热源项处理。热对流是由于流体宏观运动产生的热量迁移，它分自然对流和强迫对流两种。只有热传导是流体固有的物理性质，它是由于流体分子的热运动所产生的热能的输运现象。

无论流体运动与否，当流体中的温度分布不均匀时，由于分子的热运动，流体的热能从温度高的一层流体向温度低的一层流体输运，这种热能的输运性质称为流体的导热性。

表征流体导热性的物理定律就是傅里叶（Fourier）热传导定律，其数学表达式为

$$q = -k\nabla T \tag{1-4}$$

式中，q 是单位时间内通过单位面积流体的热量（又称热流密度矢量）；∇T 称为温度梯度，它也是一个矢量；k 称为流体的导热系数，或热导率，一般流体的导热性是各向同性的，因而它是一个标量；式中负号表示热量的流向与温度梯度的方向相反。热流密度的单位是 $W/m^2 = J/(s \cdot m^2)$，温度梯度的单位是 K/m，因而导热系数的单位是 $W/(m \cdot K)$。

当流体中的温度分布为一维时，例如 $T = T(y)$，则式（1-4）简化为一维的热传导定律

$$q_y = -k \frac{\mathrm{d}T}{\mathrm{d}y} \text{。}$$

不同的流体，导热系数 k 值也不同，同一种流体的 k 值一般随压力和温度的不同而变化，它的值通过实验来测定。

通常情况下，液体的导热性要比气体好，但在大多数流动问题中，由于流动中的温度梯度较小，或者是由于流动速度较快、流体来不及进行热传导等原因，常常可以忽略导热性，此时简单地令导热系数 $k = 0$。忽略导热性的流体（流动）称为绝热流体（流动）。对于假定为无黏性不可压缩的流体，它也必定可以假定为绝热流体，无黏性绝热流体的流动必定是等熵流动。

1.5　表面张力与毛细管作用

1.5.1　表面张力

尽管所有分子都在不断地运动着，但在液体内部的某个分子却是被周围其他分子在各个方向平均来说相等地吸引着，而液体与空气之间的表面，或一种物质与另一种物质之间的分界面，向上和向下的吸引力是不平衡的，其表面分子被大块液体向内吸引。这种效应导致液体表面在张力作用下犹如一张弹性薄膜。表面张力 σ 是按垂直作用于表面中所画的某线的单位长度度量的。表面张力作用在表面的切平面内，垂直于表面内的任意一条直线，且在所有点处相同。对于两个特定物质的分界面，在任何给定的温度下，表面张力虽为常量，但会随温度的增高而减小。

表面张力的作用使液体的自由表面减小到某个最小值，而扩大表面积则必须从大块液体内部把液体分子带到表面，这就需要克服表面分子向内的不平衡吸引力。由于这个原因，为了使表面积最小，液滴势必取球形。对于这样的小液滴，为使表面力平衡，表面张力将导致内压强 p 增大。

研究作用于半径为 r 的球形液滴的径向平面上的力：

（1）平衡时，

$$\text{由内压强所产生的力} = p \times \pi r^2$$
$$\text{由绕周长的表面张力所产生的力} = 2\pi r \times \sigma$$
$$\text{且有} \, p \times \pi r^2 = 2\pi r\sigma \, \text{或} \, p = 2\sigma / r$$

（2）表面张力还将增加流体圆柱形射流中的内压强，此时 $p = \sigma / r$。

以上两种情况，若 r 很小，p 值都将变得很大。对于液体中的小气泡，如果这种压强大于气泡中的蒸汽压强或气体压强，气泡将溃灭。

在工程师们关心的许多问题中，表面张力的数值远比作用于流体上的其他力小，因此可以忽略。然而，在水力学模型中以及毛细管作用上却能引起重大的误差。

掺入洗涂剂能降低表面张力。

例 1.1：为形成气泡流，空气经由管嘴引入水箱。若所形成的气泡具有 2 mm 的直径，计算管嘴处的空气压强必须超过周围水的压强多少。假定 $\sigma = 72.7 \times 10^{-3}$ N/m。

解：

超压强 $\qquad\qquad\qquad\qquad\qquad\qquad p = 2\sigma / r$

令 $r = 1 \text{ mm} = 1 \times 10^{-3} \text{ m}$ ，$\sigma = 72.7 \times 10^{-3} \text{ N/m}$；

超压强 $p = 2 \times 72.7 \times 10^{-3} / (1 \times 10^{-3}) = 145.4 \text{ N/m}^2$。

1.5.2　毛细管作用

若两端开口的一根细管垂直插进液体中，液体浸湿了该管，则液面将沿该管上升 [图 1–5 (a)]。若液体未浸湿该管，则管内液面将下降并低于管外的自由面水面 [图 1–5 (b)]。

若 θ 为液体和固体之间的接触角，d 为管径（图 1–5），则由于表面张力产生的向上拉力=向上作用的表面张力分量×管的周长= $\sigma \cos \theta \times \pi d$，管内和管外的大气压强相等，因此，与这个向上拉力相对抗的力只有高为 H、有垂直侧面的液柱重量（因为由定义可知，静止液体中没有切应力，所以在图 1–5 中不会有切应力作用于所研究的液柱垂直侧面上）；产生的液柱质量 $= \rho g(\pi/4)d^2 H$，式中 ρ 为液体的质量密度；向上的拉力等于液柱的重量，即 $\sigma \cos \theta \times \pi d = \rho g(\pi/4)d^2 H$；毛细管升高，$H = 4\sigma \cos \theta / \rho g d$。

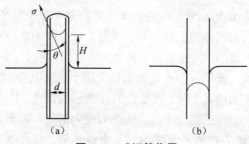

图 1–5　毛细管作用

在一根测压管中，毛细管作用是引起液面读数误差的主要原因，特别是浸湿度，同时，接触面的清洁度影响接触角。对于直径为 5 mm 的管中的水，毛细管升高约达 4.5 mm，而对于水银来说，相应的值将是–1.4 mm（图 1–6）。为减小由于毛细管作用所引起的误差，用于读液面值的测压玻璃管的直径习惯上将尽可能的大一点。

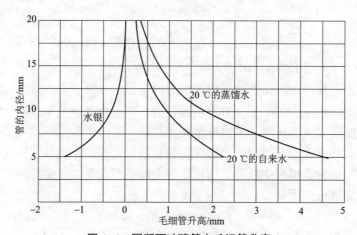

图 1–6　圆断面玻璃管中毛细管升高

1.6　蒸气压强与气蚀

液体分子的不断扰动会使表面层中的有些分子具有足够的能量从周围分子的吸引力中逸出而进入自由面以上的空间。这些逸出分子中的一部分将折回自由面并冷凝，但其他分子将保留在它们的位置。若液面以上的空间受限制，则将达到一种平衡，所以自由面以上空间里的液体分子为常数。这些分子在该空间产生了一种局部压强，称为蒸汽压强。

分子活动程度随温度的增高而增大，因此，蒸汽压强亦将增大。当蒸汽压强等于液体以上的压强时，沸腾将发生。若降低压强，则当温度刚好低于大气压强下的沸点时，就能发生沸腾。例如，若压强降到 0.2 bar[①]（0.2 个大气压），则 60 ℃温度的水将沸腾。

在某些情况下，流动的流体中会局部地出现低压区。若低压区中的压强下降到低于蒸汽压强，则会有局部沸腾且形成汽泡云，这种现象称为气蚀。气蚀能引起严重的问题，因为液体的流动能将这种汽泡云带到高压区，汽泡会在高压区突然溃灭。如果这一情况发生在流体与固体表面相接触处，则由于汽泡的突然溃灭而产生的巨大力连同液体一起冲击固体表面，从而导致固体表面受到严重的损坏。气蚀不仅影响水力机械的运转性能（如泵、水轮机和螺旋桨的运转性能），同时溃灭汽泡中的冲击力能引起金属表面的局部剥落。

如果液体含有液化气体或其他气体，则压强降低时，液体中气体的溶解性减小，亦能发生气蚀。汽泡或空气泡也会像蒸汽泡一样逸出，具有同样的损坏作用。通常，这种汽泡的逸出发生在高压情况下，因此，它发生在汽化液体气蚀之前。

1.7　作用在流体上的力

从力学的角度说，流体的静止就是力的平衡，流体的运动也是在各种力的作用下产生的，因此我们还需要了解作用在流体上的力。作用在流体上的力，按作用方式的不同，可分为表面力和体积力两大类。

表面力（Surface Force）是作用在所研究的流体质点组成的流体微团表面上的力，这个表面可以是流体与流体之间的接触面，也可以是流体与固体的接触界面。它是相邻流体或其他物体作用的结果。正是由于面的接触才会有力的相互作用，而且力的大小与接触面积的大小成正比，与流体的质量无关，因此这种力称为表面力。例如，流体中的压力、黏性剪切力等都是表面力。表面力是一种接触力，本质上具有内力的性质。但是，管中流体与固体界面上的表面力，对流体来说是一种外力。

体积力（Body Force）又称质量力，它是作用在每一个流体质点上的力，如重力、惯性力、电磁力等。体积力的大小与流体的体积或质量成正比，与所研究的流体微团体积或质量之外的流体存在与否无关。因此，体积力是一种非接触力，具有外力的性质。另外，如果所选取的坐标系为非惯性系，建立力的平衡方程时，出现的离心力、科里奥利力也是质量力。

---

① 1 bar=10^5 Pa。

习 题

1.1 在油罐内充满石油，压力为 1.0×10^5 N/m²；然后再强行注入质量为 20 kg 的石油后，压力增至 5.0×10^5 N/m²；石油的体积弹性模量 $K=1.32 \times 10^9$ N/m²，密度 $\rho =880$ kg/m³，试确定该油罐的容积为多大。

1.2 已知海平面上海水的密度 $\rho =1\,025$ kg/m³，在海面以下深度为 800 m 处的海水压力比海平面上高 8.0×10^6 N/m²，海水的体积弹性模量 $K=2.34 \times 10^9$ N/m²，试确定在深度为 800 m 处海水的密度。

1.3 设活塞的直径 $d=12$ cm，活塞长度 $L=14$ cm，活塞与缸体之间的间隙 $\delta =0.02$ mm，其中充满着油；当活塞以速度 $u=0.5$ m/s 运动时受到油的摩擦力 $F=8.58$ N，试确定油的黏性系数 μ。

1.4 两平行平板的间距 $h =1$ mm，其中充满油，当两板间的相对运动速度 $u=1.2$ m/s 时，作用于板上的切应力为 $3\,500$ N/m²，试求油的黏性系数 μ。

1.5 直径 $d=5$ cm 的轴在轴承中空载运转，转速 $n=4\,000$ r/min，轴与轴套同心，径向间隙 $\delta =0.005$ cm，轴套长 $L=7.6$ cm，测得摩擦力矩 $M=1.197$ N·m，试确定轴与轴套间润滑油的黏性系数 μ。

1.6 混合气体的密度和动力黏度可分别按下式计算：$\rho = \sum_{i=1}^{n} \rho_i \alpha_i$，$\mu = \dfrac{\sum_{i=1}^{n} \alpha_i M_i^{1/2} \mu_i}{\sum_{i=1}^{n} \alpha_i M_i^{1/2}}$，式中 α_i 为混合气体中 i 组分气体所占的体积百分数；M_i 为混合气体中 i 组分气体的分子量；ρ_i 为混合气体中 i 组分气体的密度；μ_i 为混合气体中 i 组分气体的动力黏度。现已测得锅炉烟气各组分气体的体积百分数分别为：$\alpha_1 =13.6\%$，$\alpha_2 =0.4\%$，$\alpha_3 =4.2\%$，$\alpha_4 =75.6\%$，$\alpha_5 =6.2\%$。在标准状态下，各组分（种类）气体的密度和动力黏度如下表所列。试求该烟气在标准状态下的密度、动力黏度和运动黏度。

i 组分气体	相对分子质量	密度/（kg·m⁻³）	动力黏度/（N·S·m⁻²）
1. 二氧化碳 CO_2	44	1.98	13.8×10^{-6}
2. 二氧化硫 SO_2	64	2.93	11.6×10^{-6}
3. 氧气 O_2	32	1.43	19.2×10^{-6}
4. 氮气 N_2	28	1.25	16.6×10^{-6}
5. 水蒸气 H_2O	18	0.80	8.9×10^{-6}

1.7 一圆锥体绕其铅垂中心轴以等角速度旋转，锥体与固壁之间的缝隙宽为 δ，中间充满某种液体（如下图所示）。锥体底面半径为 R，高度为 H，现测得圆锥体等速旋转所需的总力矩为 M，试求证缝隙中液体的动力黏度 $\mu = \dfrac{2\delta M}{\pi \omega R^3 \sqrt{H^2 + R^2}}$。

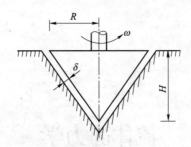

1.8　上下两平行圆盘（如下图所示），直径均为 d，间隙为 δ，间隙中液体的动力黏度为 μ，若下盘固定不动，上盘以等角速度旋转，试求证所需力矩 $T = \dfrac{\mu \pi \omega d^4}{32\delta}$。

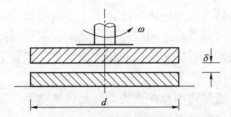

1.9　一套筒长 $H = 20\,\text{cm}$，内径 $D = 5.04\,\text{cm}$，重量 $G = 6.8N$，套在直径 $d = 5\,\text{cm}$ 的立轴上（如下图所示）。套筒与轴之间润滑油的动力黏度 $\mu = 0.8\,\text{N} \cdot \text{s} / \text{m}^2$。不计空气阻力，求套筒在自重作用下将以多大的速度沿立轴同心等速下滑。

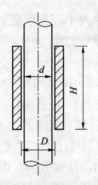

1.10　转轴直径为 d，轴承长度为 b，轴与轴承间的缝隙宽为 δ，中间充满动力黏度为 μ 的润滑油，若轴的转速为 n（r / min），试求证克服油摩擦阻力所消耗的功率 $N = \dfrac{\mu \pi^3 d^3 n^2 b}{3\,600\delta}$（W）（如下图所示）。

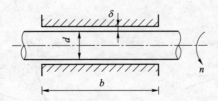

第二章

流体静力学

流体静力学着重研究流体在外力作用下静止平衡的规律以及这些规律在工程实际中的应用。所谓静止是指流体内部宏观质点之间或流体层之间没有相对运动，达到了相对平衡。流体作为一个整体完全可以像刚体那样运动。通常按流体整体相对于地球有无运动，将流体的静止分为相对静止和绝对静止。

处于静止状态的流体，流体内不存在切应力，其内部将不呈现黏性。因此，由流体静力学所得到的结论对理想流体和黏性流体都适用。

2.1 流体静压强及其特性

在静止或相对静止的流体中，流体内不存在切应力，因此只有作用在内法线方向上的表面力，即静压力。单位面积上作用的静压力称为静压强。

流体的静压强具有两个重要的特性：

特性 1 流体静压强对某个表面的作用所产生的静压力必指向作用面的内法线方向。

图 2-1 表示处于静止状态的流体分离体表面 AB，若作用在 AB 面上的力 P_s' 的方向向外且不与该面垂直，则 P_s' 可以分解为一个垂直于表面的力 P_{sn} 和另外一个与表面相切的力 P_{st}。若有拉力 P_{sn} 或剪切力 P_{st} 存在，流体将产生连续不断的变形（即运动），这与前提相矛盾。所以静压力唯一可能的方向就是沿作用面的内法线方向，即图中的 P_s 力。

特性 2 静止流体内任意一点处，压强的大小与作用面的方位无关，即同一点各方向的流体静压强均相等。为证明这一特性，在静止流体内任意点 O 上取一微小四面体，如图 2-2 所示，以 O 点为顶点，斜面为 ABC，微小四面体的三个互相垂直的边长分别为 $\mathrm{d}x, \mathrm{d}y, \mathrm{d}z$。设

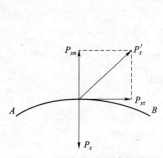

图 2-1 平衡流体的表面力

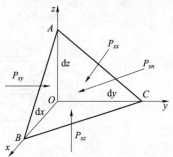

图 2-2 静止流体中的微小四面体

四面体四个面上的压强各为 p_x, p_y, p_z 及 p_n, 则各相应表面上的表面力为

$$p_{sx} = \frac{1}{2} p_x \mathrm{d}y\mathrm{d}z, \quad p_{sy} = \frac{1}{2} p_y \mathrm{d}x\mathrm{d}z, \quad p_{sz} = \frac{1}{2} p_z \mathrm{d}x\mathrm{d}y, \quad p_{sn} = p_n \mathrm{d}A_n$$

式中，$\mathrm{d}A_n$ 为斜面 ABC 的面积。

此外，四面体上还作用着质量力，单位是 m/s²。设 x、y、z 方向的单位质量力为 X、Y、Z，流体的密度为 ρ，则四面体的质量为 $\mathrm{d}m = \frac{1}{6}\rho \mathrm{d}x\mathrm{d}y\mathrm{d}z$，所以质量力在 x、y、z 方向的分量各为 $\frac{1}{6}\rho \mathrm{d}x\mathrm{d}y\mathrm{d}zX$，$\frac{1}{6}\rho \mathrm{d}x\mathrm{d}y\mathrm{d}zY$，$\frac{1}{6}\rho \mathrm{d}x\mathrm{d}y\mathrm{d}zZ$。

由于微小四面体在上述各力作用下平衡，于是可列出微小四面体在 x 方向上的力平衡方程 $\sum F_x = 0$，即

$$\frac{1}{2} p_x \mathrm{d}y\mathrm{d}z + \frac{1}{6}\rho \mathrm{d}x\mathrm{d}y\mathrm{d}zX - p_n \mathrm{d}A_n \cos(P_{sn}, x) = 0$$

因为表面力是二阶小量，而质量力是三阶小量，因此质量力可以略去，于是

$$\frac{1}{2} p_x \mathrm{d}y\mathrm{d}z = p_n \mathrm{d}A_n \cos(P_{sn}, x)$$

而

$$\mathrm{d}A_n \cos(P_{sn}, x) = \frac{1}{2}\mathrm{d}y\mathrm{d}z$$

代入上式得

$$p_x = p_n$$

同理由 $\sum F_y = 0$，$\sum F_z = 0$，可得 $p_y = p_n$，$p_z = p_n$，故有

$$p_x = p_y = p_z = p_n$$

由于微小四面体是任取的，由上式可得出结论：从各个方向作用于一点的流体静压强大小相等，即在静止流体内任意一点处，压强的大小与作用面的空间方位无关，只是该点空间坐标的函数，即

$$p = p(x, y, z)$$

由此可知静压强不是一个矢量，而是一个标量。静压强的全微分为

$$\mathrm{d}p = \frac{\partial p}{\partial x}\mathrm{d}x + \frac{\partial p}{\partial y}\mathrm{d}y + \frac{\partial p}{\partial z}\mathrm{d}z \qquad (2-1)$$

2.2 静止流体的平衡微分方程

静止流体只受质量力和由压强产生的法向表面力，下面讨论在平衡状态下这些力应满足的关系，建立表示流体平衡条件下的微分方程式。

如图 2-3 所示，在静止流体内取一平行六面体微团，它与 x、y、z 坐标轴平行的棱边各为 $\mathrm{d}x$、$\mathrm{d}y$、$\mathrm{d}z$，它的体积 $\mathrm{d}V$ 为 $\mathrm{d}x\mathrm{d}y\mathrm{d}z$，则作用在该微团上的质量力在 x、y、z 坐标轴方向上的分量各为 $\rho X\mathrm{d}x\mathrm{d}y\mathrm{d}z$、$\rho Y\mathrm{d}x\mathrm{d}y\mathrm{d}z$、$\rho Z\mathrm{d}x\mathrm{d}y\mathrm{d}z$。

设该微元体的中心 $A(x, y, z)$ 点处的压强为 $p(x, y, z)$，由于压强是空间点坐标 x、y、z 的

连续函数，则离该点 $\pm\dfrac{1}{2}dy$ 处的压强为 $p\left(x,y\pm\dfrac{1}{2}dy,z\right)$，并可以将 $p\left(x,y\pm\dfrac{1}{2}dy,z\right)$ 展成为 $p(x,y,z)$ 的泰勒级数，即

$$p\left(x,y\pm\frac{1}{2}dy,z\right)=p(x,y,z)\pm\frac{1}{2}\frac{\partial p(x,y,z)}{\partial y}dy+\frac{1}{4}\frac{\partial p^2(x,y,z)}{\partial y2}(dy)^2\pm\cdots$$

如果 dy 为无限小量，则在上述级数中二阶及二阶以上的高阶小量项均可略去，即等号右边只取两项已足够精确，有

$$p\left(x,y\pm\frac{1}{2}dy,z\right)=p(x,y,z)\pm\frac{1}{2}\frac{\partial p(x,y,z)}{\partial y}dy$$

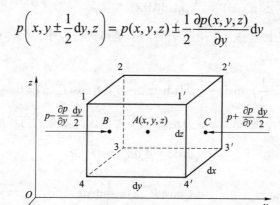

图 2-3　六面体微团

可见 1-2-3-4 面的中心点 B 的压强为 $p_B=p-\dfrac{\partial p}{\partial y}\dfrac{dy}{2}$，$1'-2'-3'-4'$ 面的中心点 C 的压强为 $p_C=p+\dfrac{\partial p}{\partial y}\dfrac{dy}{2}$。

由于微元六面体足够小，故 p_B 和 p_C 可作为作用在面 1-2-3-4 和面 $1'-2'-3'-4'$ 上的平均压强，而且作用在这两个面上的法向力为

$$\left(p-\frac{\partial p}{\partial y}\frac{dy}{2}\right)dxdz\ ,\quad\left(p+\frac{\partial p}{\partial y}\frac{dy}{2}\right)dxdz$$

由于微小六面体处于平衡状态，所以在 y 方向的合力为 0，即

$$\left(p-\frac{\partial p}{\partial y}\frac{dy}{2}\right)dxdz-\left(p+\frac{\partial p}{\partial y}\frac{dy}{2}\right)dxdz+\rho Ydxdydz=0$$

同理可写出 x、z 方向的力平衡方程式，即

$$\left(p-\frac{\partial p}{\partial x}\frac{dx}{2}\right)dydz-\left(p+\frac{\partial p}{\partial x}\frac{dx}{2}\right)dydz+\rho Xdxdydz=0$$

$$\left(p-\frac{\partial p}{\partial z}\frac{dz}{2}\right)dxdz-\left(p+\frac{\partial p}{\partial z}\frac{dz}{2}\right)dxdz+\rho Zdxdydz=0$$

各式除以质量 $\rho dxdydz$，经整理可得单位质量流体的平衡方程式为

$$X - \frac{1}{\rho}\frac{\partial p}{\partial x} = 0 \\ Y - \frac{1}{\rho}\frac{\partial p}{\partial y} = 0 \\ Z - \frac{1}{\rho}\frac{\partial p}{\partial z} = 0 \Bigg\} \tag{2-2}$$

式（2-2）称为流体平衡微分方程式，它是 1755 年由欧拉首先推导出来的，因此又称为欧拉平衡微分方程。它是平衡流体中普遍适用的一个基本公式，无论平衡流体受的质量力有哪种类型、流体有无黏性，欧拉平衡方程都是适用的。该方程式表明：平衡流体受哪个方向的质量力分量，则流体静压强沿该方向必然发生变化；反之，如果哪个方向没有质量力分量，则流体静压强在该方向上必然保持不变。

将式（2-2）分别乘以 $\mathrm{d}x$、$\mathrm{d}y$ 及 $\mathrm{d}z$，然后相加得

$$X\mathrm{d}z + Y\mathrm{d}z + Z\mathrm{d}z = \frac{1}{\rho}\left(\frac{\partial p}{\partial x}\mathrm{d}x + \frac{\partial p}{\partial y}\mathrm{d}y + \frac{\partial p}{\partial z}\mathrm{d}z\right) = \frac{1}{\rho}\mathrm{d}p \tag{2-3}$$

对于不可压缩流体，$\rho = \mathrm{const}$，ρ 可放进上式等号右边的微分中，所以为一全微分，而且等号左边也必为某函数的全微分。如果单位质量力与某一个坐标函数 $U(x,y,z)$ 具有下列关系

$$X = -\frac{\partial U}{\partial x}, \quad Y = -\frac{\partial U}{\partial y}, \quad Z = -\frac{\partial U}{\partial z}$$

则式（2-3）左端

$$X\mathrm{d}x + Y\mathrm{d}y + Z\mathrm{d}z = -\left(\frac{\partial U}{\partial x}\mathrm{d}x + \frac{\partial U}{\partial y}\mathrm{d}y + \frac{\partial U}{\partial z}\mathrm{d}z\right) = -\mathrm{d}U$$

能成为坐标函数 $-U(x,y,z)$ 的全微分。

于是式（2-3）变成

$$\mathrm{d}p + \rho\mathrm{d}U = 0 \tag{2-4}$$

$U(x,y,z)$ 是一个决定流体质量力的函数，称为力势函数，而具有这样力势函数的质量力称为有势力。流体只有在有势的质量力的作用下才能保持平衡。

流体中等压力的各点所组成的平面或曲面叫等压面，等压面上 $p = \mathrm{const}$，即 $\mathrm{d}p = 0$，代入式（2-3）中得到等压面的微分方程式

$$X\mathrm{d}x + Y\mathrm{d}y + Z\mathrm{d}z = 0 \tag{2-5}$$

等压面有下面三个性质。

1. 等压面也是等势面

因为等压面上 $\mathrm{d}p = 0$，所以由式（2-4）得

$$\mathrm{d}U = 0,$$

即

$$U = \mathrm{const}$$

2. 通过任意一点的等压面必与该点所受质量力相垂直

设单位质量力的矢量为 $\boldsymbol{f}(x,y,z)$，在等压面上取任意微小线段 $\mathrm{d}\boldsymbol{l}(x,y,z)$，由矢量运算得

$$f \cdot \mathrm{d}l = X\mathrm{d}x + Y\mathrm{d}y + Z\mathrm{d}z$$

由于在等压面上，上式右端为 0，所以

$$f \cdot \mathrm{d}l = 0$$

两矢量本身都不为零，而它们的点积为零，则说明两矢量相垂直。由于 $\mathrm{d}l$ 是等压面上任选的矢量，因而等压面与质量力相垂直。当质量力仅为重力时，等压面必为水平面。

3. 两种互不相混的流体处于平衡状态时，它们的分界面必为等压面

如果在分界面上任意取两点 A 和 B，设两点间存在静压差 $\mathrm{d}p$ 和势差 $\mathrm{d}U$。因为 A、B 两点都取在分界面上，所以 $\mathrm{d}p$ 和 $\mathrm{d}U$ 同属于两种液体。设两种不同液体的密度为 ρ_1，ρ_2，则可分别有关系式

$$\mathrm{d}p = -\rho_1\mathrm{d}U \,, \quad \mathrm{d}p = -\rho_2\mathrm{d}U$$

因为 $\rho_1 \neq \rho_2$，故上式只有当 $\mathrm{d}p = \mathrm{d}U = 0$ 时才成立。由此可见分界面必定为等压面或等势面。

2.3 重力场中静止流体内的压力分布

重力场是最常见的有势力场，在很多工程技术领域，流体基本上处于重力场中。因此讨论重力场中流体的平衡规律具有普遍意义。在重力场中，流体内的质量力只是向着地心的重力，它与常取的坐标轴 z 方向相反，所以

$$X = 0 \,, \quad Y = 0 \,, \quad Z = -g$$

将上式代入式（2–3）得

$$\mathrm{d}p = -\rho g\mathrm{d}z \tag{2–6}$$

对于均质流体 $\rho = \mathrm{const}$，上式积分得

$$p + \rho gz = C$$

设 $z = H$ 时，$p = p_0$（图 2–4），则对于积分常数 C 有下式存在

$$C = p_0 + \rho gH$$

代入原式得

$$p = p_0 + \rho g(H - Z) = p_0 + \rho gh \tag{2–7}$$

式中，h 为液体中任一点距液面的垂直液体深度，又称淹深。该式表示了液体在重力作用下压强的产生和分布规律，称为不可压缩性流体的静压强基本公式或静液压强基本公式。由此可知：

（1）在重力作用下，液体内的静压强只是坐标轴 z 的函数，压强随深度 h 的增大而增大，如图 2–4 所示。

（2）静压强由两部分组成，即液面压强 p_0 和液体自重 ρgh 引起的压强。液面压强是外力施加于液体而引起的，可通过固体、气体或不同质量的液体对液面施加外力而产生。

（3）当 $h =$ 常数时，$p = C$，即等压面水平面。

（4）连通容器内同一种液体内与液面平行的面上具有相等的压强，这个面称为等压面。例如图 2–5 中 $p_1 = p_2 = p_0 + \rho gh$。

（5）帕斯卡压力传递原理：密封容器中的静止流体，由于部分边界上承受外力而产生的

流体静压强将均匀地传递到液体内所有各点上去。根据这个原理，结合静压强的特性，就可以推理出液体不仅能传递力，而且能放大或缩小力，且能获得任何要求方向的力。如图 2-6 所示，力 P_1 通过油缸 1 的活塞使液面产生压强，这个压强沿管道传递至油缸 2 的活塞上而产生了力 P_2，力获得了传递。改变油缸 2 的位置就可获得不同方向的力 P_2。此外，改变油缸 2 的截面面积，可以获得不同数值的 P_2 力。

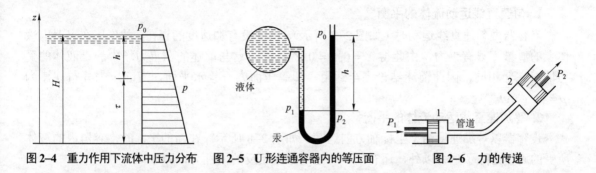

图 2-4　重力作用下流体中压力分布　　图 2-5　U 形连通容器内的等压面　　　图 2-6　力的传递

2.4　静压力的计量

习惯上静压强常被称为静压力，很多测压仪表测得的都是流体静压力与大气压力之差，即（$p-p_a$），因此工程上把这个差值称为相对压力或表压，而把 p 称为绝对压力，一般工程上说的压力往往指表压而不是绝对压力。

假如绝对压力 p 小于大气压力 p_a，则相对压力为负值，此时，工程上通常用真空度 p_v 表示，即

$$p_v = p_a - p \tag{2-8}$$

静压力计量单位有三种：

（1）应力单位。在法定单位制中是 $Pa = N/m^2$ 或 $bar = 10^5\,Pa$，在工程制中是 kgf/cm^2，应力单位多用于理论计算。

（2）液柱高单位。因为压力与液柱高单位的关系为 $p = \rho g h$ 或 $h = \dfrac{p}{\rho g}$，即一定的压力 p 就相当于一定的液柱高 h，所以工程上常用液柱高来间接表示液体中某一点压力大小。液柱高单位有 mH_2O[①]、$mmHg$[②]等。

（3）大气压单位。标准大气压（atm[③]）是根据北纬 45° 海平面上温度为 15 ℃时测定的数值。

$$1\,atm = 760\,mmHg = 1.033\,kfg/cm^2 = 1.013\,25\,bar = 1.013\,25 \times 10^2\,Pa$$

另外工程制单位中规定：

$$1\text{ 工程大气压（at）} = 1\,kgf/cm^2$$

---

① $1\,mH_2O = 9.806\,65\,Pa$。

② $1\,mmHg = 0.133\,kPa$。

③ $1\,atm = 101.325\,kPa$。

2.5　流体的相对平衡

前面讨论了重力场中静止流体的平衡规律,现在进一步研究液体相对静止时的平衡规律。所谓相对静止是指液体整体对地球有相对运动,但液体宏观质点之间没有相对运动。如果把坐标系取在装液体的运动容器上,液体对此坐标处于平衡状态。下面讨论三种情况:

1. 匀速直线运动流体的平衡

当容器做匀速直线运动时(如图 2-7 所示),由于没有加速度的存在,故作用在容器内液体上的质量力只有重力,由此得 $X = 0, Y = 0, Z = -g$。这与前述的在重力场中静止液体的受力情况完全相同,因此前述结论完全适用,即等压面为一簇水平面,液静压强分布规律为 $p = p_0 + \rho gh$。

2. 等加速直线运动流体的平衡

设容器以等加速度沿 x 坐标轴方向运动,如图 2-8 所示。在新的平衡时,容器内的液体所受的质量力除了重力以外,还有一个与运动方向相反的惯性力,即

$$X = -a, Y = 0, Z = -g$$

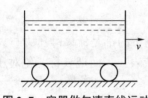

图 2-7　容器做匀速直线运动

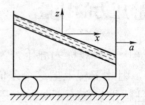

图 2-8　容器做等加速直线运动

将 X, Y, Z 代入式(2-3)得

$$-a\mathrm{d}x - g\mathrm{d}z = \frac{\mathrm{d}p}{\rho}$$

或

$$\mathrm{d}p + \rho a\mathrm{d}x + \rho g\mathrm{d}z = 0$$

积分得

$$p + \rho ax + \rho gz = C$$

积分常数 C 由边界条件确定,即当 $x = 0$,$z = 0$ 时,$p = p_0$,代入求得 $C = p_0$。因此压强分布规律为

$$p = p_0 - \rho ax - \rho gz \tag{2-9}$$

在液面上 $p = p_0$,因此液面的方程为

$$\rho ax + \rho gz = 0 \tag{2-10}$$

即斜率为 $-\dfrac{a}{g}$ 的直线。

把式(2-9)改写为

$$p = p_0 - \rho g\left(\frac{a}{g}x + z\right)$$

而 $-\left(\dfrac{a}{g}x + z\right)$ 刚好等于液体自由表面以下的垂直深度,即淹深 h_2,因此液面下的压强分布规律可写为

$$p = p_0 + \rho g h_2 \qquad\qquad (2\text{-}11)$$

其形式与绝对静止液体的结果式（2-7）完全相同。

由等压面的定义 $\mathrm{d}p = 0$，可得等压面的方程为

$$a\mathrm{d}x + g\mathrm{d}z = 0$$

或

$$\frac{\mathrm{d}z}{\mathrm{d}x} = -\frac{a}{g} \qquad\qquad (2\text{-}12)$$

由此可见，等压面的斜率与液面的斜率相同，即等压面为平行于液面的一簇平面。

3. 等角速度旋转流体的平衡

盛有液体的容器绕垂直轴做角速度 ω 旋转，在启动时液体被甩向外周。但液体很快会成为一个整体随容器一起旋转，液体相互间没有相对运动，如图 2-9 所示。此时，液体所受的质量力除重力以外，还有等角速度 ω 而产生的离心力 $\omega^2 r$，方向与向心加速度方向相反，指向四周。选取如图 2-9 所示的坐标，则有

$$X = \omega^2 r \cos(r, x) = \omega^2 x，\quad Y = \omega^2 r \cos(r, y) = \omega^2 y，\quad Z = -g$$

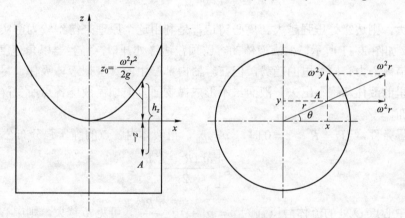

图 2-9　容器做等角速度旋转运动

将 X，Y，Z 代入式（2-3）得

$$\mathrm{d}p = \rho(\omega^2 x \mathrm{d}x + \omega^2 y \mathrm{d}y - g\mathrm{d}z)$$

积分得

$$p = \rho\left(\frac{\omega^2 x^2}{2} + \frac{\omega^2 y^2}{2} - gz\right) + C$$

或

$$p = \rho\left(\frac{\omega^2 x^2}{2} - gz\right) + C$$

积分常数 C 由边界条件确定，即当 $r = 0$，$z = 0$ 时 $p = p_0$，代入求得 $C = p_0$。由此得压强分布规律为

$$p = p_0 + \rho\left(\frac{\omega^2 r^2}{2} - gz\right) \qquad\qquad (2\text{-}13)$$

等压面 $\mathrm{d}p = 0$ ，则可得
$$\frac{\omega^2 r^2}{2} - gz = C$$

这是一簇对称于 z 轴的抛物面。在液面上 $p = p_0$ ， $z = z_0$ ，则液面方程为
$$z_0 = \frac{\omega^2 r^2}{2} \qquad (2\text{-}14)$$

式中， z_0 为液面上任一点的离坐标原点的高度，将式（2-14）代入式（2-13），可得
$$p = p_0 + \rho g(z_0 - z)$$

而 $z_0 - z$ 即为液体内任一点的淹深 h_2 ，则液体内任意点的压强也可表示为式（2-11），与静止液体相类似。

特例 1　如图 2-10 所示，盛满液体的容器顶盖中心开一小口，当容器以角速度 ω 绕 z 轴旋转时，液体借离心力向外甩，因受盖顶的限制，液面不能形成旋转抛物面。但此时盖顶各点所受液体静压强仍按抛物面规律分布。中心点 O 处的静压强 $p = p_0$ ，边缘点 B 处的流体静压强最大，为
$$p = p_0 + \frac{\rho \omega^2 R}{2}$$

角速度 ω 越大，则边缘处压强越大。离心铸造就是利用这个原理来得到较为密实的铸件。

特例 2　如图 2-11 所示，盛满液体的容器顶盖边缘处开口，当容器以角速度 ω 绕 z 轴旋转时，液体借离心力有向外甩的趋势，但在容器内部产生的真空把液体吸住，尽管液体在旋转，但容器里的液体却跑不出去。液面虽不形成抛物面，但顶盖液体各点所受静压强仍按抛物面规律分布。

根据边界条件，当 $r = R$ 、 $z = 0$ 时， $p = p_0$ ，得液体内各点的静压强分布公式为
$$p = p_0 - \rho g \left[\frac{\omega^2 (R^2 - r^2)}{2g} + z \right]$$

在顶盖中心点 O 处的流体静压强为 $p = p_0 - \rho g \dfrac{\omega^2 R^2}{2g}$ 。可见 ω 越大，则中心处的真空越大。离心泵和离心风机就是根据此原理将流体吸入，又借离心力将流体甩向外缘，增大压力后输送出去的。

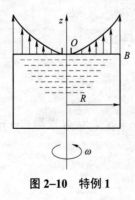
图 2-10　特例 1

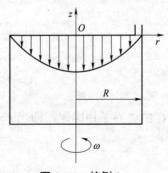
图 2-11　特例 2

2.6　静止流体作用在物面上的总压力计算

2.6.1　平面和曲面上的总压力

在工程实际中，常常不仅需要了解流体内部的压力分布规律，还需要知道与流体接触的不同形状、不同几何位置上的物体表面上所受到的流体对它作用的总压力。

静止流体作用在物体表面上的总压力用 $\boldsymbol{P}$ 表示，即

$$\boldsymbol{P} = -\int_A p\boldsymbol{n}\mathrm{d}A \tag{2-15}$$

式中 A 为流体与物体接触的表面积，$\boldsymbol{n}$ 为物面单位法线（指向流体）向量，p 为物面上的压强。

由于力是矢量，因此要注意力的方向。对于平面来说，总压力的方向必定垂直于面。对于曲面来说，不同点上微小压力方向是不一致的，应将微小压力进行分解，算出总压力的分量，然后再合成而求出总压力 $\boldsymbol{P}$，下面分别讨论这两种情况。

如图 2-12 所示，设一平面 A 受到液体的作用，物面 A 与液面倾斜成 θ 角，则在任意微小面积 $\mathrm{d}A$ 处的压强 p 可表示为

$$p = p_0 + \rho g h = p_0 + \rho g y \sin\theta$$

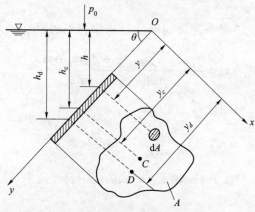

图 2-12　液体对平面的作用

因此，该平面上受到的总压力 $\boldsymbol{P}$ 的大小可表示为

$$P = \int_A p\mathrm{d}A = \int_A (p_0 + \rho g y \sin\theta)\,\mathrm{d}A$$

或

$$P = \int_A p\mathrm{d}A = p_0 A + \rho g \sin\theta \int_A y\mathrm{d}A$$

因为 $\int_A y\mathrm{d}A$ 是平面 A 绕通过 O 点的 Ox 轴的面积矩，即 $\int_A y\mathrm{d}A = y_C A$，$y_C$ 是 A 的形心 C 至 Ox 轴的距离，又因为 $y_C \sin\theta = h_C$，所以总压力 $\boldsymbol{P}$ 可表示为

$$\boldsymbol{P} = p_0 A + \rho g A y_C \sin\theta = (p_0 + \rho g y_C \sin\theta)A \tag{2-16}$$

式（2-16）表示静止液体作用在平面上的总压力大小等于平面形心处的压力与平板面积的乘积。总压力 $\boldsymbol{P}$ 的方向垂直指向作用面。

总压力的作用点 D 称为压力中心。总压力 $\boldsymbol{P}$ 对 Ox 轴的力矩应该等于微小压力 $\mathrm{d}\boldsymbol{P}$ 对 Ox 轴的力矩之和，即

$$y_D\boldsymbol{P} = \int_A y\mathrm{d}\boldsymbol{P} = \int_A (p_0 + \rho gy\sin\theta)y\mathrm{d}A = p_0 Ay_C + \rho g\sin\theta\int_A y^2\mathrm{d}A$$

由理论力学可知 $\int_A y^2\mathrm{d}A$ 为面积 A 对 Ox 轴的惯性矩 J_x，因此

$$y_D = \frac{p_0 Ay_C + \rho gJ_x\sin\theta}{\boldsymbol{P}} = \frac{p_0 Ay_C + \rho gJ_x\sin\theta}{p_0 A + \rho gAy_C\sin\theta}$$

因为 $J_x = J_C + y^2 A$，式中 J_C 是平面 A 通过 C 点平行于 Ox 轴的惯性矩，所以得

$$y_D = \frac{p_0 Ay_C + \rho g(J_C + y^2 A)\sin\theta}{p_0 A + \rho gAy_C\sin\theta} \tag{2-17}$$

对 Oy 轴取力矩，则

$$x_D\boldsymbol{P} = \int_A x\mathrm{d}\boldsymbol{P} = \int_A (p_0 + \rho gy\sin\theta)x\mathrm{d}A = p_0 Ax_C + \rho g\sin\theta\int_A xy\mathrm{d}A$$

因为 $\int_A xy\mathrm{d}A$ 是平面的惯性矩 J_{xy}，所以

$$x_D = \frac{p_0 Ax_C + \rho gJ_{xy}\sin\theta}{\boldsymbol{P}}$$

又因为 $J_{xy} = J_{xy}'' + Ax_C Y_C$，$J_{xy}''$ 是平面 A 对通过 C 点平行于 Ox 轴及 Oy 轴的惯性矩，所以得

$$x_D = \frac{p_0 Ax_C + \rho g(J_{xy}'' + Ax_C y_C)\sin\theta}{p_0 A + \rho gAy_C\sin\theta} \tag{2-18}$$

当 $p_0 = 0$ 时，y_D 和 x_D 可简化为

$$y_D = y_C + \frac{J_C}{Ay_C} ; \quad x_D = x_C + \frac{J_{xt}''}{Ay_C}$$

如果通过平面形心 C 平行于 Ox 轴及 Oy 轴的线中有一条为对称轴，则 $J_{xy}'' = 0$，由此得 $x_D = x_C$。

计算曲面上受到液体的作用力时，在曲面上任意点取微小面积点 $\mathrm{d}A$（图 2-13），该面积上的微小压力 $\mathrm{d}\boldsymbol{P}$ 可表示为

$$\mathrm{d}\boldsymbol{P} = p\mathrm{d}A = (p_0 + \rho gh)\,\mathrm{d}A$$

将力 $\mathrm{d}\boldsymbol{P}$ 分解为 $\mathrm{d}P_x$ 和 $\mathrm{d}P_z$，则

$$\mathrm{d}P_x = \sin\theta\mathrm{d}\boldsymbol{P} = p\sin\theta\mathrm{d}A = p\mathrm{d}A_x = (p_0 + \rho gh)\,\mathrm{d}A_x$$

$$\mathrm{d}P_z = \cos\theta\mathrm{d}\boldsymbol{P} = p\cos\theta\mathrm{d}A = p\mathrm{d}A_z = (p_0 + \rho gh)\,\mathrm{d}A_z$$

对 $\mathrm{d}P_x$ 积分得

$$P_x = (p_0 + \rho gh_C)A_x \tag{2-19}$$

式中，A_x 是面积 A 在垂直面上的投影，h_C 是 A_x 的形心至液面的垂直距离。

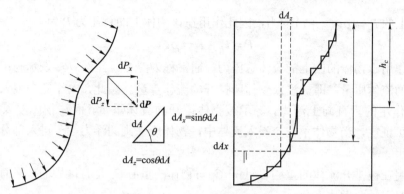

图 2-13 液体对曲面的作用

对 dP_z 积分得

$$P_z = p_0 A_z + \rho g \int h dA_z$$

式中，A_z 是面积 A 在水平面上的投影。若 $\int h dA_z$ 是曲面 A 与经曲面外缘所作的垂直面以及液面所围成的几何体的体积 τ（该几何体称为压力体），则上式为

$$P_z = p_0 A_z + \rho g \tau \qquad (2-20)$$

将 P_x 和 P_z 合成，则总压力 $\boldsymbol{P}$ 的大小可表示为

$$P = \sqrt{P_x^2 + P_z^2} \qquad (2-21)$$

总压力 $\boldsymbol{P}$ 的作用力方向与垂线之间的夹角由下式确定：

$$\tan \alpha = \frac{P_x}{P_z} \qquad (2-22)$$

总压力 $\boldsymbol{P}$ 的作用点可以这样确定：垂直分力的作用线通过压力体的重心指向受压面，水平分力的作用线通过 A_x 平面的压力中心而指向受压面，总压力的作用线必通过两条作用线的交点，且与垂线成 α 角。总压力的作用线与曲面的交点 D 就是总压力在曲面上的作用点。

以上是以两向曲面为例来讨论流体的作用力。对于三向曲面，则完全可采用与两向曲面相同的讨论方法，即求微小压力在各坐标上的分量，然后总和起来，其中 x 轴方向与 z 轴方向的分力 P_x 和 P_z 与以上求解方法完全相同，y 轴方向的分力 P_y 为

$$P_y = (p_0 + \rho g h_C) A_y \qquad (2-23)$$

式中，A_y 是面积 A 在垂直于 y 轴的面上的投影。

总压力 $\boldsymbol{P}$ 的大小可表示为

$$P = \sqrt{P_x^2 + P_y^2 + P_z^2} \qquad (2-24)$$

2.6.2 浮力

如果体积为 τ 的任何形状的物体完全浸入密度为 ρ 的流体中（图 2-14），那么周围流体将从各方面对物体施加压力，显然，物体所受的水平方向压力相互抵消，总压力为零。垂直方向的总压力可分两步计算：在曲面 ACB 上作用着向下的 $P_1 = \rho g \tau_1$ 的力，而在曲面 ADB

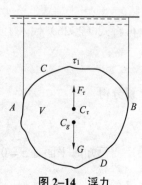

图 2-14 浮力

上作用着向上的 $P_{II} = \rho g(\tau_1 + \tau)$ 的力，因此作用在该物体上的总压力 P 为

$$P = P_{II} - P_I = \rho g \tau \tag{2-25}$$

式中，P 是作用于物体的向上的流体总压力，通常称为浮力。显然 $\rho g \tau$ 表示与浸入流体中物体体积相等的流体质量，即被浸入物体所排开的流体重量。因此，一个完全浸入流体中的物体受到流体作用的垂直向上浮力，等于被物体排开的流体重量，而与物体浸入流体的深度无关。同理可证明，当物体不完全浸入流体中，物体所受到的浮力等于进入部分排开流体的重量。

浮力作用在被排开流体的重心 C_τ 上，C_τ 与物体的重心 C_g 是有区别的，只有当物体是完全均质的情况下，两者才重合。

由于流体对物体作用着浮力，所以物体在流体中的重量等于物体本身的重量减去浮力，也就是说物体在流体中失去的重量等于物体排开流体的重量，这就是著名的阿基米德（Archimedes）原理。

2.7 大气的平衡

当静止气体只受重力作用时，式（2-6）仍然成立，但由于气体密度不像液体一样是常数，而一般是压力、温度的函数，因此，求静止气体中的压力分布，不能对式（2-6）进行直接积分，必须通过其他附加条件。下面以地球周围的大气平衡来说明静止气体的压力分布规律。

在离开地面 $0 \sim 11\,000\,\text{m}$ 的对流层内，大气的密度和温度随高度变化很大，以国际标准大气（即规定海平面处的大气温度为 $T_0 = 288\,\text{K}$，静压强 $p_0 = 1.013\,\text{bar}$）作为参考基准，根据测试统计，距海平面 z 处的气体绝对温度 T 随高度的变化规律为

$$T = T_0 - \theta z \tag{2-26}$$

式中，$\theta = 0.006\,5\,\text{K/m}$。

完全气体的状态方程为

$$p = \rho R T \tag{2-27}$$

式中，R 为气体常数，对于干燥气体 $R = 286.85\,\text{N} \cdot \text{m} / (\text{kg} \cdot \text{K})$。

将式（2-27）代入式（2-6）中，有

$$\mathrm{d}p = -\frac{pg}{RT}\mathrm{d}z$$

再将式（2-26）代入上式中，有

$$\mathrm{d}p = -\frac{pg}{R(T_0 - \theta z)}\mathrm{d}z$$

积分得

$$\ln p = \frac{g}{R\theta}\ln(T_0 - \theta z) + C \tag{2-28}$$

已知海平面处 $z = 0$，$p = p_0$，代入上式中，可得积分常数 C 为

$$C = \ln p_0 - \frac{g}{R\theta}\ln T_0$$

最后，可得对流层中大气的压强分布规律为

$$\frac{p}{p_0} = \left(1 - \frac{\theta z}{T_0}\right)^{\frac{g}{R\theta}} \tag{2-29}$$

代入有关数据得

$$p = 1.013\left(1 - \frac{z}{4.43 \times 10^4}\right)^{5.256} \text{(bar)} \tag{2-30}$$

式中，z 的单位是 m，$0 < z < 11\,000$ m。

在 $11\,000$ m～$25\,000$ m 的同温层里，大气的温度几乎不变，约为 $T = 216.5$ K。由状态方程可知，压强和密度的关系为

$$\frac{p}{p_d} = \frac{\rho}{\rho_d} \tag{2-31}$$

式中，下标"d"表示在对流层与同温层交界处，即同温层最低处的物理量。同温层最低处（$z = z_d = 11\,000$ m）的压力由式（2-30）求得为 $p_d = 0.226$ bar

将式（2-31）代入式（2-6），有

$$\mathrm{d}p = -\frac{p\rho_d}{p_d}g\mathrm{d}z$$

积分得

$$\ln p = -\frac{\rho_d}{p_d}gz + C \tag{2-32}$$

由边界条件 $z = z_d$，$p = p_d$，可得积分常数 C 为

$$C = \ln p_d + \frac{\rho_d}{p_d}gz_d$$

代入后式（2-32）可表示为

$$\ln \frac{p}{p_d} = \frac{\rho_d}{p_d}g(z_d - z)$$

或

$$\ln \frac{p}{p_d} = \frac{g}{RT_d}(z_d - z)$$

从而可得，同温层中大气的压强分布规律为

$$\frac{p}{p_d} = \mathrm{e}^{\frac{g}{RT_d}(z_d - z)} \tag{2-33}$$

代入有关数据得

$$p = 0.226\mathrm{e}^{\frac{11\,000 - z}{6\,340}} \text{(bar)} \tag{2-34}$$

式中，z 的单位是 m，$11\,000$ m $< z < 25\,000$ m。

例 2.1 试求重力场中平衡流体的力势函数，并说明其物理意义。

解： 取直角坐标系，令 z 轴垂直向上，则单位质量分力为

$$X = Y = 0, Z = -g$$

于是

$$dU = \frac{\partial U}{\partial x}dx + \frac{\partial U}{\partial y}dy + \frac{\partial U}{\partial z}dz = -(Xdx + Ydy + Zdz) = gdz$$

设基准面 $z = 0$ 处的势函数值为零，于是积分得重力场中平衡流体的力势函数为

$$U = gz$$

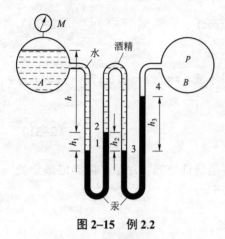

图 2-15 例 2.2

在力学中，Mgz 代表质量为 M 的物体在基准面上高度为 z 时的位置势能，因而质量力势函数 $U = gz$ 的物理意义是单位质量流体在基准面上高度为 z 时所具有的位置势能。

例 2.2 如图 2-15 所示的测压装置，假设容器 A 中水面上的表压力等于 2.5×10^4 Pa，$h = 500$ mm，$h_1 = 200$ mm，$h_2 = 250$ mm，$h_3 = 300$ mm，已知水密度 $\rho_1 = 1 \times 10^3$ kg/m³，酒精密度 $\rho_2 = 0.8 \times 10^3$ kg/m³，汞密度 $\rho_3 = 13.6 \times 10^3$ kg/m³，试求容器 B 中空气的压强 p。

解： 根据重力场中静液压力基本公式可知 1 点处的压强为

$$p_1 = p_A + \rho_1 g(h + h_1)$$

由连通器原理可知点 1、点 2 的压强关系为

$$p_2 = p_1 + \rho_3 g h_1$$

点 2、点 3 的压强关系为

$$p_3 = p_2 + \rho_2 g h_2$$

点 3、点 4 的压强关系为

$$p_4 = p_3 + \rho_3 g h_3$$

由于容器 B 中的压强 $p_B = p_4$，则由上式可得

$$p_B = p_A + \rho_1 g(h + h_1) - \rho_3 g(h_1 + h_3) + \rho_2 g h_2$$

代入数值得

$$p_B = 2.5 \times 10^4 + 1 \times 10^3 \times 9.8 \times (0.5 + 0.2) - 13.6 \times 10^3 \times 9.8 \times (0.2 + 0.3) + 0.8 \times 10^3 \times 9.8 \times 2.5$$

$$= -3.282 \times 10^4 \, (\text{Pa})$$

可见容器 B 中存在着真空，其真空度为 3.282×10^4 Pa。

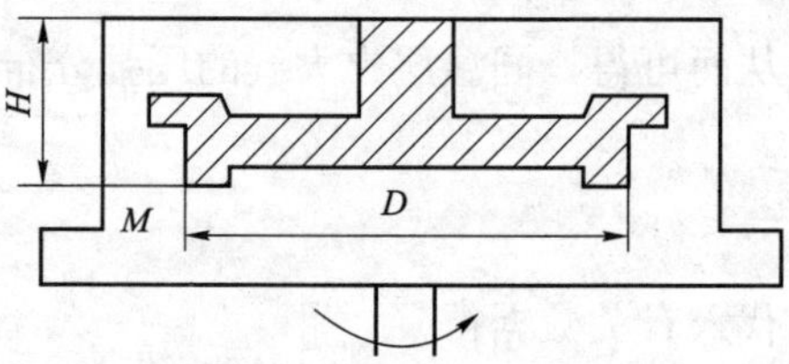

例 2.3 浇铸车轮如图 2-16 所示，已知 $H=180$ mm，$D=600$ mm。铁水密度 $\rho = 7 \times 10^3$ kg/m³，求 M 点压强。如果采用离心铸造，旋转速度 $n=10$ r/s，则 M 点压强将为多少？

图 2-16 例 2.3

解： 不采用离心铸造时 M 点的压强为

$$p_M = p_0 + \rho g H$$

式中，p_0 为大气压强，按表压强计算为零，则：

$$p_M = \rho g H = 7 \times 10^3 \times 9.8 \times 0.18 \approx 1.23 \times 10^4 \, (\text{N/m}^2)$$

如果采用离心铸造，则 M 点的压强为

$$p_M = p_0 + \rho \frac{\omega^2 r_M^2}{2} - \rho g z_M$$

式中，$p_0 = 0$，$\omega = 2\pi n = 20\pi$，$r_M = 300\,\text{mm} = 0.3\,\text{m}$，$z_M = -180\,\text{mm} = -0.18\,\text{m}$，代入上式得

$$p_M = 7\times 10^3 \frac{(20\pi)^2 (0.3)^2}{2} - 7\times 10^3 \times 9.8 \times (-0.18)$$

$$= 1\,255\,910\,(\text{Pa}) \approx 1.26\times 10^6\,(\text{N/m}^2)$$

由计算结果可知，采用离心铸造可使 M 点的压强增大约 100 倍，从而使轮缘部分密实耐磨。

例 2.4　如图 2–17 所示，有一弧形闸门 AB，宽度 $b=4\,\text{m}$，$\alpha = 45°$，半径 $R=2\,\text{m}$。试求作用在闸门 AB 上的合力。

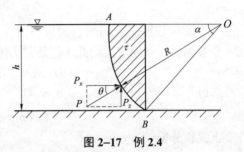

图 2–17　例 2.4

解：由于闸门右侧受大气压的作用，左侧液面大气压也通过液体传递到闸门上，闸门两侧所受的大气压相互抵消，因此我们可假设 $p_0 = 0$，则水平方向合力 P_x 为

$$P_x = \rho g h_C A_x = \frac{1}{2}\rho g R^2 b \sin^2 \alpha = \frac{1}{2}\times 1\,000 \times 9.8 \times 2^2 \times 4 \times \sin^2 45° = 39\,200\,\text{N} = 39.2\times 10^3\,\text{N}$$

垂直方向合力 P_z 为
$$P_z = \rho g \tau$$

式中，τ 为压力体的体积。如图 2–17 所示，压力体为从弧面起向上至液面所围成的柱体体积，此时压力体中实际上没有流体，称为虚压力体，P_z 方向向上。

由于
$$\tau = \left(\frac{1}{8}\pi R^2 - \frac{1}{2}R^2 \sin\alpha \cos\alpha\right)b$$

则
$$P_z = \rho g\left(\frac{1}{8}\pi R^2 - \frac{1}{2}R^2 \sin\alpha \cos\alpha\right)b = \frac{1}{8}\rho g R^2(\pi - 4\sin\alpha\cos\alpha)b$$

$$= \frac{1}{8}\times 1\,000 \times 9.8 \times 4 \times (\pi - 2)\times 4 \approx 22\,375 \approx 22.375\times 10^3\,(\text{N})$$

故作用在 AB 上的合力 P 为

$$P = \sqrt{P_x^2 + P_z^2} = \sqrt{39\,200^2 + 22\,375^2} \approx 45\,136 \approx 45.136\times 10^3\,(\text{N})$$

设合力与水平方向的夹角为 θ，则有

$$\theta = \arctan\frac{P_z}{P_x} = \arctan\frac{22\,375}{39\,200} \approx 29.7°$$

因为合力的作用线与弧面 AB 垂直，故一定通过弧 AB 的圆心，因此作用点可由过 O 点与水平面成 θ 角的直线与圆弧线相交得到。

例 2.5　半径为 R 的圆筒中充有部分液体，液面压强为 p_0，圆筒绕水平中心轴以角速度 ω 旋转，如图 2–18 所示，求筒内液体中压强分布和两边端盖上受到的力，如果圆筒内充满液体，求液体压强分布和端盖上所受到的力。

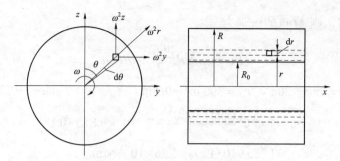

图 2–18　例 2.5

解： 当圆筒绕 x 轴旋转时，位于 r 处单位质量的液体受到离心力 $\omega^2 r$，在 y 及 z 方向的分量各为 $\omega^2 y$ 及 $\omega^2 z$，因此单位质量力为

$$X = 0 , \quad Y = \omega^2 y , \quad Z = \omega^2 z - g$$

所以

$$\mathrm{d}p = \rho(\omega^2 y \mathrm{d}y + \omega^2 z \mathrm{d}z - g \mathrm{d}z)$$

上式积分得

$$p = \rho\left(\frac{\omega^2 y^2}{2} + \frac{\omega^2 z^2}{2} - gz\right) + C = \rho\frac{\omega^2 r^2}{2} - \rho g r \cos\theta + C$$

因为容器内并不充满液体，所以容器旋转时气体将聚集在容器中心形成一半径为 R_0 的气柱。由于液体是不可压缩流体，圆筒内气体容积不变，故压强仍保持为 p_0，即 $r \leqslant R_0$ 时，$p = p_0$，由此可得积分常数 C 为

$$C = p_0 - \rho\frac{\omega^2 R_0^2}{2} + \rho g R_0 \cos\theta$$

将其代入原式得液体内压强分布为

$$p = p_0 - \rho\frac{\omega^2 (R_0^2 - r^2)}{2} + \rho g(R_0 - r)\cos\theta$$

由此可见，液体内压强是由原来液面压强 p_0、重力和离心力引起的。在端盖上半径为 r 处取微小面积 $r\mathrm{d}r\mathrm{d}\theta$，该面积上受到液体作用力 $\mathrm{d}P$ 为

$$\mathrm{d}P = pr\mathrm{d}r\mathrm{d}\theta = \left[p_0 - \rho\frac{\omega^2 (R_0^2 - r^2)}{2} + \rho g(R_0 - r)\cos\theta \right] r\mathrm{d}r\mathrm{d}\theta$$

积分得

$$P = \int_A \mathrm{d}P = \int_0^{2\pi}\int_{R_0}^R \left[p_0 - \rho\frac{\omega^2 (R_0^2 - r^2)}{2} + \rho g(R_0 - r)\cos\theta \right] r\mathrm{d}r\mathrm{d}\theta$$

$$= \pi(R^2 - R_0^2)p_0 + \frac{\pi\rho\omega^2}{4}(R^2 + R_0^2)^2$$

由上式可知，重力项积分后消失，即圆筒端面受到的作用力与重力无关。

如果圆筒中充满液体，静止时最高点压力仍为 p_0，则在 $r = 0$ 时，$p = p_0 + \rho g R$。当圆筒旋转时中心压强不变，此时液体内的压强分布为

$$p = p_0 + \rho g R + \rho\frac{\omega^2 r^2}{2} - \rho g r \cos\theta$$

端面受到的总压力为

$$P = p_0 \pi R^2 + \pi \rho g R^3 + \frac{\pi \rho \omega^2}{4} R^4$$

习　题

2.1　如图 1 所示，容器 A 内充满水，如果 $Z_A = 2\ \text{m}$，U 形测压计汞柱读数为 $h = 40\ \text{cm}$，求容器内真空度。

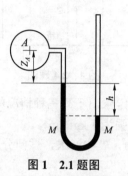

图 1　2.1 题图

2.2　如图 2 所示，容器 A 及 B 中均为相对体积质量等于 1.2 的溶液，设 $Z_A = 1\ \text{m}$，$Z_B = 0.5\ \text{m}$，汞柱高差 $h = 50\ \text{cm}$，求压差。

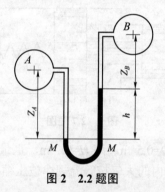

图 2　2.2 题图

2.3　如图 3 所示，有一直径 $d = 100\ \text{mm}$ 的圆柱体，其质量 $m = 50\ \text{kg}$，在力 $F = 520\ \text{N}$ 的作用下，当淹深 $h = 0.5\ \text{m}$ 时处于静止状态，求测压管中水柱的高度 H。

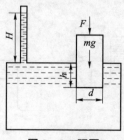

图 3　2.3 题图

2.4　如图 4 所示，$h_1 = 1.2\ \text{m}$，$h_2 = 1\ \text{m}$，$h_3 = 0.8\ \text{m}$，$h_4 = 1\ \text{m}$，$h_5 = 1.5\ \text{m}$，大气压强 $p_a = 10.13 \times 10^4\ \text{Pa}$，

酒精的密度 ρ_1=790 kg/m³，不计装置内空气的质量，求 1、2、3、4、5、6 各点的绝对压强及 M_1，M_2，M_3 三个压力表的表压强或真空度。

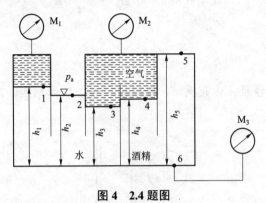

图 4　2.4 题图

2.5　试根据国际标准大气的规定求出下列三种情况的海拔高度：（1）摄氏温度为 0 ℃，（2）绝对压强为 1 bar，（3）绝对压强为 1 kgf/cm²。

2.6　已知海平面处 p_a=1.013 bar，T_a=288 K，试问分别在多少海拔高度处的 p_a 和 T_a 的数值能减小 1%。

2.7　如图 5 所示，安全阀调压 p_d=5 MPa 时，求弹簧预压缩量，设弹簧刚度 k_e=10 N/mm，活塞直径 D=22 mm，d=20 mm。（提示：利用帕斯卡压强传递原理）

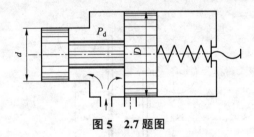

图 5　2.7 题图

2.8　薄壁钟形容器的直径 D=0.5 m，高 H=0.7 m，重量 G=1 000 N，在自重作用下铅直沉入水中，保持平静，原来钟罩内的大气按等温规律被压缩在钟罩内部，如图 6（a）所示，已知大气压强 p_a=750 mmHg。

（1）试求钟的淹没深度 h_1 及钟内充水深度 b_1；

（2）加多大的力 P 才能使钟罩完全没入水中，如图 6（b）所示，此时钟罩内充水深度是多少？

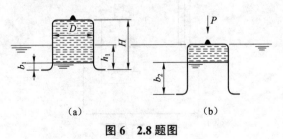

（a）　　　　　　　　（b）

图 6　2.8 题图

2.9　如图 7 所示，直径 D=400 mm 的圆形容器，充水高度 a=300 mm，液面上为真空，以此使容器悬于直径 d=200 mm 的柱塞上：

（1）设容器本身的质量为 50 kg，不计容器与柱塞间的摩擦力，求容器内液面上的真空度；

（2）h=100 mm，求螺栓 A 及 B 中受到的力；

（3）柱塞的淹没深度 h 对计算结果的影响如何？

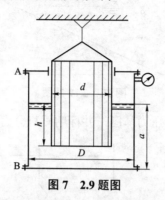

图 7　2.9 题图

2.10　如图 8 所示，盛水容器以转速 n=459 r/min 绕垂直轴旋转，容器尺寸 D=400 mm，d=200 mm，a=170 mm，b=350 mm，活塞质量 m_1=50 kg，不计活塞与侧壁的摩擦，求螺栓组 A、B 所受的力，设容器筒质量为 m_1=80 kg。

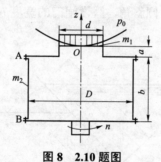

图 8　2.10 题图

2.11　设有一如图 9 所示的圆筒形容器，其盖顶中心装有测压管，容器中装满密度为 ρ 的油液直至测压管中高度为 h 处。容器绕垂直轴以等角速度 ω 旋转，容器的直径为 D，顶盖质量为 m_1，容器圆柱部分质量为 m_2，试计算螺栓组 A 和 B 的张力。

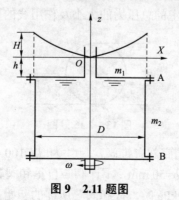

图 9　2.11 题图

2.12　如图 10 所示，一盛水的矩形敞口容器，沿 α=30° 的斜面上做等加速运动，加速

度 a =2 m/s², 求液面与壁面的夹角 θ。

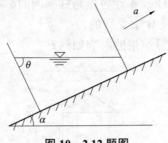

图 10　2.12 题图

2.13　画出图 11 中四种曲面压力体图，并标明垂直分力的方向。

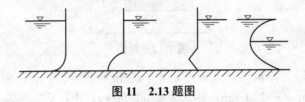

图 11　2.13 题图

2.14　如图 12 所示，一矩形闸门两面受到水的压力，左边水深 H_1=4.5 m，右边水深 H_2=2.5 m，闸门与水面成 α=45° 倾斜角，假设闸门的宽度 b=1 m，试求作用在闸门上的总压力及作用点。

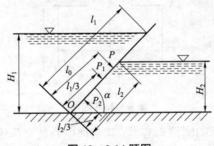

图 12　2.14 题图

2.15　如图 13 所示，一圆形滚门，宽 b=1 m，直径 D=4 m，两侧有水，上游水深 H_1=4 m，下游水深 H_2=2 m，求作用在门上的总压力的大小及作用线的位置。

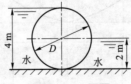

图 13　2.15 题图

2.16　如图 14 所示，油箱底部有锥阀，尺寸为 D=100 mm，d=50 mm，a=100 mm，d_1=25 mm，箱内油位高出锥阀 b=50 mm，不计阀芯自重和阀芯运动的摩擦力，油箱的相对密度 S=0.83。当压力表读数为 10 kPa 时，提起阀芯所需的初始力 F 为多少？

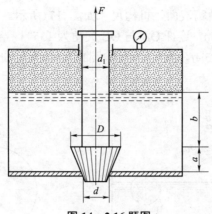

图 14　2.16 题图

2.17　如图 15 所示，底部开口的圆柱形容器 A，直径 d=50 mm，H=100 mm，漂浮于 D=100 mm 的圆筒内的水中，试确定：

（1）容器 A 的质量，设圆筒内液面为大气压，深度 h_1=40 mm；

（2）如果要使容器 A 全部沉入水中，应在活塞上加多大力 F，不计活塞的质量，设初始深度 h_2=20 mm。

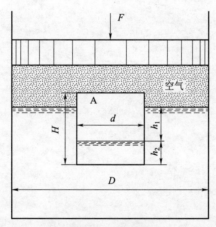

图 15　2.17 题图

2.18　用融化铁水铸造带凸缘的半球形零件，如图 16 所示，已知 H=0.5 m，D=0.8 m，R=0.3 m，d=0.05 m，δ_1=0.02 m，δ_2=0.05 m，铁水的相对密度为 7，试求铁水作用在型箱上的力。

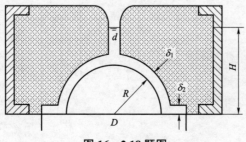

图 16　2.18 题图

2.19 用浮球装置控制油箱液面，机构尺寸如图 17 所示。球的直径为 20 cm，质量为 0.2 kg，连杆质量为 0.01 kg/cm，连杆 OA 与 OB 夹角为 135°，当油箱中液面离 O 点为 30 cm 时，OA 在垂直位置，阀 A 关闭，截断油液流入油箱。如果进油口直径为 2.5 cm，油液相对密度为 0.8，求进油压力。

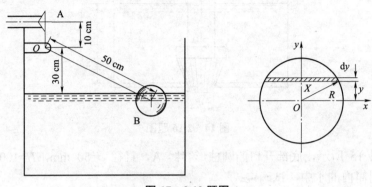

图 17 2.19 题图

第三章

流体运动学

3.1 流体运动的两种描述方法及互相转换

通常把充满运动流体的空间称为流场。根据流体的连续介质假设,在流场中,任一时刻、任一空间点上,有且只有一个流体质点存在,即一个空间点对应一个流体质点。因此,描述流体运动就有两种不同着眼点的方法,分别称为拉格朗日(Lagrange)描述法和欧拉(Euler)描述法。

3.1.1 拉格朗日描述法

这是一种着眼于流体质点的描述方法。通过对各流体质点的运动规律(也就是它们的位置随时间变化的规律)的观察来确定整个流场的运动规律。由于整个流场是由无数密集分布的流体质点所组成的,因此,采用这种描述法时,首先必须用某种标号方法来区别不同的流体质点。因为每一时刻,每一个流体质点都占有唯一确定的流场空间位置,因此通常利用初始时刻 $t = t_0$ 时流体质点所处的空间坐标(a, b, c)作为区分不同流体质点的标号参数。在认为选定的某种空间坐标系中,一个流体质点只有一组固定不变的(a, b, c)值,即不同的(a, b, c)值代表不同的流体质点。有了流体质点的标号参数后,其运动规律若用矢量形式给出,则为

$$r = r(a, b, c, t) \tag{3-1}$$

式中, r 是流体质点的位置矢径;(a, b, c)称为拉格朗日变数或随体坐标。式(3-1)可在选定的空间坐标系中写成标量形式,例如,在直角坐标系中有

$$\left.\begin{array}{l} x = x(a, b, c) \\ y = y(a, b, c) \\ z = z(a, b, c) \end{array}\right\} \tag{3-2}$$

式中,(a, b, c)指 $t = t_0$ 时,$(x, y, z) = (a, b, c)$。

在拉格朗日描述中,流体质点所具有的任一物理量 B(如速度、压力、密度、温度等)都将表示为

$$B = B(a, b, cvt) \tag{3-3}$$

给出或者求得式(3-1)~式(3-3)这样的表达式是拉格朗日描述法的关键所在。

3.1.2 欧拉描述法

这是一种着眼于流场空间点的描述方法。通过在流场中各个固定空间点上对流动的观察来确定流体质点经过该空间点时其物理量的变化规律。在同一个空间点上,虽然在不同的时刻被不同的流体质点所占据,且空间点上的物理量随时间变化,但所观察到的物理量总是与该空间点位置相联系。如果在所有不同的空间点上进行同样的观察,就可以获得整个流体物理量的空间分布及变化规律。显然,采用欧拉描述法时,流体质点的物理量 B 都可表示为空间坐标和时间的函数,即

$$B = B(\boldsymbol{r}, t) = B(q_1, q_2, q_3, t) \tag{3-4}$$

式中,(q_1, q_2, q_3) 称为欧拉变数或空间坐标,$\boldsymbol{r}$ 是空间坐标点的矢径。在直角坐标系中,$\boldsymbol{r} = x\boldsymbol{i} + y\boldsymbol{j} + z\boldsymbol{k}, (q_1, q_2, q_3) = (x, y, z)$,于是,

$$B = B(x, y, z, t) \tag{3-5}$$

式(3-4)或式(3-5)表示了 t 时刻流场各物理量的分布函数,它们所构成的是一个物理量的场,例如,速度场、加速度场、压力场和密度场等。

给出或者求得各物理量的分布函数是欧拉描述法的关键所在。对于运动流体来说,最关键的物理量是速度场 $V = V(\boldsymbol{r}, t)$。在直角坐标系中,习惯将 V 写成 $V = u\boldsymbol{i} + v\boldsymbol{j} + w\boldsymbol{k}$,于是 $V = V(x, y, z, t)$,或者

$$\left. \begin{array}{l} u = u(x, y, z, t) \\ v = v(x, y, z, t) \\ w = w(x, y, z, t) \end{array} \right\} \tag{3-6}$$

3.1.3 拉格朗日描述法与欧拉描述法之间的联系

两种描述法只是着眼点不同,实质上是等价的。如果标号参数为 (a, b, c) 的流体质点在 t 时刻正好达到 (x, y, z) 这个空间点上,则有

$$B = B(x, y, z, t) = B[x(a, b, c, t,), y(a, b, c, t), z(a, b, c, t)] = B(a, b, c, t) \tag{3-7}$$

可见两者描述的是同一种流动,这说明两种描述法之间存在联系,可以互相转换。

3.2 质点的随体导数

在流体力学的问题中,经常需要求解流体质点的物理量随时间的变化率,这种变化率称为质点的随体导数,也称为物质导数或质点导数,其运算符号是 $\dfrac{D}{Dt}$。顾名思义,随体导数就是跟随流体一起运动时所观察到的流体物理量随时间的变化率。

3.2.1 拉格朗日描述中的随体导数

在拉格朗日描述中,流体质点的物理量表示为 $B = B(a, b, c, t)$,其随体导数很直观,就是 B 对时间的偏导数:$\dfrac{\partial B}{\partial t}$。因为 (a, b, c) 与时间 t 无关,所以,$\dfrac{\partial B}{\partial t} = \dfrac{\mathrm{d}B}{\mathrm{d}t}$。例如,在拉格朗日描

述中，流体速度 V 就是质点的位置矢径 r 对时间的偏导数，即

$$V(a,b,c,t)=\frac{\partial}{\partial t}r(a,b,c,t) \tag{3-8}$$

流体加速度 a 则为 V 对时间的偏导数，即

$$a(a,b,c,t)=\frac{\partial}{\partial t}V(a,b,c,t)=\frac{\partial^2}{\partial t^2}r(a,b,c,t) \tag{3-9}$$

在直角坐标系中，式（3-8）和式（3-9）可分别写成

$$\left.\begin{array}{l} u(a,b,c,t)=\dfrac{\partial x(a,b,c,t)}{\partial t} \\[2mm] v(a,b,c,t)=\dfrac{\partial y(a,b,c,t)}{\partial t} \\[2mm] w(a,b,c,t)=\dfrac{\partial z(a,b,c,t)}{\partial t} \end{array}\right\} \tag{3-10}$$

和

$$\left.\begin{array}{l} a_x(a,b,c,t)=\dfrac{\partial u}{\partial t}=\dfrac{\partial^2 x}{\partial t^2} \\[2mm] a_y(a,b,c,t)=\dfrac{\partial v}{\partial t}=\dfrac{\partial^2 y}{\partial t^2} \\[2mm] a_z(a,b,c,t)=\dfrac{\partial w}{\partial t}=\dfrac{\partial^2 z}{\partial t^2} \end{array}\right\} \tag{3-11}$$

3.2.2　欧拉描述中的随体导数

在欧拉描述中，任一流体物理量 B 在直角坐标系中均可表示为 $B=B(x,y,z,t)$。这里的 (x,y,z) 可以有双重意义：一方面它代表流场的空间坐标；另一方面它又代表 t 时刻某个流体质点的空间位置。根据随体导数的定义，从跟踪流体质点的角度看，x,y,z 应视为时间 t 的函数。因此，物理量 B 随时间的变化率为

$$\frac{\mathrm{D}B(x,y,z,t)}{\mathrm{D}t}=\frac{\partial B}{\partial x}\frac{\partial x}{\partial t}+\frac{\partial B}{\partial y}\frac{\partial y}{\partial t}+\frac{\partial B}{\partial z}\frac{\partial z}{\partial t}+\frac{\partial B}{\partial t}$$

结合式（3-10），上式可变为

$$\frac{\mathrm{D}B}{\mathrm{D}t}=u\frac{\partial B}{\partial x}+v\frac{\partial B}{\partial y}+w\frac{\partial B}{\partial z}+\frac{\partial B}{\partial t} \tag{3-12}$$

式（3-12）可以写成与坐标系无关的矢量表达式

$$\frac{\mathrm{D}B}{\mathrm{D}t}=\frac{\partial B}{\partial t}+(V\cdot\nabla)B \tag{3-13}$$

式中，$\dfrac{\mathrm{D}}{\mathrm{D}t}=\dfrac{\partial}{\partial t}+(V\cdot\nabla)$，$\dfrac{\mathrm{D}}{\mathrm{D}t}$ 称为随体导数或全导数；$\dfrac{\partial}{\partial t}$ 称为局部导数或当地导数，表示流场的非定常性，如果流动是定常的，则有 $\dfrac{\partial}{\partial t}=0$；$(V\cdot\nabla)$ 称为迁移导数或位变导数，表示流场的非均匀性，如果 $\nabla B=0$，则表示场 B 是均匀的。∇ 称为哈密顿（Hamilton）算子，它具

有矢量和微分的双重性质，在直角坐标系中，$\nabla = \dfrac{\partial}{\partial x}\boldsymbol{i} + \dfrac{\partial}{\partial y}\boldsymbol{j} + \dfrac{\partial}{\partial z}\boldsymbol{k}$。

根据式（3–13），在欧拉描述中，流体质点的加速度 $\boldsymbol{a}$ 可表示为

$$\boldsymbol{a} = \frac{\mathrm{D}\boldsymbol{V}}{\mathrm{D}t} = \frac{\partial \boldsymbol{V}}{\partial t} + (\boldsymbol{V} \cdot \nabla)\boldsymbol{V} \tag{3–14}$$

式（3–14）说明，在流场的欧拉描述中，流体质点的加速度由两部分组成：第一部分 $\dfrac{\partial \boldsymbol{V}}{\partial t}$ 称为局部加速度或当地加速度，它表示在同一空间点上流体速度随时间的变化率，对于定常速度场，有 $\dfrac{\partial \boldsymbol{V}}{\partial t} = 0$；第二部分 $(\boldsymbol{V} \cdot \nabla)\boldsymbol{V}$ 称为迁移加速度或位变加速度，它表示在同一时刻由于不同空间点的流体速度差异而产生的速度变化率。对均匀的速度场，有 $(\boldsymbol{V} \cdot \nabla)\boldsymbol{V} = 0$。

在直角坐标系中，加速度 $\boldsymbol{a}$ 可表示为

$$\boldsymbol{a}(a,b,c,t) = \frac{\mathrm{D}}{\mathrm{D}t}\boldsymbol{V}(x,y,z,t) = \frac{\partial \boldsymbol{V}}{\partial t} + u\frac{\partial \boldsymbol{V}}{\partial x} + v\frac{\partial \boldsymbol{V}}{\partial y} + w\frac{\partial \boldsymbol{V}}{\partial z} \tag{3–15}$$

或写成分量形式

$$\left.\begin{aligned}
a_x &= \frac{\partial u}{\partial t} + u\frac{\partial u}{\partial x} + v\frac{\partial u}{\partial y} + w\frac{\partial u}{\partial z} \\
a_y &= \frac{\partial v}{\partial t} + u\frac{\partial v}{\partial x} + v\frac{\partial v}{\partial y} + w\frac{\partial v}{\partial z} \\
a_z &= \frac{\partial w}{\partial t} + u\frac{\partial w}{\partial x} + v\frac{\partial w}{\partial y} + w\frac{\partial w}{\partial z}
\end{aligned}\right\} \tag{3–16}$$

式（3–14）也可在柱坐标系和球坐标系中进行展开，得到相应的表达式。

3.2.3 拉格朗日描述法与欧拉描述法的互相转换

拉格朗日描述法与欧拉描述法之间具有联系，可以互相转换。

1. 由拉格朗日描述转换为欧拉描述

在直角坐标系中，这个转换过程可以归结为：已知流体质点的运动规律

$$\left.\begin{aligned}
x &= x(a,b,c,t) \\
y &= y(a,b,c,t) \\
z &= z(a,b,c,t)
\end{aligned}\right\} \tag{3–17}$$

及流体物理量的拉格朗日描述 $B = B(a,b,c,t)$，求流体物理量的欧拉描述 $B = B(x,y,z,t)$。

对于式（3–17），如果其函数行列式满足下列关系

$$\frac{\partial(x,y,z)}{\partial(a,b,c)} = \begin{vmatrix} \dfrac{\partial x}{\partial a} & \dfrac{\partial y}{\partial a} & \dfrac{\partial z}{\partial a} \\[2mm] \dfrac{\partial x}{\partial b} & \dfrac{\partial y}{\partial b} & \dfrac{\partial z}{\partial b} \\[2mm] \dfrac{\partial x}{\partial c} & \dfrac{\partial y}{\partial c} & \dfrac{\partial z}{\partial c} \end{vmatrix} \neq 0或\infty$$

则可以从式（3–17）反解得到

$$a = a(x, y, z) \atop b = b(x, y, z) \atop c = c(x, y, z) \Bigg\}$$ (3–18)

把式（3–18）代入 $B = B(a, b, c, t)$ 即完成了转换。

当式（3–17）在形式上比较简单时，这种转换也就比较容易了。

例 3.1　已知一平面流动的拉格朗日描述为

$$x = ae^t, \quad y = be^{-t}$$ ①

求流动速度和加速度的欧拉描述。

解：从已知条件可知，在本例中，$t = 0$，$(x, y) = (a, b)$。根据式（3–8）和式（3–11），该流动的速度和加速度的拉格朗日描述为

$$u = \frac{\partial x}{\partial t} = ae^t, \quad v = \frac{\partial y}{\partial t} = -be^{-t}$$ ②

$$a_x = \frac{\partial u}{\partial t} = ae^t, \quad a_y = \frac{\partial v}{\partial t} = be^{-t}$$ ③

按求解程序，首先要计算式①的函数行列式以判别是否存在单值解。

因为

$$\frac{\partial(x, y)}{a(a, b)} = \begin{vmatrix} \dfrac{\partial x}{\partial a} & \dfrac{\partial y}{\partial a} \\ \dfrac{\partial x}{\partial b} & \dfrac{\partial y}{\partial b} \end{vmatrix} = \begin{vmatrix} e^t & 0 \\ 0 & e^{-t} \end{vmatrix} = 1(\neq 0, \infty)$$

所以，可反解得到

$$a = xe^t, \quad b = ye^{-t}$$ ④

本例中，式①很简单，不通过上述程序也可得到式④。

将式④代入式②和式③，即可得速度和加速度的欧拉描述，即

$$u = x, \quad v = -y$$ ⑤

$$a_x = x, \quad a_y = \frac{\partial v}{\partial t} = y$$ ⑥

另式⑥也可以从式⑤出发，根据随体导数公式（3–16）来计算。

2. 由欧拉描述转换为拉格朗日描述

这种转换的最典型过程就是已知在直角坐标系中，流动的速度场（也就是欧拉描述）为 $V = V(x, y, z, t)$，求流体质点的流动规律及 $B = B(a, b, c, t)$。

根据式（3–8）或式（3–10），流体质点的速度为 $V = \mathrm{d}\boldsymbol{r} / \mathrm{d}t$，或者

$$\frac{\mathrm{d}x}{\mathrm{d}t} = u(x, y, z, t) \atop \frac{\mathrm{d}y}{\mathrm{d}t} = v(x, y, z, t) \atop \frac{\mathrm{d}z}{\mathrm{d}t} = w(x, y, z, t) \Bigg\}$$ (3–19)

在 u、v、w 已知的情况下，式（3-19）构成一个一阶的常微分方程组，求解后可得

$$\left.\begin{array}{l} x = x(c_1,c_2,c_3,t) \\ y = y(c_1,c_2,c_3,t) \\ z = z(c_1,c_2,c_3,t) \end{array}\right\} \tag{3-20}$$

式中，(c_1,c_2,c_3) 为积分常数，它们应由初始条件来确定。如设 $t = t_0$（可根据需要自己设定，通常设 $t = 0$）时，$(x,y,z) = (a,b,c)$，即有

$$\left.\begin{array}{l} a = x(c_1,c_2,c_3,t_0) \\ b = y(c_1,c_2,c_3,t_0) \\ c = z(c_1,c_2,c_3,t_0) \end{array}\right\} \tag{3-21}$$

解式（3-21）可得

$$\left.\begin{array}{l} c_1 = c_1(a,b,c,t_0) \\ c_2 = c_2(a,b,c,t_0) \\ c_3 = c_3(a,b,c,t_0) \end{array}\right\} \tag{3-22}$$

把式（3-22）代入式（3-20）即得到欧拉变数与拉格朗日变数之间的关系式

$$\left.\begin{array}{l} x = x(a,b,c,t_0) \\ y = y(a,b,c,t_0) \\ z = z(a,b,c,t_0) \end{array}\right\} \tag{3-23}$$

这就是流体质点的运动规律，也就是运动的拉格朗日描述。只要把式（3-23）代入 $B = B(x,y,z,t)$ 就完成了转换。在上述的转换过程中，获得式（3-19）的解析解是关键所在。

例 3.2　已知一平面流动的速度分布（即欧拉描述）：

$$u = x + t, \quad v = -y - t \tag{①}$$

和初始条件：$t = 0$ 时 $(x,y) = (a,b)$，求流动速度和加速度的拉格朗日描述。

解：根据式（3-19），有

$$\frac{\mathrm{d}x}{\mathrm{d}t} = x + t \tag{②}$$

$$\frac{\mathrm{d}y}{\mathrm{d}t} = -y - t \tag{③}$$

在本例中，式②和式③为各自独立的一阶常微分方程，可分别求解得到

$$\left.\begin{array}{l} x = c_1 \mathrm{e}^t - t - 1 \\ y = c_2 \mathrm{e}^{-t} - t + 1 \end{array}\right\} \tag{④}$$

再根据已知的初始条件：$t = 0$ 时 $(x,y) = (a,b)$，即得

$$c_1 = a + 1, \quad c_2 = b - 1 \tag{⑤}$$

将式⑤代入式④得

$$\left.\begin{array}{l} x = (a+1)\mathrm{e}^t - t - 1 \\ y = (b-1)\mathrm{e}^{-t} - t + 1 \end{array}\right\} \tag{⑥}$$

这是流体质点的运动规律，也就是流动拉格朗日描述的关键表达式。

若要求速度和加速度的拉格朗日描述，可对式⑥直接求偏导得到

$$u = \frac{\partial x}{\partial t} = (a+1)e^t - 1, \quad y = \frac{\partial y}{\partial t} = -(b-1)e^{-t} - 1$$

$$a_x = \frac{\partial^2 x}{\partial t^2} = (a+1)e^t, \quad v = \frac{\partial^2 y}{\partial t^2} = (b-1)e^{-t}$$

需要强调的是，拉格朗日描述法与欧拉描述法是同一种流动的两种描述法，在解决具体流动问题时，一般只要选择其中一种即可。在流体的连续介质假设下，采用欧拉描述法要比拉格朗日描述法优越，其原因有三条：一是欧拉描述法表示的是物理量的场，便于采用场论这一数学工具来研究；二是采用欧拉描述法时，流动加速度是一阶导数，而采用拉格朗日描述法时变为二阶导数。换言之，采用欧拉法描述控制流体运动的偏微分方程组要比采用拉格朗日描述法低一阶，相应的边界条件和数学处理会变得容易一些；三是在大多数的工程实际流动中，并不关心每一个流体质点的来龙去脉。如果有的问题一定要求每一个流体质点的运动规律，那么，只要在得到速度分布后，从欧拉描述转换到拉格朗日描述即可。

本书在以后的内容中，若没有特别说明，均采用欧拉描述法。

3.3　迹线与流线、流管与流量

在表示流场的理论分析、实验或数值计算结果时，常常采用直观形象的几何图像来描述，其中用得最多的是迹线、流线和脉线。

3.3.1　迹线

迹线是流体质点在流场中运动的轨迹，也就是流体质点运动位置的几何表示。显然，迹线的概念是着眼于流体质点的，因此，采用拉格朗日描述法时，质点的位置矢径表达式为：$r = r(a,b,c,t)$，或在直角坐标系中的分量表达式

$$x = x(a,b,c,t), \quad y = y(a,b,c,t), \quad z = z(a,b,c,t)$$

就是流体质点迹线的参数方程。例如，在例 3.1 中，$x = ae^t$，$y = be^{-t}$ 就表示了 $t = 0$ 时位于 (a,b) 点上的流体质点的运动轨迹。在本例中可消去 t，则得：$xy = ab$，说明在此流动中，流体质点的迹线是一条平面双曲线，凡是 $t = 0$ 时位于 (a,b) 点上的流体质点都将沿此双曲线运动。

当流动采用欧拉描述时，求流场中迹线的过程就是从欧拉描述转换为拉格朗日描述的过程。因此，迹线的微分方程可表示为

$$\mathrm{d}r = V\mathrm{d}t \tag{3-24}$$

式中，$\mathrm{d}r$ 是迹线上的微元弧长矢量，V 是在欧拉描述下的速度矢量。

在直角坐标系下，式（3-24）可以写成

$$\left. \begin{array}{l} \dfrac{\mathrm{d}x}{\mathrm{d}t} = u(x,y,z,t) \\[2mm] \dfrac{\mathrm{d}y}{\mathrm{d}t} = v(x,y,z,t) \\[2mm] \dfrac{\mathrm{d}z}{\mathrm{d}t} = w(x,y,z,t) \end{array} \right\} \tag{3-25}$$

或者

$$\frac{\mathrm{d}x}{u(x,y,z,t)}=\frac{\mathrm{d}y}{v(x,y,z,t)}=\frac{\mathrm{d}z}{w(x,y,z,t)} \tag{3-26}$$

要注意到式（3-24）~式（3-26）中，应把 x，y，z 都看成 t 的函数。通过求解常微分方程组就可以得到迹线的代数表达式。

3.3.2 流线

流线是流场中这样的一条曲线：某一时刻，位于该曲线上的所有流体质点的运动方向都与这条曲线相切。显然，流线是流体运动速度分布的几何表示。流线的微分方程可表示为

$$\mathrm{d}\boldsymbol{r}\times\boldsymbol{V}=0 \tag{3-27}$$

式中，$\boldsymbol{V}$ 是某一时刻 t 流场中任一点处的速度矢量，$\mathrm{d}\boldsymbol{r}$ 为通过该点的流线上的微元弧长矢量。根据流线的定义，$\mathrm{d}\boldsymbol{r}\,/\!/\boldsymbol{V}$，故得式（3-27）。

在直角坐标系中，$\mathrm{d}\boldsymbol{r}=\mathrm{d}x\boldsymbol{i}+\mathrm{d}y\boldsymbol{j}+\mathrm{d}z\boldsymbol{k}$，$\boldsymbol{V}=u\boldsymbol{i}+v\boldsymbol{j}+w\boldsymbol{k}$，因而有

$$\frac{\mathrm{d}x}{u(x,y,z)}=\frac{\mathrm{d}y}{v(x,y,z)}=\frac{\mathrm{d}z}{w(x,y,z)} \tag{3-28}$$

这是 t 时刻流线的微分方程，积分后就是流线方程。需要指出的是，流线是对某一时刻而言的，因此，式（3-28）在积分时，应将时间 t 看成常参数（参变量）。

例 3.3 已知一平面流动的速度分布为：

$$u=-y+t,\ v=x \tag{①}$$

求：（1）$t=0$ 时，过平面 $(1,1)$ 点的流体质点的迹线；

（2）$t=0$ 时，过平面 $(1,1)$ 点的流线，并以图示之。

解：（1）由迹线微分方程式（3-25）得

$$\frac{\mathrm{d}x}{\mathrm{d}t}=-y+t \tag{②}$$

$$\frac{\mathrm{d}y}{\mathrm{d}t}=x \tag{③}$$

在本例中，式②和式③是互相耦合的，不能各自独立求解。通过式③两边再对 t 求导一次，并用式②代入，可得到

$$\frac{\mathrm{d}^2y}{\mathrm{d}t^2}+y=t \tag{④}$$

这是一个二阶线性非齐次常微分方程，其解为

$$y=c_1\sin t+c_2\cos t+t \tag{⑤}$$

再由式③得

$$x=c_1\cos t+c_2\sin t+1 \tag{⑥}$$

对于 $t=0$ 时，过 $(1,1)$ 点的流体质点，可得积分常数 $c_1=0$，$c_2=1$，则所求迹线（参数）方程为

$$\left.\begin{array}{l}x=1-\sin t\\y=\cos t+t\end{array}\right\} \tag{⑦}$$

或者化为

$$(1-x)^2 + (y-t)^2 = 1 \qquad ⑧$$

（2）由流线微分方程式（3–28）得

$$\frac{\mathrm{d}x}{-y+t} = \frac{\mathrm{d}y}{x} \qquad ⑨$$

即

$$x\mathrm{d}x = (t-y)\mathrm{d}y$$

由于上式积分时将 t 看作常参数，因此有

$$x^2 + (y-t)^2 = c \qquad ⑩$$

式⑩中 c 是积分常数，由某时刻流线上通过的已知点位置来确定。不同的常数代表同一时刻过不同点的流线。因此，同一时刻，整个流场中将有无数条流线（流线簇）构成流动图景，称为流谱。对于本例所求的 $t=0$，由式⑩得到：$x^2 + y^2 = c$，说明在本例中，$t=0$ 时，流场中的流谱是如图 3–1 所示的以原点为中心的同心圆簇。

对于过（1,1）点的流线，则根据式⑩，由 $(x,y) =$（1,1）的条件可以得到 $c = 1 + (1-t)^2$，于是流线为 $x^2 + (y-t)^2 = 1 + (1-t)^2$，说明该流动中，过（1,1）点的流线随时间 t 而变化。

对于 $t=0$ 时，过（1,1）点的流线则为：$x^2 + y^2 = 2$ 的这条流线，该线为图 3–1 中的实线。在画流线时，要同

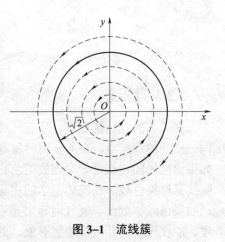

图 3–1　流线簇

时画上流动方向，否则就会失去画流线的意义。如果把连续的流线改用带箭头的间断短线来表示的话，还可以用短线的长度和密集程度来表示各点上速度的大小与变化。

由流线与迹线的定义及其微分方程式并结合例 3.3，可知流线具有下列特性：

（1）在某一时刻，过某一空间点只能有一条流线，这称为流线的唯一性。换言之，流线不能相交或分支。这是因为流场中的速度具有单值性，即在某一时刻、某一点上只能有一个流体速度的大小与方向。但在流体的连续介质假设下，允许流场中在孤立的点、线面上存在物理量的不连续。因此，流场中可能会出现三种使流线相交或分支的点：一是速度为零的点，称为驻点；二是速度趋于无穷大的点，称为奇点；三是一种使流线相切的点，即在该点上有两个方向相同而大小不同的流体速度，称为速度的间断点。

（2）对于非定常流动，流线具有瞬时性，即过一点的流线的形状随时间而变。

（3）在一般情况下，流线与迹线不重合。这是因为两者的概念不同，描述的微分方程形式也不同。迹线是对同一个流体质点的不同时刻而言，而流线是对同一时刻的不同流体质点而言。但是，当流动为定常时，流线与迹线在几何上重合。

例 3.4　已知一平面流动的速度分布为

$$u = -x, \quad v = y+1$$

求一般形式的迹线与流线方程。

解：由迹线的微分方程式（3-25）可知

$$\frac{\mathrm{d}x}{\mathrm{d}t}=-x, \quad \frac{\mathrm{d}y}{\mathrm{d}t}=y+1$$

对此二式可各自独立求解得到 $x=c_1\mathrm{e}^{-t}$，$y+1=c_2\mathrm{e}^{t}$，消去 t 得到

$$x(y+1)=c_1c_2=c$$

这就是迹线的一般形式。

由流线的微分方程式（3-28）可得

$$\frac{\mathrm{d}x}{-x}=\frac{\mathrm{d}y}{y+1}$$

解之得到

$$x(y+1)=c$$

这就是流线的一般形式，和迹线的形式相同。这是因为在本例中，$\dfrac{\partial u}{\partial t}=\dfrac{\partial v}{\partial t}=0$，流动是定常的。

3.3.3　脉线

在流场的几何描述中，还有一种叫脉线。在一段时间内，会有不同的流体质点相继经过同一空间的固定点，在某一瞬时将这些质点所处的位置点光滑连接而成的曲线就称为脉线。如果该空间固定点是一个施放染色的源点，则在某一瞬时观察到的是一条有色的脉线，因此，脉线又称染色线。在流体力学的实验技术中，有好几种使脉线可视化的方法，例如，利用流动的染色液、烟丝、氢气泡等来显示流动图像，通过结合现代数字摄像技术和计算机图像处理，能使流场的几何描述更形象、更生动。

脉线的方程可仿照迹线的描述方法来导出，这里不再细述。需要强调的是，当流动为定常时，流场中的脉线、迹线和流线在几何上三者重合，此时，流场可视化得到的也就是流线和迹线。

3.3.4　流管与流束

流线只是一个几何的概念，虽然可以用流线段的长短和疏密分布来显示流速的大小与变化，但毕竟是定性的。为了定量说明在不同速度下流过的流体量，还必须引进流面、流管和流束的概念。

1. 流面

在流场中作一条不是流线又不自相交的空间任意曲线 L，在某一时刻，过此曲线的每一点作流线，这些无数条密集分布的流线所构成的曲面称为流面。流面具有与流线相仿的特性，即在某一时刻，过一条非流线的曲线只有一个流面。当流动为非定常时，过该曲线的流面形状随时间而变化。另外，流体不能穿越流面，流面如同一个不可渗透的固壁面，或者说，流体在垂直流面方向上的速度为零。

2. 流管与流束

如果上述非流线的曲线 L 是自行封闭的，则流面成为一种管状的曲面，习惯上将此管状曲面连同管内的流体合称为流管。把最外层的管状流面称为流管侧表面，如图 3-2 所示。显

然，流管中流体的流动就像在不可渗透的固壁面管道或槽道中
的流动一样。

流管仍然具有与流线类似的性质，即在一般情况下流管不
能相交。当流动为定常时，流管一经构成，其位置和形状就保
持不变。流管还有一个很重要的特性，即流管不能在流场的内
部中断，因为在流场内部的流管中充满着运动的流体，流管中
断意味着通流截面趋向于零，而流管侧表面又不能让流体通过，
只有使流动速度趋于无穷大，这是不符合实际的。但流管可以
在流场内部自行封闭成环形，或伸长到无穷远处，或终止于流
场的边界上（如固壁面或自由液面等）。

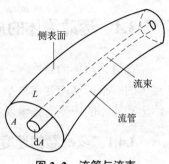

图 3–2 流管与流束

以 L 为周界可以作许多的面，统称为流管的截面，它们的形状可为曲面或平面。一般来
说，截面上各点的速度大小和方向不一定相同。如果在截面上的流速方向处处与截面垂直，
则称这种截面为有效截面或过流断面。

截面面积很小的流管称为微元流管或流束，其极限就是一条流线。对于流束，可以认为
其截面 J 上的速度处处相同，可将此微小截面看成平面。

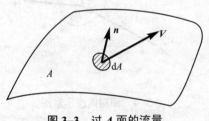

图 3–3 过 A 面的流量

3. 流量与平均流速

单位时间内通过某一空间曲面的流体体积称为体积
流量；单位时间内通过某一空间曲面的流体质量称为质量
流量。

如图 3–3 所示，在有限截面 A 上取一微元截面积 dA，
视 dA 为平面，其法向单位矢量以 n 表示，dA 上的速度和
密度也可视为相同，以 V 和 ρ 表示，则通过 dA 面的体积

流量和质量流量可分别表示为

$$dQ = V \cdot n dA$$

与

$$dQ_m = \rho V \cdot n dA$$

过整个 A 面的流量则为

$$Q = \int_A V \cdot n dA \qquad (3-29)$$

与

$$Q_m = \int_A \rho V \cdot n dA \qquad (3-30)$$

式中，Q 的单位是 m^3/s，Q_m 的单位是 kg/s。

当流体为 $\rho =$ 常数的不可压缩流体时，则有 $Q_m = \rho Q$。因此在不可压缩流动中通常使用
体积流量，例如在江河、水管、风机和泵等流体机械中均采用以 m^3/s 为单位的体积流量。

由式（3–29），还可以引入一个截面平均流速 V，它的定义为

$$V = \frac{Q}{A} = \frac{1}{A} \int_A V \cdot n dA \qquad (3-31)$$

因为流量 Q 的测量比速度分布的 V 测量方便得多，因此，在工程计算中，使用平均速度
V 会带来很大的方便。

3.4 运动流体的应变率张量

在讨论流体的黏性时，曾经提到过速度梯度 $\mathrm{d}u / \mathrm{d}y$，它是流体作为一维平行剪切流动时，流体的一个剪切应变率分量。在本节中，将讨论流体作为任意运动时的运动学特性，重点介绍运动流体的应变率张量及其各分量的物理意义。

3.4.1 亥姆霍兹速度分解定理

流体的运动是非常复杂的，为了掌握和分析流体复杂运动的规律，必须对运动进行分解。在研究固体（刚体）运动时，把运动分解为平移和转动两部分。但流体具有易流动性、可压缩性和黏性，因为流体在运动过程中，不仅没有一定的形状，而且其体积还可能发生变化，因此，对于流动，除了平移和转动运动外，一般还具有变形运动。在力学中，研究易变形物质的运动，常常采用微元体的分析方法。而在流体力学中，则是从分析流体微团的运动着手的。

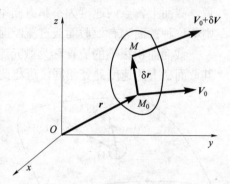

所谓流体微团是指由足够多的连续分布的流体质点所组成、具有线形尺度效应的流体团，对于一定的流体微团，初始时刻具有一定的质量和体积，但形状可根据需要取作规则的六面体或任意形状。

如图 3–4 所示，在 t 时刻，从流场中包含 M_0 点处取一个流体微团。设 M_0 点的空间坐标为 $\boldsymbol{r}=(x,y,z)$，M_0 点上流体的运动速度为

图 3–4　相对速度示意图

$$V(M_0)=V_0(x,y,z,t)=u_0(x,y,z,t)\boldsymbol{i}+v_0(x,y,z,t)\boldsymbol{j}+w_0(x,y,z,t)\boldsymbol{k}$$

于同一时刻 t，在 M_0 点邻近再取一点 M，M 点的坐标点矢径为 $\boldsymbol{r}+\delta\boldsymbol{r}=(x+\delta x, y+\delta y, z+\delta z)$。$M$ 点上流体速度可表示为 $V(M)=V(x,\delta x, y+\delta y, z+\delta z,t)$。由于 $\delta\boldsymbol{r}$ 很小，所以当 V 以连续分布函数值各阶偏导数存在时，$V(M)$ 就可以在 M_0 点展开成多元函数的泰勒（Taylor）级数，在略去 $(\delta x)^2$ 等二阶以上小量后有

$$V(M)=V_0+\frac{\partial V}{\partial x}\delta x+\frac{\partial V}{\partial y}\delta y+\frac{\partial V}{\partial z}\delta z=V_0+\delta V \tag{3-32}$$

式中，

$$\delta V_0=\frac{\partial V}{\partial x}\delta x+\frac{\partial V}{\partial y}\delta y+\frac{\partial V}{\partial z}\delta z \tag{3-33}$$

或

$$\left.\begin{array}{l}\delta u=\dfrac{\partial u}{\partial x}\delta x+\dfrac{\partial u}{\partial y}\delta y+\dfrac{\partial u}{\partial z}\delta z \\[2mm] \delta v=\dfrac{\partial v}{\partial x}\delta x+\dfrac{\partial v}{\partial y}\delta y+\dfrac{\partial v}{\partial z}\delta z \\[2mm] \delta w=\dfrac{\partial w}{\partial x}\delta x+\dfrac{\partial w}{\partial y}\delta y+\dfrac{\partial w}{\partial z}\delta z\end{array}\right\} \tag{3-34}$$

显然，δV 表示了 t 时刻，M 点相对于 M_0 点的相对运动速度。根据泰勒展开式，式（3–34）

中的九个偏导数都在 t 时刻、$M_0(x,y,z)$ 点上取值。

式（3-34）也可用矩阵运算方法表示，即

$$\begin{bmatrix} \delta u \\ \delta v \\ \delta w \end{bmatrix} = \begin{bmatrix} \dfrac{\partial u}{\partial x} & \dfrac{\partial u}{\partial y} & \dfrac{\partial u}{\partial z} \\ \dfrac{\partial v}{\partial x} & \dfrac{\partial v}{\partial y} & \dfrac{\partial v}{\partial z} \\ \dfrac{\partial w}{\partial x} & \dfrac{\partial w}{\partial y} & \dfrac{\partial w}{\partial z} \end{bmatrix} \begin{bmatrix} \delta x \\ \delta y \\ \delta z \end{bmatrix} \tag{3-35}$$

根据矩阵运算法则，可以把上式中由九个偏导数组成的方阵分解为一个对称方阵和反对称方阵

$$\begin{bmatrix} \dfrac{\partial u}{\partial x} & \dfrac{\partial u}{\partial y} & \dfrac{\partial u}{\partial z} \\ \dfrac{\partial v}{\partial x} & \dfrac{\partial v}{\partial y} & \dfrac{\partial v}{\partial z} \\ \dfrac{\partial w}{\partial x} & \dfrac{\partial w}{\partial y} & \dfrac{\partial w}{\partial z} \end{bmatrix} = \begin{bmatrix} \dfrac{\partial u}{\partial x} & \dfrac{1}{2}\left(\dfrac{\partial u}{\partial y}+\dfrac{\partial v}{\partial x}\right) & \dfrac{1}{2}\left(\dfrac{\partial u}{\partial z}+\dfrac{\partial w}{\partial x}\right) \\ \dfrac{1}{2}\left(\dfrac{\partial v}{\partial x}+\dfrac{\partial u}{\partial y}\right) & \dfrac{\partial v}{\partial y} & \dfrac{1}{2}\left(\dfrac{\partial v}{\partial z}+\dfrac{\partial w}{\partial y}\right) \\ \dfrac{1}{2}\left(\dfrac{\partial w}{\partial x}+\dfrac{\partial u}{\partial z}\right) & \dfrac{1}{2}\left(\dfrac{\partial w}{\partial y}+\dfrac{\partial v}{\partial z}\right) & \dfrac{\partial w}{\partial z} \end{bmatrix} +$$

$$\begin{bmatrix} 0 & \dfrac{1}{2}\left(\dfrac{\partial u}{\partial y}-\dfrac{\partial v}{\partial x}\right) & \dfrac{1}{2}\left(\dfrac{\partial u}{\partial z}-\dfrac{\partial w}{\partial x}\right) \\ \dfrac{1}{2}\left(\dfrac{\partial v}{\partial x}-\dfrac{\partial u}{\partial y}\right) & 0 & \dfrac{1}{2}\left(\dfrac{\partial v}{\partial z}-\dfrac{\partial w}{\partial y}\right) \\ \dfrac{1}{2}\left(\dfrac{\partial w}{\partial x}-\dfrac{\partial u}{\partial z}\right) & \dfrac{1}{2}\left(\dfrac{\partial w}{\partial y}-\dfrac{\partial v}{\partial z}\right) & 0 \end{bmatrix} \tag{3-36}$$

式（3-36）也可以用张量分解定理来得到。

为了简单明了，现定义一些符号与量，令

$$\varepsilon_{xx}=\frac{\partial u}{\partial x},\ \ \varepsilon_{yy}=\frac{\partial v}{\partial y},\ \ \varepsilon_{zz}=\frac{\partial w}{\partial z}$$

$$\left.\begin{aligned} \varepsilon_{xy}=\varepsilon_{yx}=\frac{1}{2}\left(\frac{\partial u}{\partial y}+\frac{\partial v}{\partial x}\right) \\ \varepsilon_{xz}=\varepsilon_{zx}=\frac{1}{2}\left(\frac{\partial u}{\partial z}+\frac{\partial w}{\partial x}\right) \\ \varepsilon_{yz}=\varepsilon_{zy}=\frac{1}{2}\left(\frac{\partial v}{\partial z}+\frac{\partial w}{\partial y}\right) \end{aligned}\right\} \tag{3-37}$$

$$\left.\begin{aligned} \Omega_z=\frac{1}{2}\left(\frac{\partial u}{\partial y}-\frac{\partial v}{\partial x}\right) \\ \Omega_y=\frac{1}{2}\left(\frac{\partial u}{\partial z}-\frac{\partial w}{\partial x}\right) \\ \Omega_x=\frac{1}{2}\left(\frac{\partial v}{\partial z}-\frac{\partial w}{\partial y}\right) \end{aligned}\right\} \tag{3-38}$$

把上述各式代入式（3-36）和式（3-35），可以得到

$$\left.\begin{array}{l}\delta u = \varepsilon_{xx}\delta x + \varepsilon_{xy}\delta y + \varepsilon_{xz}\delta z + \Omega_y\delta z - \Omega_z\delta y \\ \delta v = \varepsilon_{zx}\delta x + \varepsilon_{yy}\delta y + \varepsilon_{yz}\delta z + \Omega_z\delta x - \Omega_x\delta z \\ \delta w = \varepsilon_{zx}\delta x + \varepsilon_{zy}\delta y + \varepsilon_{zz}\delta z + \Omega_x\delta y - \Omega_y\delta x\end{array}\right\} \tag{3-39}$$

或写成矢量表达式

$$\delta V = E \cdot \delta r + \Omega \times \delta r \tag{3-40}$$

把式（3-40）代入式（3-32）即得

$$V(M) = V_0(M_0) + E \cdot \delta r + \Omega \times \delta r \tag{3-41}$$

这就是流体力学中的亥姆霍兹（Helmholtz）速度分解定理。式中，Ω 为流体的转动角速度矢量，E 为流体的应变率张量或变形速率张量。从引入过程可以看到，与速度 $V_0(M_0)$ 一样，Ω 和 E 都是 t 时刻在 $M_0(x, y, z)$ 点上的取值，因此，它们也是流体中的一种物理场量。只不过 E 是一个由九个分量构成的张量物理量，按数学上的定义，E 是一个对称的二阶张量。

在直角坐标系中，Ω 和 E 可分别写成

$$\Omega = \Omega_x i + \Omega_y j + \Omega_z k$$

$$E = \begin{bmatrix} \varepsilon_{xx} & \varepsilon_{xy} & \varepsilon_{xz} \\ \varepsilon_{yx} & \varepsilon_{yy} & \varepsilon_{yz} \\ \varepsilon_{zx} & \varepsilon_{zy} & \varepsilon_{zz} \end{bmatrix} \tag{3-42}$$

3.4.2 流体微团的运动分析

流体中运动的分解并不是唯一的，只是亥姆霍兹速度分解定理具有较清晰的物理意义。

现假设所选取的流体微团是一个正六面体，这是一个适合于在直角坐标系中进行运动分析的微元体形状。为了简单明了（如图 3-5 所示），设 *abcd* 为流体图案在 *xOy* 平面上的投影，根据速度分解定理，如果在 t 时刻，位于 *xOy* 平面上 $a(x, y)$ 点处的速度在 x 和 y 方向上的分量分别为 u 和 v，那么，同一时刻，在相邻的 b、c、d 点上的速度分量则如图 3-5（a）所标注。

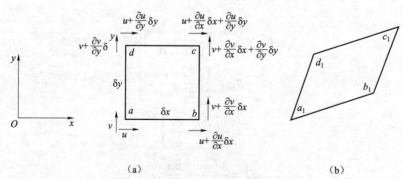

（a）   （b）

图 3-5 流体微团的运动分析示意图

（a）t 时刻；（b）$t+\Delta t$ 时刻

由于在同一时刻矩形的 a、b、c、d 四点上的速度不同，因此经过 Δt 时刻，此矩形将变

形为近似的平行四边形，如图 3-5（b）所示。可以想象，原来所选取的正六面体流体微团，经过 Δt 时刻后，将变形为近似的斜平面六面体。由于 Δt 取得无限小，因此，可以认为原来构成微元六面体的线和面保持了线的连续性和面的光滑性。

1. 线变形分析

若在流动中，只有 x 方向的速度 u 以及 $\dfrac{\partial u}{\partial x}$ 不为零，则在 Δt 时刻后，运动的流体微团只有 ab 边在 x 方向上发生了相对伸长，如图 3-6 所示，ab 边的相对伸长率——线应变率为

$$\frac{a_1b_1 - ab}{ab \cdot \Delta t} = \frac{bb_1 - aa_1}{ab \cdot \Delta t} = \frac{\left(u + \frac{\partial u}{\partial x}\delta x\right)\Delta t - u\Delta t}{\delta x \cdot \Delta t} = \frac{\frac{\partial u}{\partial x}\delta x \cdot \Delta t}{\delta x \cdot \Delta t} = \frac{\partial u}{\partial x} = \varepsilon_{xx} \qquad (3-43)$$

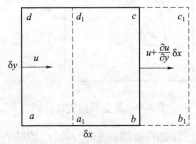

图 3-6 线变形分析

这说明 $\varepsilon_{xx} = \dfrac{\partial u}{\partial x}$ 表示运动流体沿 x 方向的线（正）应变率。同理可知 $\varepsilon_{yy} = \dfrac{\partial v}{\partial y}$ 表示运动流体沿 y 方向的线（正）应变率；$\varepsilon_{zz} = \dfrac{\partial w}{\partial z}$ 表示运动流体沿 z 方向的线（正）应变率。

各边的相对伸长将引起流体微团体积的相对膨胀。由式（3-43）可知，微元六面体 x 方向的边长 ab，在 Δt 时刻后，伸长为 $a_1b_1 = \delta x + \dfrac{\partial u}{\partial x}\delta x \cdot \Delta t$；同理可得，在 y 和 z 方向的边长同时伸长为 $\delta y_1 = \delta y + \dfrac{\partial v}{\partial y}\delta y \cdot \Delta t$ 和 $\delta z_1 = \delta z + \dfrac{\partial w}{\partial z}\delta z \cdot \Delta t$，因此，流体微团的相对体积膨胀率为

$$\lim_{\Delta t \to 0} \frac{\delta x_1 \delta y_1 \delta z_1 - \delta x \delta y \delta z}{\delta x \delta y \delta z \Delta t} \approx \frac{\partial u}{\partial x} + \frac{\partial v}{\partial y} + \frac{\partial w}{\partial z} = \varepsilon_{xx} + \varepsilon_{yy} + \varepsilon_{zz} \qquad (3-44)$$

这说明流体微团的相对体积膨胀率正好是三个线应变率之和，也就是应变率张量 E 的对角线上三个分量之和，根据数学的场论，它们又定义了速度矢量的散度，即

$$\mathrm{div}V = \nabla \cdot V = \frac{\partial u}{\partial x} + \frac{\partial v}{\partial y} + \frac{\partial w}{\partial z} \qquad (3-45)$$

这就是说，在任一时刻，流场中一点上速度的散度就表示该点处运动流体的相对体积膨胀率。如果 $\nabla \cdot V = 0$，则表示相对体积膨胀率为零，就是一种不可压缩流动。反之，如果流动是不可压缩的，则必有 $\nabla \cdot V = 0$；如果流体又是均质的，则等价于 $\rho =$ 常数。

2. 角变形分析

若在流动中只有 x、y 方向上的速度 u、v 且 $\dfrac{\partial u}{\partial y}$ 和 $\dfrac{\partial v}{\partial x}$ 不为零，则在 xOy 平面上流体微团

将发生如图 3-7 所示的角变形。在 t 时刻，a 点处为直角，到 $t + \Delta t$ 时刻，a 点位移到 a_1 点处成为锐角，角的减小量为 $\delta\alpha + \delta\beta$。由于 Δt 很小，$\delta\alpha$ 和 $\delta\beta$ 也很小，因而有

$$\delta\alpha \approx \tan(\delta\alpha) = \frac{\partial v}{\partial x}\delta x \cdot \frac{\Delta t}{\delta x} = \frac{\partial v}{\partial x}\Delta t, \quad \delta\beta \approx \tan(\delta\beta) = \frac{\partial u}{\partial y}\delta y \cdot \frac{\Delta t}{\delta y} = \frac{\partial u}{\partial y}\Delta t$$

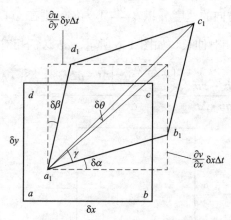

图 3-7　角变形与旋转分析

定义单位时间内 xOy 平面上角度的平均减小量为运动流体在 xOy 平面上的角变形速率——剪切应变率：

$$\frac{\lim t_{\Delta t \to 0} \frac{1}{2}(\delta\alpha + \delta\beta)}{\Delta t} = \frac{1}{2}\left(\frac{\partial u}{\partial y} + \frac{\partial v}{\partial x}\right) = \varepsilon_{xy} = \varepsilon_{yx} \tag{3-46}$$

同理可以得到：$\varepsilon_{xz} = \varepsilon_{zx} = \frac{1}{2}\left(\frac{\partial u}{\partial z} + \frac{\partial w}{\partial x}\right)$，表示运动流体在 xOz 平面上的剪切应变率；

$\varepsilon_{yz} = \varepsilon_{zy} = \frac{1}{2}\left(\frac{\partial v}{\partial z} + \frac{\partial w}{\partial y}\right)$，表示运动流体在 yOz 平面上的剪切应变率。

这就是说，应变率张量 E 中另外的六个分量分别表示了在各坐标平面上的剪切应变。

3. 流体微团的旋转分析

当流动中只有 x、y 方向上的速度 u、v 且 $\frac{\partial u}{\partial y}$ 和 $\frac{\partial v}{\partial x}$ 不为零时，流体微团除了发生角变形外，还将发生如图 3-7 所示的旋转运动，在 t 时刻的对角线 ac 将在 $t + \Delta t$ 后旋转到 $a_1 c_1$ 位置。以逆时针方向旋转为正，在 Δt 时间内转角为：$\delta\theta = \gamma + \delta\alpha - 45°$。由于 $\delta x \approx \delta y$，$a_1 b_1 c_1 d_1$ 近似为菱形，则有 $2\gamma + \delta\alpha + \delta\beta = 90°$，从而，$\delta\theta = \frac{\delta\alpha - \delta\beta}{2} \approx \left(\frac{\partial v}{\partial x} - \frac{\partial u}{\partial y}\right)\frac{\Delta t}{2}$。

定义转动角速度分量 Ω_z 为

$$\Omega_z = \lim_{\Delta t \to 0}\frac{\delta\theta}{\Delta t} = \frac{1}{2}\left(\frac{\partial v}{\partial x} - \frac{\partial u}{\partial y}\right) \tag{3-47}$$

它表示了流体微团以 (x, y, z) 为瞬心、绕平行于 z 轴旋转的平均角速度。相类似的分析可以解释式（3-38）中所定义的另外两个转动角速度分量的物理意义。

根据数学的场论，对于一个矢量 $V = ui + vj + wk$，其旋度（记作 $\nabla \times V$ 或 $\text{rot} V$）在直角坐标系中定义为

$$\text{rot} V = \nabla \times V = \begin{vmatrix} i & j & k \\ \dfrac{\partial}{\partial x} & \dfrac{\partial}{\partial y} & \dfrac{\partial}{\partial z} \\ u & v & w \end{vmatrix} = \left(\frac{\partial w}{\partial y} - \frac{\partial v}{\partial z}\right)i + \left(\frac{\partial u}{\partial z} - \frac{\partial w}{\partial x}\right)j + \left(\frac{\partial v}{\partial x} - \frac{\partial u}{\partial y}\right)k \tag{3-48}$$

把式（3-48）与式（3-38）和式（3-42）相比较可以发现：$\Omega = \dfrac{1}{2}(\nabla \times V)$。

在流体力学中，引入 $\omega = (\nabla \times V) = 2\Omega$ 并把 ω 称为涡量，它是表征流体运动有旋的一个非常重要的物理量。

通过上述对流体微团运动的分析可以看到，由式（3-41）表示的流体运动的速度分解与自由刚体运动的速度分解相比较，具有两个重要差别：一是流体中的速度分解定理只在一点邻近的流体微团中才成立；二是流体微团除了平动和转动外，还有复杂的线变形与剪切变形运动。

3.4.3 流体运动的分类

综合前面对流体的宏观物理性质、运动的描述方法和流体微团的运动分析等问题的讨论，在这里先作一些关于流体运动分类的介绍，提出一些流体运动的理论模型。至于这些理论模型应该如何在实际应用中正确建立和利用，在以后的有关章节中将作进一步的阐述。

1. 不可压缩流动和可压缩流动

这是一个从流体微团运动分析结合流体的物理性质来分类的方法，如果流体在运动过程中，在质量保持不变的条件下，其体积的相对膨胀率很小，接近于零，则意味着流体密度基本保持不变，此时可以认为这种流动是不可压缩流动。令体积的相对膨胀率为零，则有 $\nabla \cdot V = 0$；密度保持不变，则可以简单记作 $\rho =$ 常数（时时、处处）。

2. 黏性流体流动和无黏性流体流动

这是一种从流体的运动和剪切变形角度来考虑的分类，因为静止流体不呈现黏性。基于牛顿黏性定律和流体微团剪切变形的分析，在前面已作过关于流体黏性的讨论。在实际流动问题中，还经常通过流体中黏性切应力与其他力（主要是流动惯性力）在大小量级上的比较来考虑黏性效应。把忽略黏性效应的流动称作无黏性流动，简单地令 $\mu = 0$。无黏性流动的研究在流体力学理论中占有重要地位。

3. 定常流动与非定常流动

这是在流动的欧拉描述下，从物理量对时间变量 t 的依赖关系来将流动分类的。流场中速度等物理量不随时间变化的流动称为定常流动，在数学上简单表示为 $\dfrac{\partial}{\partial t} = 0$。从辩证的观点说，流动的非定常是绝对的，而定常是相对的，对于那些随时间变化十分缓慢的流动，例如大容器中的小孔出流；在流量基本不变的情况下，管道或槽道中液体的流动；还有物体在流体中做匀速直线运动时引起的流体的流动等，都可以看成定常流动。一般而言，对定常流动的研究和处理比非定常流动简单得多。

4. 一维、二维和三维流动

这是在流动的欧拉描述下，按物理量对空间变量（例如 x，y，z）的依赖关系来分类的。如果流动中，所有的物理量只与一个空间变量有关，则称此流动为一维流动。依此类推。在讲述牛顿黏性定律时已使用过一维流动这个概念。

在实际工程中几乎很难找到真正的一维流动。在微元流管（流束）中的流动是最接近一维的流动。在有限截面管道中的流动，有时为了简便，仅考虑按截面平均后的量，此时也可算一维流动，或称它为准一维流动。

二维流动有平面二维流动和轴对称二维流动两种，因此，把二维流动称为平面流动不确切，更何况平面流动并不一定都是二维流动。

三维流动肯定是一种空间流动，但空间流动并不一定是三维的，例如，子弹、鱼雷等轴对称物体在流体中的运动，如果其运动方向与对称轴始终平行，则称该流动是一种轴对称二维流动。

严格地说，实际的流动绝大多数是三维流动，一维和二维流动是为了使流动的求解简化而作的假设。

5. 有旋流动与无旋流动

这是从流体微团的运动分析角度给出的分类。如果在整个流场中，流体微团的旋转加速度为零，则称这种流动为无旋流动，无旋流动又称为有势流动。在流动速度分布 V 已知的情况下，可根据 $\nabla \times V$ 是否为零来判断流动是否无旋。若流场中处处有 $\nabla \times V = 0$，则为无旋流动。在速度分布还未知的情况下，事先判别流动是否无旋就有一定难度。一般而言，黏性流体的流动总是有旋的；无黏性流体的流动可能有旋也可能无旋。当流体既忽略黏性又忽略重力时从静止起动的流动，或者是来自无穷远处为均匀流的流动，或者是变截面管道中的一维流动等，都是无黏性流体中典型的无旋流动。对无旋流动，在数学上有较成熟的处理方法，因而是一种有广泛应用的流动模型。

流体的有旋运动也可以形象地称为涡运动，它们在自然界和工程中是普遍存在的。对黏性流体中涡运动的研究仍是 21 世纪的重要课题，除了黏性之外，流场的非正压性和质量力无势（如科氏力）也将引起流体的有旋运动，例如大气中的气旋和海洋环流等。

对流场的运动还有其他一些分类方法，例如，黏性流体运动中还有层流和湍流之分，可压缩流动还有亚声速流和超声速流之分等，这些在后面的内容中遇到时再作介绍。

3.5 流体中的作用力与应力张量

力学的三大要素是物质、运动和力。前面已经对流体这种物质及其物理性质和运动学特性作了介绍，接下来介绍力。

从力学的角度说，流体的静止就是力的平衡，流体的运动也是在各种力的作用下产生的，因此，分析作用在流体上的力是研究流体运动的基础。

按作用方式，作用在流体上的力分为体积力和表面力两大类。

3.5.1 体积力

体积力又称质量力，它是作用在每一个流体质点上的力，如重力、惯性力、电磁力等。体积力的大小与流体的体积或质量成正比，与该体积或质量之外的流体存在与否无关。因此，体积力是一种非接触力，具有外力的性质。

t 时刻，在流场中任取一流体团，其有限体积为 τ，表面积为 A，如图 3-8 所示。若 τ 中一点 (x, y, z) 上的流体密度为 ρ，则包围该点的微元体积 $\Delta\tau$ 内的流体质量为 $\Delta m=\rho\Delta\tau$。

如果作用在该质量为 Δm 的流体上的体积力为 ΔF，可定义

$$f(x,y,z,t) = \lim_{\Delta m \to 0} \frac{\Delta F}{\Delta m} = \lim_{\Delta m \to 0} \frac{\Delta F}{\rho\Delta\tau} = \frac{1}{\rho}\frac{\mathrm{d}F}{\mathrm{d}\tau} \tag{3-49}$$

f 称为体积分布密度，简称体积力，其单位为 m/s^2，与加速度的单位相同，它表示 t 时刻，在 (x, y, z) 点上作用于单位质量流体的体积力。若已知 f，则作用在有限体积 τ 内的流体的总体积力为

$$F_b = \int_\tau \rho\,f\mathrm{d}\tau \tag{3-50}$$

在大多数流体力学问题中，体积力都是已知的，如果流体在重力场中运动，而体积力只有重力，则 $f = g$（重力加速度）；如果忽略体积力（例如，在重力场中管道内的气体流动等），则 $f = 0$。

3.5.2　表面力与应力

表面力是外界作用在所考察流体接触界面上的力。这个界面可以是流体与流体的接触界面，也可以是流体与固体的接触界面，正是由于面的接触才会有力的相互作用，而且力的大小与接触界面的大小成正比，与流体质量无关。因此这种力称为表面力。例如，流体中的压力、黏性剪切力等都是表面力，表面力是一种接触力，本质上具有内力的性质。但是，在流体与固体界面上的表面力，对流体来说是一种外力。

t 时刻，在 A 面上取一点 (x, y, z)，如图 3-8 所示；设作用在该点邻近微元表面积 ΔA 上的表面力为 ΔP，则可以定义

$$P_n = \lim_{\Delta A \to 0} \frac{\Delta P}{\Delta A} = \frac{\mathrm{d}P}{\mathrm{d}A} \tag{3-51}$$

式中，P_n 为表面应力矢量，简称应力，其单位为 N/m^2，它表示了 t 时刻，在点 (x, y, z) 上的作用力在以 n 为法线的单位面积流体上的表面力。

有两点需要强调：

第一，P_n 的下标 n 是表示所考察流体面的外法线方向，因此，作用在与之接触的面上的应力可表示为 P_{-n}，如图 3-9 所示。根据牛顿第三定律，有

$$P_n = P_{-n} \tag{3-52}$$

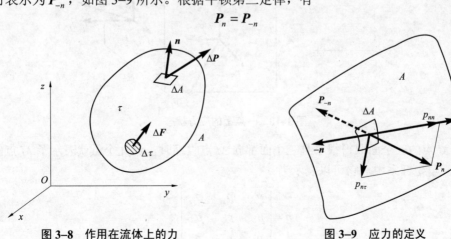

图 3-8　作用在流体上的力　　　　　　图 3-9　应力的定义

这充分显示了应力的内力本质。

第二，在黏性不能忽略的运动流体中，P_n 的作用方向并不与考察面相垂直，此时可将 P_n 分解为垂直于作用面的法向分量 p_{nn} 以及与作用面相切的分量 $p_{n\tau}$

$$P_n = p_{nn}n + p_{n\tau}\tau \tag{3-53}$$

流体中的应力经常是需要求解的位置物理量。在以后的内容中，将对流体处于静止或不同运动状态时应力的求解方法作详细介绍。一旦 P_n 已知（求解得到或用实验测量），则作用在整个 A 面上的表面力的合力为

$$P = \int_A P_n \mathrm{d}A \tag{3-54}$$

3.5.3 流场中任一点上的应力状态——应力张量

如上所述，p_n 首先是时间和空间位置的矢量函数，但同时又与作用面的法线方向 n 有关。

在任一时刻，过流场中任一点可以有无数个面，从而作用在一点上就会有无数个 p_n。大量的实验表明，在静止流体或在运动的无黏性流体中，过流场一点的所有面上 p_n 的大小都相同，而力的方向始终垂直指向作用面。但在黏性流体的流场中，过一点的各个面上的 p_n 一般各不相同。那么，它们之间是否存在一定的联系？应该如何来表达黏性流体的流场中一点上的应力呢？

过一点虽然可以作无数个面，但三个面就可以唯一确定一个点。若于 t 时刻，在流场中取定一点 M 并过此点作三个互相正交且分别与某个坐标平面平行的面，例如在直角坐标系中，取三个面的外法线方向分别为 x、y、z 三个坐标方向，因此作用在这三个面上的应力矢量分别表示为 p_x，p_y 和 p_z，由于它们又可以在各自的平面上分解为一个法向分量和两个切向分量，则形成了过一点三个面上共九个分量的状态，如图 3-10 所示。

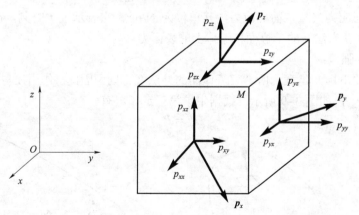

图 3-10 一点上的应力状态

当过 M 点的三个面取得很小且三个面都向 M 点收缩时，这九个量就表示了 M 点的应力状态。在直角坐标系中，它可以表示为

$$p = \begin{bmatrix} p_{xx} & p_{xy} & p_{xz} \\ p_{yx} & p_{yy} & p_{yz} \\ p_{zx} & p_{zy} & p_{zz} \end{bmatrix} \tag{3-55}$$

或者写成

$$p = p_x i + p_y j + p_z k \tag{3-56}$$

式中，p 为应力张量，由于它只是时间和空间坐标的函数，所以它也是流场中的一个物理量，表示作用在流场中一点上的表面应力状态。式（3-55）是 p 的一种分量表达式，其中的各个分量用两个下标标注，第 1 个下标表示应力作用面的外法线方向，第 2 个下标表示应力的投影方向，投影方向与外法线方向一致的为正应力，与之垂直的为切应力，因此，p 中有三个正应力和六个切应力。在黏性流体的流场中，一点上的三个正应力 p_{xx}，p_{yy} 和 p_{zz} 一般互不相等，但相互垂直的两个面上的切应力互等，即 $p_{xy} = p_{yx}, p_{xz} = p_{zx}, p_{yz} = p_{zy}$（可以用动量矩定理来证明）。因此，应力张量 p 和上一节引入的应变率张量 E 一样，也是一个对称的二阶张量。

式（3-56）是应力张量 p 的另一种表达形式，称为矢量并积表达式，简称并矢式，它不仅可以形象地说明 p 是由三个面上的矢量所构成，而且还便于进行简单运算。由 $p_x = i \cdot p$，$p_y = j \cdot p$，$p_z = k \cdot p$ 可以得到

$$p_n = n \cdot p \tag{3-57}$$

上式给出了流场中一点上的应力张量 p、过这一点外法线方向为 n 的面以及该面上的应力矢量 p_n 之间的关系。

3.5.4　静止流体与运动的无黏性流体中的应力张量

静止流体是不能承受切应力的，忽略流体的黏性也就忽略了流体中的黏性切应力。因此，对于静止流体与运动的无黏性流体而言，应力张量中的六个切应力分量均为零。若在直角坐标系中，记 $p_n = p_{nx} i + p_{ny} i + p_{nz} k$，$n = n_x i + n_y i + n_z k$，则由式（3-57）得到

$$p_{nx} = n_x p_{xx}, \quad p_{ny} = n_y p_{yy}, \quad p_{nz} = n_z p_{zz} \tag{3-58}$$

另一方面，p_n 也可以按式（3-53）分解为法向分量与切向分量两部分，由于切向分量为零，则由式（3-53）得到 $p_n = p_{nn} n$，或者

$$p_{nx} = n_x p_{nn}, \quad p_{ny} = n_y p_{nn}, \quad p_{nz} = n_z p_{nn} \tag{3-59}$$

比较式（3-58）和式（3-59）即得

$$p_{xx} = p_{yy} = p_{zz} = p_{nn}$$

由于流体只能承受压力而不能承受拉力，因此令

$$-p = p_{xx} = p_{yy} = p_{zz} = p_{nn} \tag{3-60}$$

p 称为流体压力（压强）或静压，它等同于流体质点的热力学压力。这样，静止流体或运动的无黏性流体中的应力张量为

$$p = \begin{bmatrix} -p & 0 & 0 \\ 0 & -p & 0 \\ 0 & 0 & -p \end{bmatrix} = -p \begin{bmatrix} 1 & 0 & 0 \\ 0 & 1 & 0 \\ 0 & 0 & 1 \end{bmatrix} = -pI \tag{3-61}$$

式中，I 为二阶单位张量。应力矢量为

$$p_n = n \cdot p = -pn \tag{3-62}$$

式（3-62）说明了流体中的静压（压力）有两个重要特性：①流场中一点上的静压（压力）大小为各向等值，即与过同一点的作用面上的方位无关，因此 p 是一个标量物理量；②一点

上的静压（压力）总是垂直于过该点的作用面。

习 题

3.1 已知用拉格朗日法表示的速度 $u=(a+1)e^t-1$，$v=(b+1)e^t-1$；且 $t=0:(x,y)=(a,b)$。试求：（1）$a=1$，$b=2$ 流体质点的运动规律；（2）以欧拉法表示此速度场；（3）流体质点的加速度。

3.2 已知用欧拉法表示的速度场为 $u=A(1+x)$，$v=B(1-y)$，式中的 A、B 均为常数。在 $t=0:(x,y)=(a,b)$ 的初始条件下，求此速度场的拉格朗日表达式。

3.3 设用欧拉法表示的流场速度分布 $u=x+t$，$v=-y+t$，求 $t=0$ 时刻经过 $M(-1,-1)$ 点的迹线和流线。

3.4 已知一流动速度分布为 $u=Ay$，$v=0$，$w=0$，A 为常数。试分析该流动中流体可能有的运动形式。（先求应变率张量和旋转张量中各分量后再分析）。

3.5 已知流体的运动规律为 $x=Ae^t-t-1$，$y=Be^t+t-1$，$z=D$，其中 A，B，D 为常数。试确定：（1）$t=0$ 时在 $(x,y,z)=(a,b,c)$ 处的流体质点的迹线方程；（2）任意流体质点的速度；（3）用欧拉法表示此速度场。

3.6 已知流场速度分布为 $u=A$，$v=B\cos(kx-\alpha t)$，式中 A,B,k 和 α 均为常数。试求 $t=0$ 时通过 $x=0$，$y=0$ 点的流线和迹线方程。当 k 和 α 趋于零时，试比较这两条流线和迹线。

3.7 设流场的速度分布为：$u=4t-\dfrac{2y}{x^2+y^2}$，$v=\dfrac{2x}{x^2+y^2}$。试确定：（1）流场的当地加速度；（2）$t=0$ 时，在 $x=1$，$y=1$ 点上流体质点的加速度。

3.8 已知一流动速度场为：$u=\dfrac{x}{1+t}$，$v=y$。试求：（1）流线方程；（2）在 $t=0$ 时，在 $x=a$，$y=b$ 流体质点的迹线。

3.9 不可压缩流体在收缩管内做定常流动，如图 1 所示，其速度为 $u=v_1\left(1+\dfrac{x}{L}\right)$，$v=w=0$，
式中 v_1 为管段入口处 $(x=0)$ 的速度，L 为管段长度。试求出并比较欧拉描述与拉格朗日描述下流体运动的加速度。

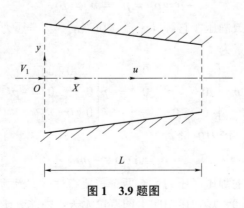

图 1　3.9 题图

3.10 已知流体质点运动的轨迹为 $x=at+1$，$y=bt-1$，式中 a、b 为常数。试求流线簇。

3.11 对于以 (a,b,c) 为标识的流体质点，其运动规律为 $x=ae^{-\frac{2t}{R}}$，$y=be^{\frac{t}{R}}$，$z=ce^{\frac{t}{R}}$，式中 R 是不为 0 的常数，试讨论流动是否为定常的不可压缩流动以及是否无旋。

3.12 已知流体运动速度为 $u=x+t$，$v=y+t$，$w=0$。试求：（1）流线簇以及 $t=1$ 时通过 $A(1,2)$ 点的流线；（2）在 $t=1$ 时位于 $A(1,2)$ 点的流体质点的迹线。

3.13 已知拉格朗日描述下的速度表达式为 $u=(a-1)e^{t}+1$，$v=(b-1)e^{t}+1$，式中 a，b 均为 $t=0$ 时的流体质点所在位置的坐标。试求：（1）$t=1$ 时流体质点的分布规律；（2）$a=0$，$b=2$ 这个流体质点的运动规律；（3）流体质点的加速度；（4）欧拉描述下的速度与加速度表达式，并比较之。

3.14 已知用柱坐标表示的速度场为 $v_r=0$，$v_\theta=\dfrac{c}{r}$，$v_z=0$，式中 c 为常数。试求：（1）通过 $(x,y)=(1,1)$ 点的流线方程；（2）$t=0$ 时刻通过 $(x,y)=(1,1)$ 流体质点的迹线。

3.15 若已知 $u=ax+t^2$，$v=-ay-t^2$，$w=0$，试求流线与迹线。

3.16 设速度场为 $v_i=\dfrac{x_i}{1+t}$（$i=1,2,3$），证明任意时刻 t 过点 $x_i=a_i$ 的流线和 $t=0$ 时刻从 $x_i=a_i$ 出发的质点的轨迹重合。

3.17 如果一个非定常流动的速度分布表示成 $v_i/|V|$（$|V|$ 为速度矢量的模，$i=1,2,3$）时与时间 t 无关，试证明任何时刻的流线都和质点的轨迹重合。

3.18 某二维流动速度的大小为 $|V|=\sqrt{2y^2+x^2+2xy}$，流线方程为 $y^2+2xy=$ 常数。试求出速度分量 u 和 v 的表达式。

3.19 已知二维流动速度矢量的模 $|V|=\sqrt{y^2+x^2}$，流线方程为 $y^2-x^2=$ 常数，试确定该流动的速度分布。

3.20 已知一流场中的应力分布为 $P_{xx}=3x^2+4xy-8y^2$，$P_{xy}=-\dfrac{1}{2}x^2-6xy-2y^2$，$P_{yy}=2x^2+xy+3y^2$，$P_{xz}=P_{yz}=P_{zz}=0$，求平面 $x+3y+z+1=0$ 上，点（1，−1，1）处的应力矢量及其在该平面的法向和切向的投影值。

3.21 在流体中取一个正六面体流体微团，试用动量矩定理证明应力张量中的切应力互等。

3.22 应用动量矩定理于一个任意形状流体微团，证明应力张量满足方程 $e_{ij}p_{jk}=0$，并由此证明 p_{jk} 为对称张量。

3.23 已知二维流动的速度场：$u=-ky$，$v=k(x-\alpha t)$，其中 k、α 为常数。求：（1）流动的加速度场；（2）t 时刻的流线簇方程；（3）速度和加速度的拉格朗日表达式；（4）$t=0$ 时刻从（1，1，1）点处出发的流体质点的迹线；（5）应变率张量及旋转角速度，并分析流动是否定常、是否不可压缩、是否无旋。

3.24 已知流动速度场为 $u=4z-3y$，$v=3x$，$w=-4x$，试问此流体是否在做刚体运动（即处于相对静止状态）？

3.25 设两个同轴圆柱间的流体做环状定常流动，与轴垂直的平面上速度分布为：

$$v_\theta=\frac{1}{r_2^2-r_1^2}\left[r(\omega_2 r_2^2-\omega_1 r_1^2)-\frac{r_1^2 r_2^2}{r}(\omega_2-\omega_1)\right]，\quad v_r=0，\text{ 其中 } r_1、r_2 \text{ 与 } \omega_1、\omega_2 \text{ 分别是内外圆柱体}$$

半径及旋转角速度，θ 是平面极角，如图 2 所示。试求作用于柱面上的切应力。

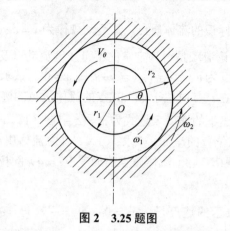

图 2 3.25 题图

3.26 设不可压缩黏性流体缓慢地不脱体绕过一个圆球时的速度分布为轴对称分布：

$$v_r(r,\theta)=V_\infty \cos\theta\left[1-\frac{3a}{2r}+\frac{a^3}{2r^3}\right], \quad v_\theta(r,\theta)=-V_\infty \sin\theta\left[1-\frac{3a}{4r}-\frac{a^3}{4r^3}\right]$$

压力

$$p(r,\theta)=P_\infty-\frac{3}{2}\mu\frac{a}{r^2}V_\infty\cos\theta$$

式中，V_∞，P_∞ 为常数，a 为圆球半径，r、θ 为球坐标，如图 3 所示，求流场中的应力分布及流体对圆球的作用合力。

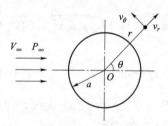

图 3 3.26 题图

3.27 已知流场中应力张量 $\boldsymbol{P}=\begin{bmatrix}3xy & 5y^2 & 0\\ 5y^2 & 0 & 2z\\ 0 & 2z & 0\end{bmatrix}$，求作用于平面上 M 点 $(2,1,\sqrt{3})$ 的应力

矢量 $\boldsymbol{P}_n$，该平面在 M 点与圆柱面 $y^2+z^2=4$ 相切。

第四章

流体运动基本方程

本章将系统而又简洁地导出流体运动的基本方程组，包括积分形式和微分形式，并针对在工程实际中常用的流动模型给出有较好通用性的封闭方程组。

4.1 流体的系统与控制体

在绝大多数情况下，流体运动是用欧拉法描述的，相应地必须采用控制体，而流动应遵循的基本物理定律是针对物质系统的，两者之间需要通过体积分的随体导数联系起来。

4.1.1 流体的系统

在流体力学中，流体的系统是指某一确定的流体团，不管大小如何，在连续介质假设下，它们都是由确定的连续分布的流体质点所组成。系统以外的环境称为外界，分隔系统与外界的界面称为系统的边界。系统通常就是作为直接研究对象的流体本身，边界往往是实在的流体界面，而外界则可以是其他流体或固体。流体的系统有两个主要的特点：第一，系统随流体的运动而运动，其占有的体积和边界形状虽可随运动而变化，但系统内的流体质点始终包含在系统内；第二，系统与外界虽无流体质量的交换，但它们既可以有力的相互作用，也可以有能量（例如热和功）的交换。

以系统为着眼点来研究流体的运动，其优点是，可以直接应用物理学的基本定律及其原始的数学表达式，在物理上直观易懂；其缺点是，所得到的运动方程是用拉格朗日变量来描述的，应用起来并不方便，因为在大多数流体力学问题中，人们感兴趣的往往是流体物理量的空间分布，而不是单个流体系统。

4.1.2 流场中的控制体

在流体所在或流过的空间中，即在流场中，取一个相对于某参考（坐标）系固定不动的空间体积，这个空间体积称为控制体，其形状可以是规则的或任意的，体积大小可以是有限小或有限大。控制体的封闭表面称为控制面，控制面外的空间也称为外界。显然，控制面可以是实在的流体面（例如过流断面、自由液面、固体与流体的接触界面等），也可以是任意假想的几何面。换言之，在控制体内并不要求处处充满要研究的流体。

控制体也有两个主要特点：第一，控制体一旦取定，不仅相对于某坐标系固定，而且其体积和形状都不随流体的运动而变化；第二，流体可以穿越控制体，因此，控制体内流体与外界既有质量交换、力的相互作用，也有能量的交换。

采用控制体为着眼点的研究方法是和流体运动的欧拉描述相联系的，其优点是，所研究的空间范围确定不变，和大多数实际工程问题的流动条件比较一致。同时，在欧拉描述下，便于应用数学分析中的场论，数学表达式的通用性好。但这种方法不能直接应用物理学基本定律，必须把系统物理量随时间的变化率转换成控制体的积分形式。正是这种转换（从拉格朗日描述向欧拉描述的转换）使得流体力学的运动方程的表达式为非线性的偏微分方程。

4.1.3　流体运动应遵循的基本定律

流体力学主要研究流体的宏观机械运动和热运动，因此，应遵循的基本物理定律包括两部分：

1. 反应物质运动普适特性的基本定律

① 质量守恒定律——又称物质不灭定律；

② 牛顿运动定律——包括动量平衡律、动量矩平衡律；

③ 能量守恒定律——常用热力学第一定律。

2. 反应流体本身物质特性的基本定律

① 流体的本构方程——反映运动流体中应力张量之间固有关系的方程，在本书中，主要使用牛顿流体的本构方程；

② 流体的状态方程——反映运动流体固有的热力学性质方程。

4.1.4　基本方程表达形式的选择

所谓基本方程就是流体运动时应遵循的基本物理定律的数学表达式。由于考虑问题的角度、描述问题的方法以及要求不同，所以基本方程的数学表达形式是多种多样的。例如，同一个流体运动方程就有惯性系与非惯性系，拉格朗日型与欧拉型，微分形式与积分形式，标量形式与矢量、张量形式等不同的数学表达式。

在本书的基本方程叙述中，有时会提到着眼于质点或系统的拉格朗日观点，但流体物理量都是用空间坐标和时间表示。换言之，在本书中没有拉格朗日型的基本方程。坐标系主要是惯性系。需要用到非惯性系时会特别加以说明。

基本方程的积分形式和微分形式都是需要的，因为它们既互有联系又各有用途。对于那些只要求流体的总体特性的量，如果求流体与固体间的总作用力、总作用力矩、总体的能量交换情况，则采用积分形式方程比较简单；如果要求流场细节，例如求速度和压力等物理量的分布，则必须用微分形式的方程。

至于方程的标量形式、矢量形式或张量形式，在本章中是这样选择的：在基本方程的推导过程中尽量采用矢量形式（含张量物理量）；在正文中主要给出基本方程在直角坐标系中的表达式；为了便于读者记忆，同时给出了笛卡尔张量的指标表达式。

4.2　连续方程

运动流体的质量守恒定律可表述为：对于确定的流体，其质量在运动过程中不生不灭。把它表示成数学形式，则称为连续性方程。

4.2.1　积分形式的连续方程

在流体力学中，导出积分形式的基本方程时，通常采用有限体积控制体的分析方法。

如图 4–1 所示，t 时刻在流场中任取一个控制体，其体积为 τ，封闭表面积为 A，在 τ 中的微元体积 $\mathrm{d}\tau$ 中，可假定其密度 ρ 和速度 V 相同，则 $\mathrm{d}\tau$ 内流体质量 $\mathrm{d}m = \rho\mathrm{d}\tau$，$\tau$ 内流体的总质量 $m = \int \mathrm{d}m = \int_\tau \rho\mathrm{d}\tau$。

单位时间内控制体内流体的质量变化量为：$\dfrac{\partial}{\partial t}\int_\tau \rho\mathrm{d}\tau$。

单位时间内从控制体的表面 A 流出的流体质量为：$\oint_A \rho(V \cdot n)\mathrm{d}A$。

由于流体质量守恒，单位时间内从控制体表面流出的流体质量应等于单位时间内控制体内流体减少的质量，因此有

$$\oint_A \rho(V \cdot n)\mathrm{d}A = -\frac{\partial}{\partial t}\int_\tau \rho\mathrm{d}\tau \tag{4-1}$$

上式可写为

$$\frac{\partial}{\partial t}\int_\tau \rho\mathrm{d}\tau + \oint_A \rho(V \cdot n)\mathrm{d}A = 0 \tag{4-2}$$

这就是积分形式的连续性方程的一般表达式。

在式（4–1）或式（4–2）中，允许控制体内流体分布不连续。

在研究运动流体总质量的变化情况时，可应用积分形式的连续性方程。在具体应用时，还可以根据实际流动情况作一些简化，例如：

（1）当流动为定常流动时，$\dfrac{\partial}{\partial t} = 0$，式（4–2）变为

$$\oint_A \rho(V \cdot n)\mathrm{d}A = 0 \tag{4-3}$$

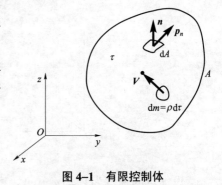

图 4–1　有限控制体

（2）当所选择的控制体中只有一个进口截面 A_1 和一个出口截面 A_2 时（如图 4–2 所示，注意 n 方向已改变），式（4–2）可变为

$$\frac{\partial}{\partial t}\int_\tau \rho\mathrm{d}\tau = \oint_{A_1} \rho_1(V_1 \cdot n_1)\mathrm{d}A_1 - \oint_{A_2} \rho_2(V_2 \cdot n_2)\mathrm{d}A_2 = Qm_1 - Qm_2 \tag{4-4}$$

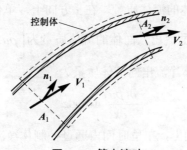

图 4–2　管内流动

（3）如果上述（1）与（2）中两个条件都存在，而且 A_1 与 A_2 是物理量均匀的平面，则式（4–2）变为

$$\rho_1(V_1 \cdot n_1)A_1 = \rho_2(V_2 \cdot n_2)A_2$$

即

$$Qm_1 = Qm_2 \qquad\qquad (4\text{–}5)$$

4.2.2　微分形式的连续方程

微分形式的流体运动基本方程的导出有两种常用的方法：一种是采用微元体积控制体的分析方法；另一种是采用有限体积控制体的分析方法，也就是由积分形式转换到微分形式的方法。

采用微元控制体分析法的前提是要求流场中流体物理量时时处处连续可微，而且须在选定的坐标系下取相应的微元控制体的形状。例如，要得到在直角坐标系中的运动微分方程，则应选择正六面形状的微元控制体。

在 t 时刻的流场中，任选一点 $A(x,y,z)$，以 A 为角点作一个微元六面体，各面都与相应的坐标面平行，边长分别为 $\mathrm{d}x, \mathrm{d}y, \mathrm{d}z$，如图 4–3 所示。

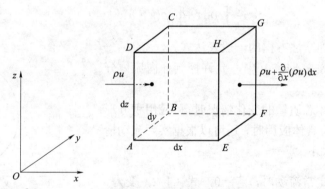

图 4–3　微元控制体

设 A 点的速度为 $V=(u,v,w)$，密度为 ρ，由于 $\mathrm{d}x, \mathrm{d}y, \mathrm{d}z$ 很小，因此，可以认为以 A 点为交点的三个面上的速度和密度都是均匀相等的；在相对应的其他三个面上的速度和密度值则可通过多元函数泰勒展开取一阶小量得到。例如，如果面 $ABCD$ 上的速度 $u=(x,y,z,t)$，则同一时刻，在面 $EFGH$ 上的速度则为 $u+\dfrac{\partial u}{\partial x}\mathrm{d}x$。

现在来考察通过微元六面体的流体质量。在 x 方向上，单位时间从左面进入六面体的流体质量为 $\rho u \mathrm{d}y\mathrm{d}z$，而同时从右面流出六面体的流体质量为 $\left[\rho u+\dfrac{\partial(\rho u)}{\partial x}\mathrm{d}x\right]\mathrm{d}y\mathrm{d}z$，这样，在 x 方向上，单位时间内通过控制体净流出的流体质量为

$$\frac{\partial(\rho u)}{\partial x}\mathrm{d}x\mathrm{d}y\mathrm{d}z$$

同样可以得到在 y 和 z 方向上，单位时间内通过控制体净流出的流体质量分别为

$$\frac{\partial(\rho v)}{\partial y}\mathrm{d}x\mathrm{d}y\mathrm{d}z \text{ 和 } \frac{\partial(\rho w)}{\partial z}\mathrm{d}x\mathrm{d}y\mathrm{d}z$$

三者之和为

$$\left[\frac{\partial(\rho u)}{\partial x}+\frac{\partial(\rho v)}{\partial y}+\frac{\partial(\rho w)}{\partial z}\right]\mathrm{d}x\mathrm{d}y\mathrm{d}z \tag{4-6}$$

因为控制体的体积是不变的，控制体内流体质量的流失必然造成控制体密度的减小。在单位时间内，密度减小可使控制体内的质量减小，即

$$-\frac{\partial\rho}{\partial t}\mathrm{d}x\mathrm{d}y\mathrm{d}z \tag{4-7}$$

根据质量守恒定律，式（4-6）和式（4-7）应该相等，即

$$\frac{\partial\rho}{\partial t}+\frac{\partial(\rho u)}{\partial x}+\frac{\partial(\rho v)}{\partial y}+\frac{\partial(\rho w)}{\partial z}=0 \tag{4-8}$$

这就是在直角坐标系中微分形式的连续性方程，它适用于任何流体的三维非定常可压缩流动。

式（4-8）可写成笛卡儿坐标系形式，即

$$\frac{\partial\rho}{\partial t}+\frac{\partial(\rho u_i)}{\partial x_i}=0$$

把式（4-8）左边后三项展开，引用对 ρ 的随体导数的概念，该方程可改写为

$$\frac{\mathrm{D}\rho}{\mathrm{D}t}+\rho\left(\frac{\partial u}{\partial x}+\frac{\partial v}{\partial y}+\frac{\partial w}{\partial z}\right)=0 \tag{4-9}$$

由矢量场论中散度的定义及基本运算公式可得

$$\nabla\cdot(\rho\boldsymbol{V})=\frac{\partial(\rho u)}{\partial x}+\frac{\partial(\rho v)}{\partial y}+\frac{\partial(\rho w)}{\partial z}$$

$$\nabla\cdot\boldsymbol{V}=\frac{\partial u}{\partial x}+\frac{\partial v}{\partial y}+\frac{\partial w}{\partial z}$$

这样式（4-8）和式（4-9）便可表示为与坐标系无关的矢量表达式

$$\frac{\partial\rho}{\partial t}+\nabla\cdot(\rho\boldsymbol{V})=0 \tag{4-10}$$

$$\frac{\mathrm{D}\rho}{\mathrm{D}t}+\rho\nabla\cdot\boldsymbol{V}=0 \tag{4-11}$$

式中，$\rho\boldsymbol{V}=\rho u\boldsymbol{i}+\rho v\boldsymbol{j}+\rho w\boldsymbol{k}$ 可被看作流过单位面积的质量流量，它的散度 $\nabla\cdot(\rho\boldsymbol{V})$ 表示流出单位体积控制体的质量流量。$\boldsymbol{V}$ 可被看作流过单位面积的体积流量，速度散度则表示流出单位体积控制体的体积流量。

微分形式的方程在每一时刻对流场的每一点上成立。它在应用过程中，也可根据实际流动条件作适当简化，例如：

（1）对定常流动，式（4-10）变为

$$\nabla \cdot (\rho V) = 0 \quad 或 \quad \frac{\partial(\rho u)}{\partial x} + \frac{\partial(\rho v)}{\partial y} + \frac{\partial(\rho w)}{\partial z} = 0 \qquad (4-12)$$

（2）对于不可压缩流体的流动，则不管定常与否，微分形式的连续性方程均为

$$\nabla \cdot V = \operatorname{div} V = 0 \quad 或 \quad \frac{\partial u}{\partial x} + \frac{\partial v}{\partial y} + \frac{\partial w}{\partial z} = 0 \qquad (4-13)$$

例 4.1 证明速度场 $u_i = \dfrac{Ax_i}{R^3}, (i=1,2,3)$，满足不可压缩流体运动连续性方程，式中 A 为常数，$R^2 = x^2 + y^2 + z^2$。

证：在直角坐标系中，不可压缩流体的连续性方程式（4-12）可写成

$$\frac{\partial u}{\partial x} + \frac{\partial v}{\partial y} + \frac{\partial w}{\partial z} = \frac{\partial u_i}{\partial x_i} = 0$$

现已知

$$u = \frac{Ax}{R^3}, \quad v = \frac{Ay}{R^3}, \quad w = \frac{Az}{R^3}$$

则有

$$\frac{\partial u}{\partial x} = \frac{A}{R^3} - \frac{3Ax^2}{R^5}, \quad \frac{\partial v}{\partial y} = \frac{A}{R^3} - \frac{3Ay^2}{R^5}, \quad \frac{\partial w}{\partial z} = \frac{A}{R^3} - \frac{3Az^2}{R^5}$$

从而可得

$$\frac{\partial u}{\partial x} + \frac{\partial v}{\partial y} + \frac{\partial w}{\partial z} = 0$$

证毕。

由于连续性方程式（4-2）和式（4-9）都是运动学的方程，与作用力无关，因此，无论是对黏性流体还是忽略黏性的流动都是一样适用的。另外，对于在非惯性系中的相对运动，它们在形式上保持不变，只是控制体要相对于动坐标固定，并把方程中的速度 V 改用相对运动速度 V_r。

4.3 动量方程

流体在运动过程中，除了要满足质量守恒定律外，还必须满足动量定理，这就是说，对于确定的流体，其总动量的时间变化率应等于作用其上的体积力和表面力的总和。如果把加速度看成单位质量流体的动量随时间的变化率，则牛顿运动定律也是动量定理，它们的数学表达式称为运动方程式或动量方程。

4.3.1 积分形式的动量方程

参照图 4-1 所示有限体积的控制体，微元体 $\mathrm{d}\tau$ 中流体所具有的动量为 $\mathrm{d}k = V \mathrm{d}m = \rho V \mathrm{d}\tau$。单位时间内控制体内流体的动量变化量为 $\dfrac{\partial}{\partial t}\displaystyle\int_\tau \rho V \mathrm{d}\tau$；单位时间内从控制体表面流出的流体的

动量为 $\oint_A \rho \boldsymbol{V}(\boldsymbol{V} \cdot \boldsymbol{n})\mathrm{d}A$。单位时间内总的动量变化量为

$$\frac{\mathrm{D}\boldsymbol{k}}{\mathrm{D}t} = \frac{\partial}{\partial t}\int_\tau \rho \boldsymbol{V}\mathrm{d}\tau + \oint_A \rho \boldsymbol{V}(\boldsymbol{V} \cdot \boldsymbol{n})\mathrm{d}A \qquad (4\text{-}14)$$

作用在控制体上的体积力与表面力之和为

$$\sum \boldsymbol{F} = \int_\tau \rho \boldsymbol{f}\mathrm{d}\tau + \oint_A p_n\mathrm{d}A \qquad (4\text{-}15)$$

根据动量定理，有

$$\frac{\mathrm{D}\boldsymbol{k}}{\mathrm{D}t} = \sum \boldsymbol{F} \qquad (4\text{-}16)$$

将式（4-14）和式（4-15）代入式（4-16），可得

$$\frac{\partial}{\partial t}\int_\tau \rho \boldsymbol{V}\mathrm{d}\tau + \oint_A \rho \boldsymbol{V}(\boldsymbol{V} \cdot \boldsymbol{n})\mathrm{d}A = \int_\tau \rho \boldsymbol{f}\mathrm{d}\tau + \oint_A p_n\mathrm{d}A \qquad (4\text{-}17)$$

式（4-17）就是积分形式的运动方程，习惯上称它为动量方程或动量定理。方程的左边是控制体内的总动量随时间的局部变化率加上单位时间内净流出控制体的动量通量。与积分形式的连续性方程式（4-2）一样，式（4-17）并不要求所有的流体物理量在 τ 内连续。

在实际应用中，动量定理主要用于定常流动，此时，式（4-17）变为

$$\oint_A \rho \boldsymbol{V}(\boldsymbol{V} \cdot \boldsymbol{n})\mathrm{d}A = \int_\tau \rho \boldsymbol{f}\mathrm{d}\tau + \oint_A p_n\mathrm{d}A \qquad (4\text{-}18)$$

4.3.2 微分形式的动量方程

采用与导出连续性方程相同的方法，从连续的流场中取出一个微元六面体（控制体）。根据应力张量表达式，相交于 $A(x, y, z)$ 点的三个面上各有三个应力分量，由于 $\mathrm{d}x$、$\mathrm{d}y$ 和 $\mathrm{d}z$ 是微小量，所以可以认为同一面上的应力分量的值相同，其余三个面上的应力分量可以通过多元函数泰勒展开取一阶小量的方法来得到。另外，由于表面力的大小与面积成正比，而体积力的大小与体积成正比，当微元体很小时，面积力是 $\mathrm{d}x$、$\mathrm{d}y$ 或 $\mathrm{d}z$ 的二阶无穷小，而体积力则为三阶无穷小，所以可以认为在整个微元体中，体积力密度是相同的，即单位体积中的体积力均为 $\rho \boldsymbol{f}$。在 x 方向上的体积力分量及各面上的应力如图 4-4 所示，共有 6 个表面力分量和一个体积力分量。

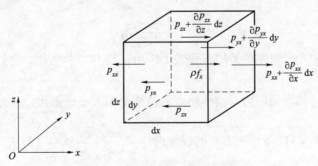

图4-4 微元体上的作用力分布

根据牛顿运动定律：$m\boldsymbol{a} = \sum \boldsymbol{F}$，在 x 方向上可以整理成

$$\rho \mathrm{d}x\mathrm{d}y\mathrm{d}z \frac{\mathrm{D}u}{\mathrm{D}t} = \rho f_x \mathrm{d}x\mathrm{d}y\mathrm{d}z + \left(\frac{\partial p_{xx}}{\partial x} + \frac{\partial p_{yx}}{\partial y} + \frac{\partial p_{zx}}{\partial z} \right) \mathrm{d}x\mathrm{d}y\mathrm{d}z$$

即

$$\rho \frac{\mathrm{D}u}{\mathrm{D}t} = \rho f_x + \frac{\partial p_{xx}}{\partial x} + \frac{\partial p_{yx}}{\partial y} + \frac{\partial p_{zx}}{\partial z} \tag{4-19a}$$

同理得

$$\rho \frac{\mathrm{D}v}{\mathrm{D}t} = \rho f_y + \frac{\partial p_{xy}}{\partial x} + \frac{\partial p_{yy}}{\partial y} + \frac{\partial p_{zy}}{\partial z} \tag{4-19b}$$

和

$$\rho \frac{\mathrm{D}w}{\mathrm{D}t} = \rho f_z + \frac{\partial p_{xz}}{\partial x} + \frac{\partial p_{yz}}{\partial y} + \frac{\partial p_{zz}}{\partial z} \tag{4-19c}$$

这就是在直角坐标系中微分形式的动量方程，通常称为运动方程。

式（4-19）可写成笛卡儿坐标系形式，即

$$\rho \frac{\mathrm{D}u_i}{\mathrm{D}t} = \rho f_i + \frac{\partial p_{ji}}{\partial x_j} \quad (i=1,2,3)$$

对于工程中遇到的大多数流体，式（4-19）中的各应力分量可以用流体的变形速率及物性分别表示如下

$$\left. \begin{aligned} p_{xx} &= -p + 2\mu \frac{\partial u}{\partial x} - \frac{2}{3}\mu \nabla \cdot V \\ p_{yy} &= -p + 2\mu \frac{\partial v}{\partial y} - \frac{2}{3}\mu \nabla \cdot V \\ p_{zz} &= -p + 2\mu \frac{\partial w}{\partial z} - \frac{2}{3}\mu \nabla \cdot V \\ p_{xy} &= p_{yx} = \mu \left(\frac{\partial u}{\partial y} + \frac{\partial v}{\partial x} \right) \\ p_{xz} &= p_{zx} = \mu \left(\frac{\partial u}{\partial z} + \frac{\partial w}{\partial x} \right) \\ p_{yz} &= p_{zy} = \mu \left(\frac{\partial v}{\partial z} + \frac{\partial w}{\partial y} \right) \end{aligned} \right\} \tag{4-20}$$

上述表示应力和变形速度关系的方程式（4-20），称作本构方程，它的推导可参阅有关流体力学书籍。

由式（4-20）可知，切应力与流体质点的角变形率大小成正比，且流体的法向应力与流体的相对体积膨胀率 $\nabla \cdot V$ 及相应方向的线变形速率 $\left(\dfrac{\partial u}{\partial x} \text{、} \dfrac{\partial v}{\partial y} \text{或} \dfrac{\partial w}{\partial z} \right)$ 有关，因此在运动黏性流体中，法向应力在不同方向上大小可能不相等。这里将压强 p 定义为 3 个法向应力平均值的负值，即

$$p = -\frac{1}{3}(p_{xx} + p_{yy} + p_{zz})$$

由上式可知，在理想流体或静止流体中，不同方向的法向应力相等。值得注意的是：对弹性体来说，应力和应变速率呈线性关系，如式（4–20）中流体应力与应变速率（变形速率）成正比。应力和应变速率之间的关系满足式（4–20）的流体称为牛顿流体，如空气、水等都是牛顿流体。但也有一些流体其应力和应变速率之间的关系不能用式（4–20）来描述，这类流体称为非牛顿流体，如油漆、颜料、橡胶、血液、高分子聚合物的熔体或溶液，以及某些混合物。这里仅限于研究牛顿流体。

将式（4–20）代入式（4–19），得

$$\left.\begin{aligned}
\rho\frac{Du}{Dt} &= \rho f_x - \frac{\partial p}{\partial x} + \frac{\partial}{\partial x}\left[\mu\left(2\frac{\partial u}{\partial x} - \frac{2}{3}\nabla\cdot V\right)\right] + \frac{\partial}{\partial y}\left[\mu\left(\frac{\partial u}{\partial y} + \frac{\partial v}{\partial x}\right)\right] + \frac{\partial}{\partial z}\left[\mu\left(\frac{\partial w}{\partial x} + \frac{\partial u}{\partial z}\right)\right] \\
\rho\frac{Dv}{Dt} &= \rho f_y - \frac{\partial p}{\partial y} + \frac{\partial}{\partial x}\left[\mu\left(\frac{\partial u}{\partial y} + \frac{\partial v}{\partial x}\right)\right] + \frac{\partial}{\partial y}\left[\mu\left(2\frac{\partial v}{\partial y} - \frac{2}{3}\nabla\cdot V\right)\right] + \frac{\partial}{\partial z}\left[\mu\left(\frac{\partial v}{\partial z} - \frac{\partial w}{\partial y}\right)\right] \\
\rho\frac{Dw}{Dt} &= \rho f_z - \frac{\partial p}{\partial y} + \frac{\partial}{\partial x}\left[\mu\left(\frac{\partial w}{\partial x} + \frac{\partial u}{\partial z}\right)\right] + \frac{\partial}{\partial y}\left[\mu\left(\frac{\partial v}{\partial z} + \frac{\partial w}{\partial y}\right)\right] + \frac{\partial}{\partial z}\left[\mu\left(2\frac{\partial w}{\partial z} - \frac{2}{3}\nabla\cdot V\right)\right]
\end{aligned}\right\}$$

$$(4–21)$$

式（4–21）称作纳维—斯托克斯（Navier–Stokes）方程，简称 N–S 方程，适合于可压缩黏性流体的运动。

对于不可压缩流体，当其黏性系数 μ 可看作常数时，式（4–21）可简化为

$$\left.\begin{aligned}
\rho\frac{Du}{Dt} &= \rho f_x - \frac{\partial p}{\partial x} + \mu\left(\frac{\partial^2 u}{\partial x^2} + \frac{\partial^2 u}{\partial y^2} + \frac{\partial^2 u}{\partial z^2}\right) \\
\rho\frac{Dv}{Dt} &= \rho f_y - \frac{\partial p}{\partial y} + \mu\left(\frac{\partial^2 v}{\partial x^2} + \frac{\partial^2 v}{\partial y^2} + \frac{\partial^2 v}{\partial z^2}\right) \\
\rho\frac{Dw}{Dt} &= \rho f_z - \frac{\partial p}{\partial x} + \mu\left(\frac{\partial^2 w}{\partial x^2} + \frac{\partial^2 w}{\partial y^2} + \frac{\partial^2 w}{\partial z^2}\right)
\end{aligned}\right\}$$

$$(4–22)$$

对于不可压缩流体有连续方程

$$\nabla\cdot V = \frac{\partial u}{\partial x} + \frac{\partial v}{\partial y} + \frac{\partial w}{\partial z}$$

引入拉普拉斯算子 $\nabla^2 = \frac{\partial^2}{\partial x^2} + \frac{\partial^2}{\partial y^{2+}} + \frac{\partial^2}{\partial z^2}$，则式（4–22）右边第三项可分别表示为 $\nabla^2 u$、$\nabla^2 v$、$\nabla^2 w$。因此，式（4–22）的三个方程可用矢量形式统一表示为

$$\rho\frac{DV}{Dt} = \rho f - \nabla p + \mu\nabla^2 V \tag{4–23}$$

式中，压强梯度 $\nabla p = \frac{\partial p}{\partial x}\boldsymbol{i} + \frac{\partial p}{\partial y}\boldsymbol{j} + \frac{\partial p}{\partial z}\boldsymbol{k}$，$\nabla^2 V = \nabla^2 u\boldsymbol{i} + \nabla^2 v\boldsymbol{j} + \nabla^2 w\boldsymbol{k}$。

对于不可压缩流体的流动，需求解的未知数有 4 个，即 u, v, w, p；而运动方程式（4–22）和连续方程式（4–13）也有 4 个方程，故对于不可压缩流体来说可形成一个封闭的方程组。但方程式（4–22）是非线性的二阶偏微分方程，目前只在极少数情形下可以得到精确解，而

对绝大多数流动问题还无法求出解析解。将少数情形的精确解和实验测量结果相比，其结果是完全符合的。这里还需指出，在求解某一具体流动问题时，除了要应用式（4–22）和式（4–13）外，还需给出具体的流动问题的初始条件和边界条件。

对于无黏性流体，$\mu = 0$，故式（4–22）可简化为

$$\left.\begin{array}{l} \rho \dfrac{\mathrm{D}u}{\mathrm{D}t} = pf_x - \dfrac{\partial p}{\partial x} \\[2mm] \rho \dfrac{\mathrm{D}v}{\mathrm{D}t} = pf_y - \dfrac{\partial p}{\partial y} \\[2mm] \rho \dfrac{\mathrm{D}w}{\mathrm{D}t} = pf_z - \dfrac{\partial p}{\partial z} \end{array}\right\} \tag{4–24}$$

写成矢量形式，则为

$$\rho \frac{\mathrm{D}\boldsymbol{V}}{\mathrm{D}t} = \rho \boldsymbol{f} - \nabla p \tag{4–25}$$

式（4–24）或式（4–25）即为无黏性流体的动量微分方程，称为欧拉方程，可压缩流动和不可压缩流动的欧拉方程在形式上是相同的，只要忽略流体黏性即可。

4.4 能量方程

流体在运动过程中，如果热效应不能忽略，或者流体与固体间存在热与功的交换，则运动流体不仅要满足连续性方程和运动方程，还要满足能量方程。

能量方程是能量守恒定律（即热力学第一定律）对运动流体的数学表达式。此定律可表述为：对于确定的流体，其总能量的时间变化率应等于单位时间内外力对它所做的功和传给它的热量之和，即

$$\frac{\mathrm{D}E}{\mathrm{D}t} = \sum Q_h + \sum N \tag{4–26}$$

4.4.1 积分形式的能量方程

参照图 4–1 所示的控制体 τ，设微元体积 $\mathrm{d}\tau$ 内单位质量流体所具有的能量为 $e + \left(\dfrac{v^2}{2}\right)$，式中，$e$ 为热力学内能，$\dfrac{v^2}{2}$ 为动能。则在 t 时刻，τ 内流体所具有的总能量 E 有下列表达式

$$E = \int_\tau \rho \left(e + \frac{v^2}{2} \right) \mathrm{d}\tau \tag{4–27}$$

$\sum Q_h$ 包括辐射热和传导热，可写成

$$\sum Q_h = \int_\tau \rho q \mathrm{d}\tau + \oint_A k \nabla T \cdot \boldsymbol{n} \mathrm{d}A \tag{4–28}$$

式中，q 是由于热辐射或流动伴随的燃烧、化学反应等在单位时间内传给 τ 内单位质量流体的热量，也称为热源项；右边第二项是由于越过面 A 的热传导传给 τ 内流体的热量，以流体吸

热为正，它遵循傅里叶热传导定律式，$\boldsymbol{n}$ 是面 A 的外法线方向单位矢量，k 为流体的导热系数。

$\sum N$ 是单位时间内由外力对 τ 内流体所做的功。如果控制体 τ 内没有其他物体，则 $\sum N$ 仅包括体积力 $\boldsymbol{f}$ 和表面力 $\boldsymbol{p}_n$ 所做的功，可表示为

$$\sum N = \int_{\tau} \rho \boldsymbol{f} \cdot \boldsymbol{V} \mathrm{d}\tau + \oint_{A} \boldsymbol{p}_n \boldsymbol{V} \cdot \mathrm{d}\boldsymbol{A} \tag{4-29}$$

把式（4–27）、式（4–28）和式（4–29）代入式（4–26），可得

$$\frac{\partial}{\partial t} \int_{\tau} \rho \left(e + \frac{v^2}{2} \right) \mathrm{d}\tau + \oint_{A} \rho \left(e + \frac{v^2}{2} \right) (\boldsymbol{V} \cdot \boldsymbol{n}) \mathrm{d}A$$

$$= \int_{\tau} \rho q \mathrm{d}\tau + \oint_{A} k \nabla T \cdot \boldsymbol{n} \mathrm{d}A + \int_{\tau} \rho \boldsymbol{f} \cdot \boldsymbol{V} \mathrm{d}\tau + \oint_{A} \boldsymbol{p}_n \boldsymbol{V} \cdot \mathrm{d}\boldsymbol{A} \tag{4-30}$$

这就是积分形式的能量方程，与积分形式的连续方程和动量方程一样，并不要求所有流体物理量在控制体 τ 内连续。

4.4.2 微分形式的能量方程

与前面相同，微分形式能量方程的建立可以采用微元控制体分析法或有限体积控制体分析法，只要在 τ 内流体物理量的分布函数连续可微，两者就殊途同归。为简单起见，这里只用有限控制体分析法。

1. 能量方程的一般表达式

体积分的随体导数可表示为

$$\frac{\mathrm{D}}{\mathrm{D}t} \int_{\tau(t)} \rho \left(e + \frac{v^2}{2} \right) \mathrm{d}\tau = \int_{\tau} \rho \frac{\mathrm{D}}{\mathrm{D}t} \left(e + \frac{v^2}{2} \right) \mathrm{d}\tau$$

由于 $\boldsymbol{p}_n = \boldsymbol{n} \cdot \boldsymbol{P}$，则由奥高公式得到

$$\oint_{A} k \nabla T \cdot \boldsymbol{n} \mathrm{d}A = \int_{\tau} \nabla (k \nabla T) \mathrm{d}\tau$$

$$\oint_{A} \boldsymbol{p}_n \boldsymbol{V} \cdot \mathrm{d}\boldsymbol{A} = \oint_{A} (\boldsymbol{P} \cdot \boldsymbol{V}) \cdot \boldsymbol{n} \mathrm{d}A = \int_{\tau} \nabla (\boldsymbol{P} \cdot \boldsymbol{V}) \mathrm{d}\tau$$

从而，可把式（4–30）改写为

$$\int_{\tau} \rho \frac{\mathrm{D}}{\mathrm{D}t} \left(e + \frac{v^2}{2} \right) \mathrm{d}\tau = \int_{\tau} [\rho q + \nabla (k \nabla T) + \rho \boldsymbol{f} \cdot \boldsymbol{V} + \nabla (\boldsymbol{P} \cdot \boldsymbol{V})] \mathrm{d}\tau$$

根据被积函数的连续性和控制体 τ 选取的任意性，得到运动流体中最一般的微分形式能量方程

$$\rho \frac{\mathrm{D}}{\mathrm{D}t} \left(e + \frac{v^2}{2} \right) = \rho q + \nabla (k \nabla T) + \rho \boldsymbol{f} \cdot \boldsymbol{V} + \nabla (\boldsymbol{P} \cdot \boldsymbol{V}) \tag{4-31}$$

2. 动能方程

一般的微分形式运动方程式为

$$\rho \frac{\mathrm{D}\boldsymbol{V}}{\mathrm{D}t} = \rho \boldsymbol{f} + \nabla \boldsymbol{P} \tag{4-32}$$

若此方程两边点乘 $\boldsymbol{V}$，则有

$$\rho \frac{D}{Dt}\left(\frac{V^2}{2}\right) = \rho \boldsymbol{f} \cdot \boldsymbol{V} + \boldsymbol{V} \cdot \nabla \boldsymbol{P} \tag{4-33}$$

这个方程称为运动流体中的一般动能方程，它与运动方程式（4-32）等价，因而不独立。

3. 内能方程

把式（4-31）与式（4-33）两边分别相减，可得到

$$\rho \frac{De}{Dt} = \rho q + \nabla(k\nabla T) + \rho \boldsymbol{f} \cdot \boldsymbol{V} + \nabla(\boldsymbol{P} \cdot \boldsymbol{V}) - \boldsymbol{V} \cdot \nabla(\boldsymbol{P}) \tag{4-34}$$

根据应力张量 $\boldsymbol{P}$ 和应变张量 $\boldsymbol{E}$ 的矢量并积表达式和关于张量的基本运算分式，可以演算得到

$$\nabla(\boldsymbol{P} \cdot \boldsymbol{V}) - \boldsymbol{V} \cdot \nabla(\boldsymbol{P}) = \boldsymbol{P} : \boldsymbol{E}$$

代入式（4-34）得到

$$\rho \frac{De}{Dt} = \rho q + \nabla(k\nabla T) + \rho \boldsymbol{f} \cdot \boldsymbol{V} + \boldsymbol{P} : \boldsymbol{E} \tag{4-35}$$

这就是对任何流体的任意运动都适用的用内能表示的能量方程，简称内能方程。

4.5　流体的热力学状态方程

对于可压缩流动，密度 ρ 会发生变化，且 ρ 是一个热力学变量。因此，研究可压缩流动时，必须引入一个表征流体中热力学变量之间内在关系的本构方程，习惯上称之为状态方程。

4.5.1　流体的热动平衡假设

在热力学中，一般把所研究的物体（无论是气体、液体或固体）称为热力学系统或简称为系统，这个系统的概念与 4.1 节中所述流体系统的概念是一致的。系统可大可小，在连续介质的假设下，流体中最小的热力学系统就是流体质点。

系统的情况或外貌称为状态。表征一个流体质点热力学状态的参量有很多，在前面的基本方程已出现或提到过的如压力、温度、密度、内能、焓、熵，甚至动力黏度和导热系数等都是热力学参量。其中最基本的状态参量是三个：密度 ρ（或比体积 v）、压强 p 和温度 T。

对于一个确定的系统，如果没有外界环境的影响，无论时间多长，其表征热力学状态的参量各有一固定的值，则这个状态称为平衡态。或者说，这个系统的热力学特征达到均匀状态，并且不随时间发生变化。在平衡态下，所有热力学参量中只有两个是独立变量。换言之，给定任意两个热力学参量的值就对应于一个热力学的平衡状态。

热力学所研究的系统是不考虑系统整体机械运动的，因此，它所揭示的规律，确切地说，是"热静力学"。对于运动的流体，其热力学参量（如温度、密度、压强等）经常会出现不均匀分布，也会随时间不断地发生变化。因此，运动流体的热力学状态一般不是严格的平衡态，热力学过程也不会是可逆过程。但幸运的是，大量实践都表明，在连续介质假设下，对大多数流动问题（即使是超声速的流动）而言，其流场中每一瞬间每一点上的热力学状态仍无限接近平衡态，这是因为每一个流体质点内仍包含足够多的分子，它们的热运动和相应碰撞很快（1×10^{-6} 秒），可使质点内的热力学参量均匀且有确定的值。这就是流体的热动平衡假设。

在流体的连续介质和热动平衡假设下，流场中任一时刻任一点上，表征热力学状态的各参量均有唯一的定值，且只有两个热力学参量是独立变量。在 1.2 节中讨论流体的可压缩性时已用过这个假设的结果。

4.5.2　流体的状态方程

从热力学的角度看，前面得到的基本方程的一般形式，如式（4-11）、式（4-23）等，既适用于平衡态系统，也适用于非平衡态系统，只要能给出各自的状态方程即可。在本书中，只给出平衡态的状态方程。

1. 状态方程的一般形式

只要选择两个热力学量作为独立变量，把其余热力学参量都写成这两个变量的函数关系，即为状态方程的一般形式。例如，选择压强 p 和热力学温度 T 作为独立变量，就有

$$\rho = \rho(p,T)，\quad e = e(p,T) \tag{4-36}$$

等。

2. 液体的状态方程

一般情况下，液体的 $\rho =$ 常数，内能 $e = c_V T$，且 $c_V \approx c_p =$ 常数。c_V，c_p 分别为比定容热容与比定压热容。

3. 气体的状态方程

在常温常压下（如压强不大于 20 MPa，温度不低于 253 K），一般气体如空气、蒸汽、燃气及各种工业气体，都可以近似地认为是完全气体。

所谓完全气体是指满足克拉珀龙（Clapeyron）状态方程且比热容为常数的气体。不要将其与理想气体混淆。在流体力学中，理想气体是指忽略黏性的气体，而完全气体是可以有黏性的。克拉珀龙状态方程一般写成

$$p = \rho RT \tag{4-37}$$

式中，R 称为气体常数，不同的气体 R 值不同，可按下式计算：

$$R = \frac{R_0}{M}$$

式中，$R_0 = 8\,314\ \text{J}/(\text{kmol}\cdot\text{K})$ 称为普适气体常数，M 为某种气体的摩尔质量（克分子量）。例如，如果取空气的 $M = 28.96\ \text{kg/kmol}$，则 $R = 287\ \text{J}/(\text{kg}\cdot\text{K})$；取水蒸气的 $M = 18$，则 $R = 462\ \text{J}/(\text{kg}\cdot\text{K})$。在式（4-37）中，$T$ 是热力学温度，以 K（开）为单位；p 为压强，它必须是绝对压强。

当流体处于高压或超低温状态时，应该使用更精确的状态方程。

4.5.3　常比热容完全气体的热力学关系式

为了便于在气体的运动方程和能量方程中进行热力学之间的转换和应用，特将常用的完全气体的热力学关系罗列如下。

状态方程　　　　　　　　　$p = \rho RT$

内能　　　　　　　　　　　$e = c_V T$

焓　　　　$h = e + \dfrac{p}{\rho} = c_p T = \dfrac{\gamma}{\gamma - 1}\dfrac{p}{\rho} = \dfrac{\gamma}{\gamma - 1}RT$

熵
$$s = c_V \ln\left(\frac{p}{\rho^\gamma}\right) + 常数$$

比定压热容、比定容热容及相互关系

$$c_p = \frac{\gamma}{\gamma-1}R, \quad c_V = \frac{1}{\gamma-1}R, \quad c_p - c_V = R, \quad \gamma = c_p / c_V$$

γ 称为比热比或绝热指数。

热力学第一定律的另一种表达式：

$$T = \frac{\mathrm{D}s}{\mathrm{D}t} = \frac{\mathrm{D}e}{\mathrm{D}t} + p\frac{\mathrm{D}}{\mathrm{D}t}\left(\frac{1}{\rho}\right) = \frac{\mathrm{D}h}{\mathrm{D}t} - \frac{1}{\rho}\frac{\mathrm{D}p}{\mathrm{D}t} \tag{4-38}$$

4.5.4　正压流体与斜压流体

这是从流体的状态方程角度对流体进行的一种分类。如前所述，在一般情况下，$\rho = \rho(p,T)$，这种流体称为斜压流体。若 $\rho = \rho(p)$，即密度只是压强的函数时，这种流体称为正压流体。广义地说，正压流体是一种力学特征与热力学特征无关的流体，正压流体运动速度的求解不需要用能量方程，而且动力黏性 μ =常数。

对于作为完全气体处理的气体运动，在一些特定条件下，可使状态方程简化，例如：① 不可压缩流动，ρ =常数；② 等温流动，$p = C\rho$；③ 绝热流动，$p = C\rho^\gamma$。式中，C 为常数，γ 为比热比。在这些情况下，流体压力只与密度有关，而与温度无关，因此，它们都是正压流体，把它们的运动流场称为正压流场。

除了使基本方程组简化外，流体力学中有一些重要定理的证明，例如伯努利（Bernoulli）定理、涡旋运动的开尔文（Kelvin）定理等，经常需要假设流体满足正压条件。

4.6　流体动力学基本方程组的封闭性及定解条件

前面几节已系统地建立了流体运动的基本方程，包括一套积分形式的方程和一套微分形式的方程。从理论上看，解决流体力学问题就是通过求解这些方程来实现的。如果关心的只是局部范围内的总质量、总动量、总动量矩或总能量的变化特征以及流体与固体间总的作用力、作用力矩或者总的能量交换，则可以使用积分形式的方程。在一些特定条件下，这些方程可以给出满意的结果。如果需要了解流场的细节，要求得到流场中速度、压力等物理量的分布以及在物面上的作用力分布等，就必须使用微分形式的方程组。

4.6.1　流体力学分析方法的一般过程

用微分形式的基本方程组去解决实际流动问题，即流体力学的主要分析方法，大致包括以下四个步骤：① 对已发现或提出的实际流动问题，经过分析，抓住主要特征或主要矛盾，抽象为流体力学模型。这是因为，迄今为止尚未找到对任何流体运动都适用的微分方程组，现在能给出的微分方程组针对的都是在一定假设条件下的分块模型，包括介质模型与运动模型等。无论是在科学研究中还是在工程实际的应用中，建立流体力学模型这一步是最重要也是最困难的，需要不断地实践和总结才能使建立的流体力学模型既正确又简单。② 根据已建立的流体力学模型来建立数学模型，也就是给出相应的微分方程组。为了能够求解，在给出基本方程组的同时要检查其封闭性并给出恰当的定解条件，包括初始条件和边界条件。检查封闭性是为了保证解的存在，给出恰当的定解条件是为了保证解的唯一性。③ 采用有效方法求解基本方程组，包括解析解法和数值解法或近似解法。④ 求解结果的分析与讨论。对于由解析解或数值解得到的结果经常需要与实验或实验结果作比较，如果两者偏差较大而又坚信实验或实验结果是正确的，则要从检查或修改流体力学模型入手重复以上步骤。

4.6.2　流体力学的理论模型

在前面的章节中已陆续提到流体力学中的理论模型，包括介质模型和运动模型。为了便于正确地利用这些模型，特将本书中涉及的模型做简单汇总，其中包括后面将出现的部分模型。

1. 介质模型

总前提是单相的连续介质。

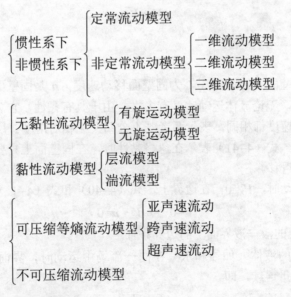

2. 运动模型

4.6.3　初始条件与边界条件

为了使微分形式的基本方程组在封闭的前提下有确定的解,还必须给出恰当的定解条件——初始条件及边界条件。所谓"恰当"，一是要物理上正确；二是要使定解条件的个数正好与待定积分常数的个数相等。

由于流体运动问题的复杂性与多样性，描述流体运动的基本微分方程通常是一组拟线性的偏微分方程组，而且可能包含椭圆型、双曲型、抛物型及其混合型的全部类型，因此，要给出普遍适用的定解条件是不可能的。在这里，只是一般性地讨论定解条件，在以后的有关章节中，再结合具体问题给出特定的定解条件。

1. 初始条件

初始条件是指在某个确定的时刻（例如 $t=t_0$），给定所求解流场中每一点上的流动状态。由于在流体力学方程组中，只出现对时间的一阶偏导数，因此，只要给出初始时刻所求每个物理量的初始分布即可。例如

给定 $t=t_0$ 时，则有

$$\left.\begin{array}{l} V(x,y,z,t_0)=V_0(x,y,z) \\ p(x,y,z,t_0)=p_0(x,y,z) \end{array}\right\} \tag{4-39}$$

当流动定常时，不需要初始条件。

2. 边界条件

所谓边界条件是指任一时刻，运动流体在所占据空间的边界上必须满足的条件。不同类型的偏微分方程组，其边界条件有不同的提法。从流动物理量的角度来说，边界条件的提法主要有两种：一种是在边界上给出与力有关的条件，称为动力学边界条件；另一种是在边界上给出与速度有关的条件，称为运动学边界条件。下面按流体力学问题中常见的流场边界作一般性讨论。

1）流—固界面上的边界条件

假定流体不能穿过固壁面且流动不分离，则

对于有黏性流体，有

$$V=V_b \tag{4-40}$$

对于无黏性流体，有

$$V \cdot n=V_b \cdot n \tag{4-41}$$

式中，V 为流体在固壁面上的速度，V_b 为固壁面移动速度，n 是固壁面的外法线方向单位矢量。式（4-40）说明，无论流体运动速度有多大，由于具有黏性，它总是黏在固壁面上。它们的切向速度和法向速度都相同，表示两者既不分离又无相对滑动。所以，式（4-40）又称为流动的无滑移条件。式（4-41）表示在忽略黏性时，在固壁面上只要法向速度连续即可，两者之间可以有相对滑移。

当固壁面静止不动时，$V_b=0$，在边界上，式（4-40）和式（4-41）分别为

$$V=0 \ \text{和} \ V \cdot n=0 \tag{4-42}$$

2）两种互不相混的液—液界面上的边界条件

当两种互不相混的液体（如油和水）在同一流场中运动时，界面上的边界条件为：除 $\rho_1 \neq \rho_2$ 外，其余物理量连续，即

$$V_1=V_2, \ p_1=p_2, \ T_1=T_2, \ q_{w_1}=q_{w_2}, \ \tau_1=\tau_2$$

式中，τ 为切应力，下标 1 和 2 分别表示在两种液体中的值。

3）自由液面上的边界条件

气体与液体的界面通常称为自由液面，当液体上方是大气时，就简称为自由面。有自由

液面的流体在运动时，其自由液面一般是要变形的，因此，与固壁界面不同，在许多情况下，自由液面的形状并不是事先已知的。所以，自由液面上边界条件往往需要同时给出运动学边界条件和动力学边界条件。

4）在流场无穷远处的边界条件

当一个物体在较大范围的流体中运动（例如大气中的飞行物、海洋中的潜行物等），或者流体从远处自由来流绕过某个物体时，流场中物体扰动的影响在足够远处可以忽略不计，这个足够远处，无论在物体的前方还是后方、上方还是下方，都可以被认为是无穷远处的边界。

在流体力学中，无穷远处的边界条件经常表示为已知的均匀分布的物理量。例如，一种不可压缩流体均匀流动绕过一个圆柱体，则无穷远处边界条件可写成

$$r \to \infty, \quad V = V_\infty, \quad p = p_\infty \tag{4-43}$$

本节所讨论的仅仅是几类常见的边界条件，远不是求解流体力学基本微分方程组时会遇到的边界条件的全部。在有些问题中，还需要补充其他边界条件。特别要提到的是，当对流体力学方程作简化处理时，常常伴随着方程的性质和未知量的变化，此时，边界条件的个数和表达式也须作相应的变化。这些问题，在以后的章节中会结合具体问题进行讨论。

习　题

4.1　不可压缩流体在一个回合渠道中做定常流动，假设渠道的截面积是矩形，高度为 w，两个入流渠道的入流速度为均匀的，而流出速度是非均匀的，进出口截面宽度即速度分布如图1所示，试求出流最大速度 V_m 用入流速度 V 表示的表达式。

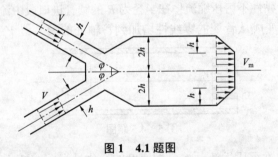

图 1　4.1 题图

4.2　如图2所示为一个高为 h、直径为 D 的圆水桶，由内径为 d 的供水管向水桶灌水。假设供水管出流速度为 V，试通过积分形式的连续性方程求水灌满水桶所需的时间。

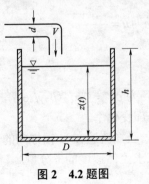

图 2　4.2 题图

4.3 水在一个如图 3 所示的一端固封、另一端用活塞封闭的圆管中流动，圆管直径为 d。假设入流圆管直径为 d 且与管轴垂直，出流圆管直径也为 d，但与管轴成 θ 角。已知入流速度为 V，出流速度为 kV（$k>0$），试求活塞的移动速度和方向。

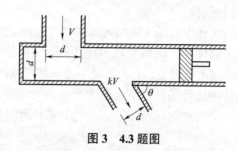

图 3　4.3 题图

4.4 当密度为 ρ 的黏性不可压缩流体平行流过一块平板时，在平板附近存在一个如图 4 所示的黏性流动边界层。在板面上，流体运动速度为零；在边界层之外，流体速度为均匀相等。在厚度为 δ 的边界层内，假定速度从零线性增大到边界层之外的均匀速度 U_0，取控制体 τ（如图中虚线所示的 $abcd$），试求流体流过控制面 bc 的质量。

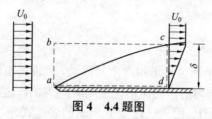

图 4　4.4 题图

4.5 如图 5 所示，黏性不可压缩流体在半径为 R 的圆管进口段中流动。假设进口速度为均匀的 V_0，到一定距离后变成从管壁的零线性增加到管轴处的最大值 V_m，试求 V_m 的表达式。

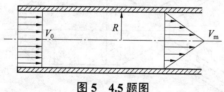

图 5　4.5 题图

4.6 对于二维定常不可压缩流动，已知速度的 x 分量为 $u=\mathrm{e}^{-x}\sin y$，试求：

（1）速度的 y 分量 v，假定 $y=0$ 时 $v=0$；

（2）流线簇。

4.7 设不可压缩流体的速度场为 $u=-\dfrac{c^2 y}{r^2}$，$v=\dfrac{c^2 x}{r^2}$，$w=0$，其中 $r^2=x^2+y^2$，c 是常数。

（1）试问这种流动是否可能？

（2）试求质点的轨迹。

4.8 已知压缩流体运动速度场为 $\rho\boldsymbol{V}=(ax\boldsymbol{i}-bxy\boldsymbol{j})\mathrm{e}^{-kt}$，其中 x，y 为空间坐标，t 为时间，a，b，k 为常数，试求密度 ρ 的局部变化率。

4.9 一个平面不可压缩流场，已知流速在 x 轴方向的分量为 $u=\mathrm{e}^{-x}\mathrm{ch}y$，而流速在 y 轴方向的分量 v 在 $y=0$ 处有 $v=0$，试求流体速度的 v 分量。

4.10　已知可压缩流体做非定常径向运动，其速度分布可写成 $V = v_r(r,t)e_r$，e_r 为矢径方向的单位矢量。试用微元控制体分析法，求证此流动的连续性方程为

$$\frac{\partial \rho}{\partial t} + \frac{\partial (\rho v_r)}{\partial r} + \frac{2\rho v_r}{r} = 0$$

4.11　对于二维不可压缩流动运动，试证明：

（1）如果运动是无旋的，则必须满足 $\nabla^2 u = 0$，$\nabla^2 v = 0$；

（2）满足 $\nabla^2 u = 0$，$\nabla^2 v = 0$ 的运动不一定无旋。

4.12　已知不可压缩流体运动速度 V 在 x、y 两个方向的分量为 $u = 2x^2 + y$，$v = 2y^2 + z$，且在 $z=0$ 处有 $w=0$，求 z 方向的速度分量 w。

4.13　无黏性不可压缩流体做定常流动，体积力只有重力。如已知在直角坐标系（z 轴铅垂向上）中流体的速度分布为 $u = -4x$，$v = 4y$，$w = 0$。试求流体运动的微分方程式（即欧拉运动方程简化后的形式）及流场中的压力分布（设在坐标原点处的压力为 p_0）。

4.14　有一固定圆柱面 $x^2 + y^2 = a^2$，假定流体在此圆柱面内做平面运动的速度场为：

（1）$u = Ay$，$v = Ax$；

（2）$u = -Ax$，$v = Ay$；

（3）$u = -Ay$，$v = Ax$。

试问上述速度场是否能表示为一种无黏性不可压缩流体的运动？如能表示，则求压力场。设圆柱中心的压力为 p_0，不计体积力。

4.15　如图 6 所示，无黏性不可压缩流体定常绕过一平面物体，物面形状为 $y = f(x)$。假定均匀来流速度为 V_∞，来流与 x 方向交角（称为攻角）为 α，压力为 P_∞，密度为 ρ_∞，流动绝热，绕流时无分离也无激波，忽略体积力。

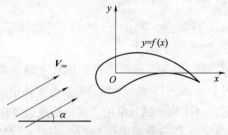

图 6　4.15 题图

试写出求解此绕流问题的封闭方程组和定解条件。

4.16　如图 7 所示，黏性不可压缩流体在两块无限大平行板间做定常层流流动。平板与水平面倾角为 α，两板间隙为 h，流动是由于重力和上板相对于下板的向上平移常速 U_0 所引起的，而且只有 x 方向流动速度 u。

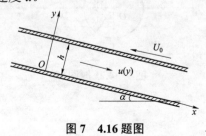

图 7　4.16 题图

试求出平板间的速度分布 $u(y)$。

4.17 对于无黏性完全气体的绝热运动，试证明：

$$\rho \frac{\mathrm{D}e}{\mathrm{D}t} = \frac{p}{\rho} \frac{\mathrm{D}\rho}{\mathrm{D}t} = -p\nabla \cdot V$$

式中 e 为单位质量流体的内能。

4.18 图 8 所示为沿变深度等宽度矩形截面河道水面上有波动的运动。设 x 轴取在河道方向静止水面上，自静止水面算起的水深度为 $h(x)$，波动自由表面离静止水面为 $\xi(x,t)$，河截面平均水流速度为 $u(x,t)$，水密度为 ρ，流动为无黏性不可压缩一维流动。

试从图示微元控制体（虚线所示）分析出发，求证此波动应满足的连续性方程为

$$\frac{\partial \xi}{\partial t} + \frac{\partial}{\partial x}[(h+\xi)u] = 0$$

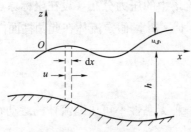

图 8 4.18 题图

4.19 试从柱坐标系中基本方程出发，写出下列无黏性流动的连续性方程和运动方程：

（1）流体质点在包含 z 轴的任一平面上运动；

（2）流体质点在任一共轴的圆柱面上运动。

4.20 试从球坐标系中基本方程出发，写出下列不可压缩流体运动的连续性方程和运动方程：

（1）流体质点在任一同心的球面上运动；

（2）流体质点在共轴且有共同顶点（坐标原点）的任一圆锥面上运动。

4.21 如图 9 所示，半径为 a 的圆柱体在无界的无黏性流体中沿 x 方向以 $V_0(t)$ 速度平移，它造成周围流体的流动是平面轴对称的。试分别用下列坐标系来建立流动在物面上的速度条件：

（1）在固定于地面的直角坐标系的直角坐标系 Oxy 中讨论流体的绝对运动；

（2）在固定于物体上的直角坐标系中 $O'x'y'$ 讨论相对运动；

（3）在固定于物体上的直角坐标系中 $O'x'y'$ 讨论绝对运动。

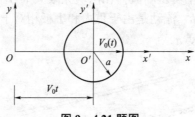

图 9 4.21 题图

第五章
无黏性流体的一维流动

本章将从最简单的流动着手，来了解流体力学基本方程组如何实际应用。重点介绍伯努利方程、动量定理和动量矩定理在一维流动中的应用。

5.1 流体运动的一维模型及基本方程

5.1.1 一维流动模型

所谓一维流动是指流场中所有的流动物理量（例如速度、压力和密度等）只与一个空间坐标系有关的流动。如果此时流动物理量与时间无关，则称为一维定常流，否则为一维非定常流。在自然界和工程实际中，严格的一维流动几乎不存在。但是，如果取流线作为坐标系，那么，沿一条流线或沿微元流束的中心流线的流动，或者沿平面或空间辐射状流线的对称流动则可以认为是比较严格的一维流动。

在各种工业管道或槽道中的流动一般都不是一维流动，因为不管过流截面多大，在整个截面上的流动参数分布一般是不均匀的。只有假定截面上的流动参数均匀分布或者按截面平均计算流动参数，才可以将管道或槽道中的流动看成一维流动，这种一维流动通常称为准一维流动。在准一维流动中所研究的内容，除了一维流动所要研究的速度、压力等参数沿管道或槽道轴线方向（也就是流动方向）的变化规律等问题外，还要研究由于管道或槽道的过流截面面积流动方向的变化而造成的过流流量、动量、动量矩和能量等的变化情况。

使用准一维流动模型来研究管道或槽道中的流动问题时，一般需要满足下列条件：

（1）沿流动方向管道或槽道的过流截面面积变化要小、要连续，这样才可以认为在过流截面上所有流体都是沿管道或槽道的轴线方向流动；

（2）管道或槽道轴线的弯度很小，或者说，轴线的曲率半径远远大于过流截面的半径或等效半径，这时可以认为由于弯曲流动所造成的离心力对过流截面上的压力分布没有影响；

（3）所需要研究的那部分管道或槽道长度要远远大于过流截面的直径或等效直径。

一维或准一维流动的基本方程和求解方法比较简单方便，因此，在工程实际中得到了广泛的应用。对于较长流程的管道或槽道中的流动分析，或者工程中的流动管路、管网的设计计算，采用一维或准一维流动的模型可以直接得到有实用意义的结果。对于一些较复杂的流动问题，例如，在各种涡轮机旋转叶轮通道中的流动分析等，也可以先采用一维流动的方法，先求出过流截面上平均流速以及其他所需要的流动参数，初步确定流道的几何形状，然后再利用二维或三维的理论和方法对流场进行详细的分析计算以得到更精确的结果。

5.1.2 无黏性流体一维流动的基本方程

在这里和以后所说的一维流动均包括准一维流动。对于以流线或微元流束的中心流线为坐标系的一维流动，其基本方程可以通过对第四章已导出的微分形式基本方程的简化得到，对这类问题求解的关键是要根据实际的流动状况来正确选择坐标系和正确运用简化条件。关于变截面管道或槽道中的一维流动，由于要考虑到沿流动方向的过流截面变化的影响，因此，此时的基本方程需要通过对积分形式基本方程进行简化，或者通过微分形式基本方程进行简化后再积分得到。

1. 连续性方程

图 5-1 所示的是一种沿弯曲的变截面细管中的流动。设管截面上的流动物理量均匀分布

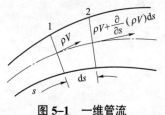

图 5-1　一维管流

（若不均匀分布时取截面平均值），则此流动是一维流动。采用沿流动方向的管轴坐标 s，则管道截面面积 $A = A(s)$，沿管轴方向的流体速度 $V = V(s,t)$，流体密度 $\rho = \rho(s,t)$。

为建立这种一维流动的连续性方程，取一微元管段 ds 作为控制体，则控制体体积 $d\tau = Ads$，两过流截面均与管轴线垂直，得到积分形式的连续性方程为

$$\frac{\partial}{\partial t}\int_{\tau}\rho d\tau + \oint_{A}\rho(V \cdot n)dA = 0$$

把此方程用在目前的一维管流情况下，即相当于取 $\tau = d\tau = Ads$，而 $V \cdot n = V$，因控制体积中只有一个截面允许流体进入，一个截面允许流体流出，截面上的 ρ，V 为均匀分布，所以上式可以改写为

$$\frac{\partial \rho}{\partial t}Ads + (\rho VA)_2 - (\rho VA)_1 = 0$$

式中，ρVA 就是通过管道的质量流量。由于 ds 很小，在 $d\tau$ 内 $\frac{\partial \rho}{\partial t}$ 可视为与 ds 相同，且

$$(\rho VA)_2 = (\rho VA)_1 + \frac{\partial}{\partial s}(\rho VA)ds$$

从而得到

$$A\frac{\partial \rho}{\partial t} + \frac{\partial}{\partial s}(\rho VA) = 0 \tag{5-1}$$

这就是沿变截面细管中可压缩一维非定常流动的连续性方程。在某些特定的应用条件下，式（5-1）可以简化，例如

（1）对于不可压缩流体的一维流动，$\rho = \text{const}$，有

$$\frac{\partial}{\partial s}(VA) = 0 \text{，或} VA = Q = \text{const} \quad （沿管轴） \tag{5-2}$$

（2）对于可压缩流体的一维定常流动，$\frac{\partial}{\partial t} = 0$，有

$$\frac{\partial}{\partial s}(\rho VA) = 0 \text{，或} \rho VA = Q_m = \text{const} \quad （沿管轴） \tag{5-3}$$

或写成

$$\frac{\mathrm{d}\rho}{\rho} + \frac{\mathrm{d}V}{V} + \frac{\mathrm{d}A}{A} = 0 \qquad (5\text{-}4)$$

（3）当管道为等截面时，$A = \text{const}$，则变为沿流线的一维流动连续性方程

$$\frac{\partial\rho}{\partial t} + \frac{\partial}{\partial s}(\rho V) = 0 \qquad (5\text{-}5)$$

综上可知，连续性方程与流体的黏性无关。

2. 动量方程

积分形式的运动方程也可以用在图 5-1 所示的一维流动中：取控制体 $\tau = \mathrm{d}\tau$，则有

$$\frac{\partial}{\partial t}\int_{\tau}\rho V\mathrm{d}\tau = \frac{\partial}{\partial t}(\rho V)\mathrm{d}s$$

$$\oint_{A}\rho V(V \cdot \boldsymbol{n})\mathrm{d}A = (\rho V^2 A)_2 - (\rho V^2 A)_1 = \frac{\partial}{\partial s}(\rho V^2 A)\mathrm{d}s$$

将其代回到积分形式的动量方程，得到

$$\frac{\partial}{\partial t}(\rho V)A\mathrm{d}s + \frac{\partial}{\partial s}(\rho V^2 A)\mathrm{d}s = \sum F_s$$

式中，$\sum F_s$ 是作用在控制体 $\mathrm{d}\tau$ 内流体上所有外力在轴线 s 方向上的合力。考虑到 $\mathrm{d}s$ 很小，作用在控制体内流体上的体积力和表面力简化为图 5-2 所示情况，则 $\sum F_s$ 为

$$\sum F_s = -\rho g A\mathrm{d}s\cos\alpha - A\frac{\partial p}{\partial s}\mathrm{d}s - \tau_w\mathrm{d}A\cot\theta$$

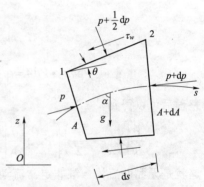

式中，取体积力为重力，作用在控制体侧表面上的压力取平均值 $p + \frac{1}{2}\mathrm{d}p$，黏性切应力的平均值为 τ_w；α 是重力方向与管轴线方向 $\mathrm{d}s$ 的交角；θ 为 $\mathrm{d}s$ 段管内管壁的扩张角。

图 5-2　微元管段受力分析

对于无黏性流动有 $\tau_w = 0$，于是

$$A\frac{\partial}{\partial t}(\rho V) + \frac{\partial}{\partial s}(\rho V^2 A) = -\rho g A\cos\alpha - A\frac{\partial p}{\partial s} \qquad (5\text{-}6)$$

这就是在重力场中，无黏性可压缩一维非定常流动的动量方程。在某些特定的应用条件下，上式可以简化，例如

（1）对于定常流动有 $\frac{\partial}{\partial t} = 0$，$\rho VA = \text{const}$；若忽略重力，则把式（5-6）简化为

$$-A\frac{\partial p}{\partial s}\mathrm{d}s = \rho VA\frac{\partial V}{\partial s}\mathrm{d}s$$

即

$$V\mathrm{d}V + \frac{\mathrm{d}p}{\rho} = 0 \qquad (5\text{-}7)$$

这是气体在变截面管道（例如收缩管道或缩放管道）中作为一维定常流动时常用的运动方程。

（2）当管道为等截面时，$A = \text{const}$，利用连续性方程式（5-5），并记 $-g\cos\alpha = f_s$，则

式（5-6）变为

$$\rho\left(\frac{\partial V}{\partial t}+V\frac{\partial V}{\partial s}\right)=\rho f_s-\frac{\partial p}{\partial s} \tag{5-8}$$

这是无黏性流体沿流线的一维非定常流动的运动方程，对可压缩和不可压缩流体在形式上相同。

3. 能量方程

和前面导出连续性方程、动量方程的方法相同，把积分形式能量方程应用到图 5-1 所示的一维管流，取控制体 $\tau=\mathrm{d}\tau$，则有

$$\frac{\partial}{\partial t}\int_\tau\rho\left(e+\frac{V^2}{2}\right)\mathrm{d}\tau=\frac{\partial}{\partial t}\left[\rho\left(e+\frac{V^2}{2}\right)\right]A\mathrm{d}s,$$

$$\oint_A\rho\left(e+\frac{V^2}{2}\right)(\boldsymbol{V}\cdot\boldsymbol{n})\,\mathrm{d}A=\frac{\partial}{\partial s}\left[\rho VA\left(e+\frac{V^2}{2}\right)\right]\mathrm{d}s,$$

同时，令 $\int_\tau\rho q\mathrm{d}\tau=0$（忽略热辐射等热源项），$\oint_A k\nabla T\cdot\boldsymbol{n}=Q_h$（单位时间内通过控制面传给流体的热流量），设体积力只有重力，$\boldsymbol{f}=\boldsymbol{g}$，从而，$\int_\tau\rho\boldsymbol{f}\cdot\boldsymbol{V}\mathrm{d}\tau=\rho(\boldsymbol{g}\cdot\boldsymbol{V})A\mathrm{d}s$，根据图 5-2 中所示几何关系，取 z 轴竖直向上，则 $\sin\alpha=\dfrac{\mathrm{d}z}{\mathrm{d}s}$，$\boldsymbol{g}\cdot\boldsymbol{V}=-gV\dfrac{\mathrm{d}z}{\mathrm{d}s}$，从而

$$\int_\tau\rho\boldsymbol{f}\cdot\boldsymbol{V}\mathrm{d}\tau=-\rho VA\frac{\partial}{\partial s}(gz)\mathrm{d}s,$$

$$\oint_A p_n\cdot\boldsymbol{V}\mathrm{d}A=\oint_A-p\boldsymbol{n}\cdot\boldsymbol{V}\mathrm{d}A=-\frac{\partial}{\partial s}(pVA)\mathrm{d}s\quad（忽略黏性）$$

整理后可以得到

$$\frac{\partial}{\partial t}\left[\rho\left(e+\frac{V^2}{2}\right)\right]A\mathrm{d}s+\frac{\partial}{\partial s}\left[\rho VA\left(e+\frac{V^2}{2}\right)\right]\mathrm{d}s+\rho VA\frac{\partial}{\partial s}(gz)\mathrm{d}s+\frac{\partial}{\partial s}(pVA)\mathrm{d}s=Q_h \tag{5-9}$$

这就是无黏性流体一维非定常流动的能量方程，式中已忽略辐射热等热源项，并设体积力只有重力。如果令 $A=\mathrm{const}$，则为沿流线的一维流动能量方程。

在某些特定的应用条件下，式（5-9）可以适当简化，例如

（1）如果流动定常，则有 $\dfrac{\partial}{\partial t}=0$，$\rho VA=\mathrm{const}$，式（5-9）变为

$$\mathrm{d}\left(e+\frac{p}{\rho}+\frac{V^2}{2}+gz\right)=\frac{Q_h}{\rho VA} \tag{5-10}$$

这是一个针对无黏性可压缩流体（气体）的一维定常流动的能量方程。

（2）如果流动定常，并假定气体是完全气体、流动绝热、忽略重力，记 $e+\dfrac{p}{\rho}=h$（焓），则可得

$$h+\frac{V^2}{2}=\mathrm{const}\quad（沿流线 s） \tag{5-11}$$

或

$$\mathrm{d}h+V\mathrm{d}V=0 \tag{5-12}$$

式（5–11）通常称为可压缩流动的伯努利方程。

由式（5–4）、式（5–7）、式（5–12）以及等熵流动条件 $\mathrm{d}p/\mathrm{d}\rho = kp/\rho$ 可构成完全气体的一维定常等熵管流的基本微分方程组，在气体动力学问题的研究中有非常广泛的应用。

对于无黏性不可压缩流体的定常流动有 $\mathrm{d}e = 0$，$Q_h = 0$，考虑到 $\rho = \mathrm{const}$，$VA = \mathrm{const}$，由式（5–9）得到

$$\frac{p}{\rho} + \frac{V^2}{2} + gz = \mathrm{const} \quad（沿流线 s）\tag{5–13}$$

此式通常称为不可压缩流动的伯努利方程，其中，V 是过流截面上的平均流速，p 是过流截面与轴线交点上的压力，z 是该交点的位置高程，也就是相对于某个基准水平面的竖直高度。在下一节中，将从运动方程出发来得到伯努利方程并讨论其广泛应用。

4. 管道弯曲对流动的影响

在前面推导一维流动基本方程的过程中，都只考虑沿管道或槽道轴线的流动。当变截面的管道是一种弯曲管道时，应考虑到在垂直轴线方向上可能产生的流体速度与压力的变化。

为了简单地说明弯曲效应，现把问题简化为一种无黏性不可压缩流体在弯曲管道内的定常平面运动，其平面流线如图 5–3 所示。设流体顺轴线（中心流线）s 方向的速度为 V，在垂直轴线的 r 方向上的速度为零，作用在流体上的体积力只有重力，因而，$\boldsymbol{f} = \boldsymbol{g}$，它在 r 方向的分量为 $-g\dfrac{\partial z}{\partial r}$，其中 z 是竖直向上的高程。

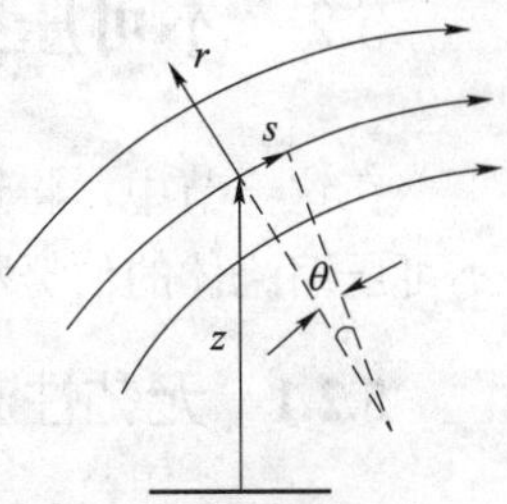

图 5–3　弯道中流动

在柱坐标下应用无黏性不可压缩流体的运动微分方程，因注意到此处 $V_\theta = V = V(s,t)$，$r\mathrm{d}\theta = \mathrm{d}s$，因而在 r 方向和 s 方向（即 θ 方向）上有

$$-\frac{V^2}{r} = -g\frac{\partial z}{\partial r} - \frac{1}{\rho}\frac{\partial p}{\partial r}\tag{5–14}$$

$$V\frac{\partial V}{\partial s} = -g - \frac{1}{\rho}\frac{\partial p}{\partial s}\tag{5–15}$$

将式（5–15）改写成 $\dfrac{\partial}{\partial s}\left(\dfrac{p}{\rho} + \dfrac{V^2}{2} + gz\right) = 0$，它就是沿轴线 s（中心流线）的伯努利方程。

同时，式（5–14）可改写为

$$\frac{\partial}{\partial r}(p + \rho gz) = \frac{\rho V^2}{r}\tag{5–16}$$

如果此平面流动位于水平面内，或者流体的重力可以忽略不计，则式（5–16）变为

$$\frac{\mathrm{d}p}{\mathrm{d}r} = \frac{\rho V^2}{r}\tag{5–17}$$

式（5–17）说明，在弯道的过流截面上，在 r 方向的压强梯度是由弯曲流动的离心力造成的。或者说，由于离心力的作用，在弯道的过流截面上，流体的压强将从弯道的内侧到外侧逐渐增大。由此产生的结果是，在弯道的过流截面上形成了从外侧沿管壁流向内侧的二次流，它不仅使弯道中流动具有 r 方向的速度，而且，二次流与沿轴线的主流结合形成的复杂

的螺旋流动会造成局部的流动能量损失。

如果弯道轴线的曲率半径很大，即在管道或槽道内的流线几乎都是平行的直线，那么式（5-16）或式（5-17）中的 $r \to \infty$，从而使得在垂直于轴线（中心流线）的过流截面上有

$$p + \rho gz = \mathrm{const} \quad （不忽略重力时） \tag{5-18}$$

或

$$p = \mathrm{const} \quad （忽略重力时）$$

在流体力学中，常常把管道或槽道内流线几乎都是平行线的那部分流段或区域称为缓变流区域，实际上也就是等直（或接近于等直）截面管道中的流段区域。式（5-18）说明，对于变截面有弯度的管道或槽道中的一维流动，在缓变流区域的过流截面上，压力分布遵循静止流体中的压力分布规律。若忽略重力，则整个过流截面上的压力相等，这个特点给伯努利方程的应用带来很多方便。

5.2   不可压缩流体的伯努利方程及其应用

在这一节中，将通过对运动微分方程的积分再一次导出伯努利方程，并重点介绍无黏性不可压缩流体的伯努利方程的基本应用和推广应用。

5.2.1   无黏性流体运动方程的简化

利用矢量恒等关系 $(V \cdot \nabla)V = \nabla\left(\dfrac{V^2}{2}\right) - V \times \nabla \times V = \nabla\left(\dfrac{V^2}{2}\right) - V \times \boldsymbol{\omega}$ 可以将运动微分方程

$\dfrac{\partial V}{\partial t} + (V \cdot \nabla)V = f - \dfrac{1}{\rho}\nabla P$ 改写为兰姆—葛罗米柯运动方程，即

$$\frac{\partial V}{\partial t} + \nabla\left(\frac{V^2}{2}\right) + \boldsymbol{\omega} \times V = f - \frac{1}{\rho}\nabla P \tag{5-19}$$

当流体无黏性时，应力张量 $\boldsymbol{P} = -p\boldsymbol{I}$，上式变为

$$\frac{\partial V}{\partial t} + \nabla\left(\frac{V^2}{2}\right) + \boldsymbol{\omega} \times V = f - \frac{1}{\rho}\nabla p \tag{5-20}$$

式中，$\boldsymbol{\omega} = \nabla \times V$ 就是流场涡量。

现对所考察的无黏性流体运动作两个假定：

（1）作用在流体上的体积力有势；

（2）运动流体的密度只是压力的函数，即 $\rho = f(p)$，流场是正压的。换言之，运动中的流体是一种正压流体。

根据假定（1），流场中必定存在一个体积力函数 U，它的定义为

$$f = -\nabla U \quad 或写成 \quad f = -\mathrm{grad}U \tag{5-21}$$

在直角坐标系中，势函数 U 定义为

$$f_x = -\frac{\partial U}{\partial x}, \ f_y = -\frac{\partial U}{\partial y}, \ f_z = -\frac{\partial U}{\partial z} \tag{5-22}$$

根据假定（2），可以引入一个正压函数 P，它的定义为

$$P=\int\frac{\mathrm{d}p}{\rho}, \text{ 或 } \nabla P=\frac{\nabla p}{\rho}, \text{ 或 } \mathrm{d}P=\frac{\mathrm{d}p}{\mathrm{d}\rho} \tag{5-23}$$

正压流场主要有不可压缩流场、完全气体的等温流场和绝热流场（无黏性时也就是等熵流场）等。

把式（5-21）和式（5-23）代入式（5-20）可以得到

$$\frac{\partial V}{\partial t}+\nabla\left(\frac{V^2}{2}+U+P\right)+(\nabla\times V)\times V=0 \tag{5-24}$$

5.2.2　定常流动的伯努利方程

如果流动是定常的，则式（5-24）进一步简化为

$$\nabla\left(\frac{V^2}{2}+U+P\right)+(\nabla\times V)\times V=0 \tag{5-25}$$

式（5-25）可以沿一条流线积分。因为在定常流场中的流线形状和位置是不随时间变化的，所以可任取一条流线 ψ，设此流线上微元弧长矢量为 $\mathrm{d}s$，用 $\mathrm{d}s$ 去点乘式（5-25）两边，即有

$$\nabla\left(\frac{V^2}{2}+U+P\right)\cdot\mathrm{d}s+[(\nabla\times V)\times V]\cdot\mathrm{d}s=0$$

根据流线定义 $\mathrm{d}s/\!/V$，可知 $[(\nabla\times V)\times V]\cdot\mathrm{d}s=0$，从而得到

$$\nabla\left(\frac{V^2}{2}+U+P\right)\cdot\mathrm{d}s=\mathrm{d}\left(\frac{V^2}{2}+U+P\right)=0$$

上式积分后得

$$\frac{V^2}{2}+U+P=C(\psi)$$

或

$$\frac{V^2}{2}+\int\frac{\mathrm{d}p}{\rho}+U=C(\psi) \tag{5-26}$$

式中，ψ 表示所选流线。在同一条流线上，积分常数 $C(\psi)$ 必然相同；对于不同的流线，一般应有不同的 $C(\psi)$ 值。

式（5-26）称为伯努利积分或伯努利定理。它是一种对运动微分方程的首次积分。必须注意的是，积分要成立是有条件的，它包括：① 流体无黏性；② 体积力有势；③ 流场正压；④ 流动定常；⑤ 沿一条流线。

针对不同的流动情况，伯努利积分有更具体的表达式。

1. 无黏性不可压缩流体的伯努利方程

对于不可压缩流体的流动，因为密度 $\rho=$ const，所以，正压函数 P 有具体表达式：$P=\int\frac{\mathrm{d}p}{\rho}=\frac{p}{\rho}$。若此时体积力只有重力，则 $f=g=-\nabla U$。选取直角坐标系的 z 轴竖直向上，则由式（5-22）得到

$$f_x = -\frac{\partial U}{\partial x} = 0,\ f_y = -\frac{\partial U}{\partial y} = 0,\ f_z = -\frac{\partial U}{\partial z} = -g$$

因而，体积力势函数 $U = gz + \text{const}$ （可略去而不影响结果）。把上述的 P 和 U 代入式（5–26）得到

$$\frac{V^2}{2} + \frac{p}{\rho} + gz = C(\psi) \tag{5–27}$$

或

$$\frac{V^2}{2g} + \frac{p}{\rho g} + z = C_1(\psi) \tag{5–28}$$

这就是著名的不可压缩流体的伯努利方程。它和上一节从能量方程中得到的式（5–13）在形式上完全相同，这说明对于无黏性不可压缩流体流动，由于流动中不存在热效应，故其由运动方程得到的伯努利方程也是流动的能量方程。必须指出的是，在得到式（5–13）时，假定了流动是一维的，而现在导出的式（5–27）并没有要求流动是一维的，只要求它在一条流线上成立。

2. 无黏性可压缩流体的伯努利方程

对于可压缩的流体，要根据具体流动条件，给出正压函数 P 的表达式。如果假定可压缩流体是一种比热容为常数的完全气体，且流动绝热（也就是等熵流动），则由等熵关系式 $p = c\rho^k$，得到

$$\mathrm{d}p = (kp/\rho)\mathrm{d}\rho = ck\rho^{k-1}\mathrm{d}\rho$$

式中，k 为比热比。从而有

$$P = \int \frac{\mathrm{d}p}{\rho} = \frac{k}{k-1}\frac{p}{\rho} = h = e + \frac{p}{\rho}$$

如果仍然假定体积力只有重力，则可由式（5–26）得到

$$\frac{V^2}{2} + \frac{k}{k-1}\frac{p}{\rho} + gz = h + \frac{V^2}{2} + gz = C(\psi) \tag{5–29}$$

若忽略重力，则为

$$h + \frac{V^2}{2} = C(\psi)$$

式（5–29）称为可压缩流体的伯努利方程。它和式（5–11）在形式上也是完全相同的。这说明对于无黏性的可压缩流动，只有当流动绝热时，由运动方程得到的伯努利方程才与能量方程相同。和式（5–27）一样，式（5–29）的得到也没有要求流动是一维的。

5.2.3　伯努利方程的物理意义和几何意义

不可压缩流体的伯努利方程式（5–27）或式（5–28）中的每一项是分别对单位质量或单位重量流体而言的。现从式（5–28）出发来解释其物理意义和几何意义。

1. 物理意义

$\dfrac{V^2}{2g}$ 表示流场中任一点上单位重量流体所具有的动能；$\dfrac{p}{\rho g}$ 表示流场中任一点上单位重量流体所具有的压力能或压力潜能，也就是压力对单位重量流体能做的功；z 表示流场中任一点上单位重量流体所具有的位置势能，也就是重力对单位重量流体能做的功；$\dfrac{V^2}{2g}+\dfrac{p}{\rho g}+z$ 表示流场中任一点上单位重量流体所具有的总机械能。

因此，伯努利方程式（5-28）表示，在同一条流线上，各点上的单位重量流体所具有的总机械能相等。在不同的流线上，一般具有不同的总机械能的值。但是，如果同一个流动中所有流线起始于同一点处（例如，起始于无穷远处或起始于同一容器的自由液面处等），而且在起始处具有相同的 V、p 和 z 值，则所有流线上的总机械能相等，即此时伯努利方程式（5-27）或式（5-28）在全流场的任何一点上都成立。

如果流动是在同一个水平面上，或者流体中的重力可以忽略不计，则可将式（5-27）或式（5-28）改写为：

$$p+\frac{1}{2}\rho V^2 = p_0(\psi)$$

式中，p 是静压强，也就是通常说的流体压力；$\dfrac{1}{2}\rho V^2$ 是单位体积流体的动能，也可称为动压；p_0 是滞止压强（或称为驻点压强），也称为总压。上式表明，此时，在同一条流线上的各点上总压相同。因此，当压强变大时，流速会减小，反之亦然。

2. 几何意义

由于式（5-28）中的每一项都具有长度的量纲，而 z 又是定义为竖直向上的高程，因此，在流体力学中沿用水力学的名称，将他们称为单位重量流体所具有的水头；z 表示所考察点的位置高度，称为位置水头，简称为位头；$\dfrac{p}{\rho g}$ 表示所考察点的压力潜能，表示它能将流体压强升到某一高度的能力，因此称为压力水头或测速管水头，简称为压头；$\dfrac{V^2}{2g}$ 表示所考察点上与速度大小相对应的高度，称为测速管水头，简称为速度头。三者之和为 $C_1(\psi)$，称为水力高度或总水头。由此可知，伯努利方程式（5-28）的几何意义是：在同一条流线的各点上的总水头为同一常数，各点总水头的连线（称为理想总水头线）是一条与某个水平基准面平行的水平线。

5.2.4　伯努利方程的基本应用

在这里只介绍不可压缩流体的伯努利方程的应用。

1. 沿一条流线上的应用

前面已经强调，伯努利方程式（5-27）或式（5-28）是沿一条流线成立的，并没有要求流动必须是一维。换言之，对于无黏性不可压缩流体的二维或三维的定常流动，如果事先能从物理上认定一条流线，也可以沿这条流线来应用伯努利方程。

前面已经提到，如果在同一流动中所有流线的起始点处具有相同的 V、p 和 z 值，或者如果从均匀流动区域出发或经过的无黏性不可压缩流体做的是无旋流动，那么不管它是一维、二维或三维，对不同的流线都具有相同的伯努利积分常数。因此，任意选定一条流线，甚至不选流线，只在流场中任意选择两点就可以应用伯努利方程。

例 5.1 阐述皮托（Pitot）管测速的原理。

流体速度是一个重要的流动物理量，测量流速有很多方法。在实际应用中，通过测量压力，用伯努利方程求出流速是一种比较简单的方法。

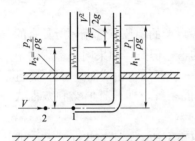

图5-4 皮托管测速原理

如图 5-4 所示，液体定常流过一个水平放置的管道。现在某一过流截面的管道壁面处开孔装一个测压管（称静压管），在相距不远的另一过流截面处插入一根两端开口弯成直角的测速管（称皮托管，或总压管）。要注意的是，测静压的孔必须处于内壁面，因为静压是流体中的法向表面应力。皮托管的一端必须正对来流方向，因为，图中点 1 和点 2 在同一条水平的流线上。当来流进入皮托管内且液体达到一定高度后，管内液体会处于静止状态，即点 1 是速度为零的滞止点。将伯努利方程用于一条流线上的点 1 和点 2，则有

$$\frac{V_2^2}{2g} + \frac{p_2}{\rho g} + z_2 = \frac{V_1^2}{2g} + \frac{p_1}{\rho g} + z_1$$

由于管道水平，而且点 1 是滞止点，因此，$z_2 = z_1$，$V_1 = 0$，于是

$$V_2 = \sqrt{\frac{2}{\rho}(p_1 - p_2)} = \sqrt{2gh} \tag{5-30}$$

式中，p_2 是点 2 的静压强，而 p_1 是点 1 的总压。由于点 2 处在一个缓变流截面上，而点 1 处皮托管内液体静止，因此，它们都遵循静止液体中的压力分布规律，即 $\dfrac{p_1}{\rho g} - \dfrac{p_2}{\rho g} = h_1 - h_2 = h$，显然，$h$ 是速度头，也就是测速管水头。

如果测定的是气体的流速，则不能采用图 5-4 所示的装置，但可以改用在原理上完全相同的、由静压管和皮托管组合而成的皮托—静压管，习惯上简称为皮托管，如图 5-5 所示。在这个装置中，皮托管是一个中心管，静压管是一种环形的套管。

为了正确测出静压，往往需要在同一个截面的侧壁上等间隔开多个静压孔，使之与套管的环形空间相通（图示 $A—A$ 截面上开有四个静压孔）。皮托管与静压管的下端分别连接 U 性测压计两端，测压计中的液体密度为 ρ_1。当皮托管的前端小孔正对要测量的气流时，图示中的点 1 和点 2 在一条流线上，此时，就可以由伯努利方程得到

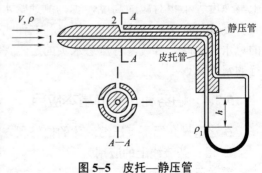

图5-5 皮托—静压管

$$V = \sqrt{\left(\frac{\rho_1}{\rho} - 1\right) 2gh}$$

如果 $\rho_1 \gg \rho$，则有

$$V = \sqrt{\frac{\rho_1}{\rho} 2gh} \qquad (5\text{--}31)$$

式中，ρ 是气体密度，h 是测压计中液柱的铅垂高度差。

由于所使用的伯努利方程忽略了黏性影响并假定流线是平直的，因此，实际的流速将略小于式（5--31）所表示的结果。

例 5.2　求小孔定常出流速度。

这是一个用来说明沿一条流线流体的机械能相互转换的简单例子。如图 5--6 所示，一封闭容器中的液体经一小孔流出，求出流速度。

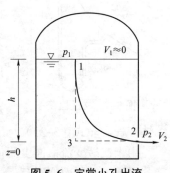

图 5--6　定常小孔出流

解：在液体出流过程中，如果没有液体补充，则液面将下降，流动将是非定常的。但是，当液体得到补充，使液位不下降；或当容器的横截面积远大于小孔的出流截面积时，在一段不太长的时间内，也可以认为液位不下降，因而，流动是定常的。另外，可以想象，本例流动中的全部流线起始于液 1 处，而且具有相同的 $p = p_1$，$v_1 = 0$，$z_1 = h$。在截面 2 处，出流连通大气，$p_2 = p_a$（大气压力）。

设想有一条流线从点 1 到点 2，假定流体为无黏性不可压缩，则在点 1 和点 2 上应用伯努利方程可以得到

$$0 + \frac{p_1}{\rho g} + h = \frac{V_2^2}{2g} + \frac{p_a}{\rho g} + 0$$

这样可以得出流速度

$$V_2 = \sqrt{\frac{2}{\rho}(p_1 - p_2) + 2gh} \qquad (5\text{--}32)$$

当大容器敞口连通大气时，$p_1 = p_a$，则 $V_2 = \sqrt{2gh}$。这就是说，沿一条流线，点 1 处的位置势能转化为点 2 处的出口动能。由于在本例中，所有流线上的伯努利积分常数相同，因此，流场中任选两点，都可以列出伯努利方程。例如，先选择图 5--6 所示的点 1 和点 3，再选择点 3 和点 2，也能得到相同的结果。

2. 应用于变截面管道或槽道中的一维流动

在这种应用中，如果假定在过流截面上的流动参数是均匀分布的，则只要把管道或槽道中的中心轴线看成一条流线即可；如果采用截面平均方法，速度 V 是过流截面上流动的平均速度，即 $V = Q/A$，那么，过流截面上的流动的平均动能应该是 $aV^2/2g$，a 称为动能修正系数。在实际应用中，对于无黏性流动，常常取 $a = 1$；同时还要求在缓变流截面上列伯努利方程。因为只有在缓变流截面上才能保证 $gz + p/\rho$ 处处相同，也就是取截面上的平均值，所以只要在截面的同一点处取 z 和 p 的值即可。

综上所述，伯努利方程应用于管道或槽道的一维流动时，必须选择在两个缓变流截面上列出伯努利方程和连续性方程，即

$$A_1 V_1 = A_2 V_2 = Q = \text{const}$$

$$\frac{V_1^2}{2g} + \frac{p_1}{\rho g} + z_1 = \frac{V_2^2}{2g} + \frac{p_2}{\rho g} + z_2 = \text{const} \tag{5-33}$$

只要截面位置选择得当，两个方程可用于求解两个未知量。

例 5.3 阐述文丘里（Venutri）流量计的原理。

文丘里流量计（又称文丘里管）主要用于管道中气体流量的测量。它由收缩段、喉部和扩散段三部分组成，安装在需要测量的管路上，如图 5-7 所示。已知收缩段前 1-1 处的过流截面面积为 A_1，喉部 2-2 处的过流截面面积为 A_2，只要用 U 形管差压计测出这两处的静压差，就可由伯努利方程求出管道中流体的体积流量。

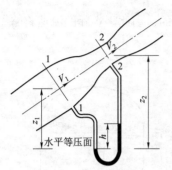

图 5-7 文丘里管

现假定管道内的流动是无黏性不可压缩流体的一维定常流动。选择 1-1 和 2-2 两个缓变流截面就可以列出伯努利方程和连续性方程，即式（5-33）。

由于在缓变流截面上流体压力遵循静止流体的压力分布规律，故根据图 5-7 所示的 U 形管差压计中等压面位置有

$$p_1 + \rho g z_1 = p_2 + \rho g (z_2 - h) + \rho_1 g h_1$$

即

$$\left(\frac{p_1}{\rho g} + z_1\right) - \left(\frac{p_2}{\rho g} + z_2\right) = \left(\frac{\rho_1}{\rho} - 1\right) h \tag{5-34}$$

再由连续性方程得到 $V_1 = V_2 A_2 / A_1$，代入伯努利方程得

$$V_2 = \frac{A_1}{\sqrt{A_1^2 - A_2^2}} \sqrt{2gh\left(\frac{\rho_1}{\rho} - 1\right)} \tag{5-35}$$

从而，通过管路的定常流量为

$$Q = V_2 A_2 = \frac{A_1 A_2}{\sqrt{A_1^2 - A_2^2}} \sqrt{2gh\left(\frac{\rho_1}{\rho} - 1\right)} \tag{5-36}$$

在实际流动中，考虑到由于黏性造成的流动能量损失以及截面上速度分布不均匀的影响，需要一个流量修正系数为 0.95～0.99。

例 5.4 阐述射流泵原理。

图 5-8 所示为一射流泵装置示意图，其原理也是根据伯努利方程，利用泵的内喷嘴出口的高速射流，在截面 2-2 处产生真空，从而将下方容器 B 中液体吸入泵内，再与射流一起输送到下游。设截面 2-2 处的高速射流是由上游高位容器 A 中液体出流造成的。假定容器 A 和 B 都是敞口的，下游出口截面 4-4 处连通大气，则在图示的截面 1-1、截面 3-3 以及截面 4-4 上的压力都是大气压力，即相对压力 p_1、p_3、p_4 都

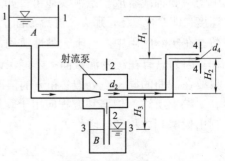

图 5-8 射流泵原理

为零，容器 A 和容器 B 中的液体密度都为 ρ。现已知 H_2、H_3、d_2 和 d_4，求射流泵工作时，上游液面 1–1 必须达到的液位高度 H_1。

解： 所求液位高度受到两个因素制约：一是要在泵内截面 2–2 处造成足够的真空度，保证将下方液体源源不断地抽上来；二是截面 2–2 处还要有足够的速度（动能），才能保证把液体输送到有一定位置高度的下游出流。

先在喷嘴出口截面 2–2 处与下游出口截面 4–4 处列伯努利方程和连续性方程，即

$$\left. \begin{array}{l} V_2 A_2 = V_4 A_4 \\ \dfrac{V_2^2}{2g} + \dfrac{p_2}{\rho g} + 0 = \dfrac{V_4^2}{2g} + 0 + H_2 \end{array} \right\} \tag{5–37}$$

式中，p_2 是截面 2–2 处的真空度。由于截面 2–2 处到下方容器 B 液面管路中的液体压强也遵循静止流体中压强分布规律，因此有

$$p_2 = -\rho g H_3 \tag{5–38}$$

再在上游液面 1–1 处与喷嘴出口截面 2–2 处列伯努利方程，即

$$0 + 0 + H_1 = \dfrac{V_2^2}{2g} + \dfrac{p_2}{\rho g} + 0$$

把式（5–37）和式（5–38）代入上式，就可以得到

$$H_1 = (H_2 + H_3) \Big/ \left[1 - \left(\dfrac{d_2}{d_4} \right)^2 \right] - H_3 \tag{5–39}$$

由式（5–39）可见，泵内喷嘴出口截面的直径 d_2 应小于下游出口的直径 d_4。由于沿途有流动损失，实际所需要的液位 H_1 还应该再提高一些，或者可以把容器 A 密封并在液面上加压。

5.2.5 伯努利方程的推广应用

伯努利方程在一维流动中还有推广应用。

1. 推广到沿程有分流或汇流的情况

图 5–9 所示为沿程有分流或汇流的一维流动情况（管路用一条线表示）。此时按质量守恒定律有 $Q_1 = Q_2 + Q_3$，根据总机械能守恒原理，列出伯努利方程，即

$$\rho g Q_1 \left(\dfrac{V_1^2}{2g} + \dfrac{p_1}{\rho g} + z_1 \right) = \rho g Q_2 \left(\dfrac{V_2^2}{2g} + \dfrac{p_2}{\rho g} + z_2 \right) + \rho g Q_3 \left(\dfrac{V_3^2}{2g} + \dfrac{p_3}{\rho g} + z_3 \right)$$

实际上，上式等价于对过流截面 1、2 和过流截面 1、3 分别按单位重量流体列伯努利方程

$$\left. \begin{array}{l} \dfrac{V_1^2}{2g} + \dfrac{p_1}{\rho g} + z_1 = \dfrac{V_2^2}{2g} + \dfrac{p_2}{\rho g} + z_2 \\ \dfrac{V_1^2}{2g} + \dfrac{p_1}{\rho g} + z_1 = \dfrac{V_3^2}{2g} + \dfrac{p_3}{\rho g} + z_3 \end{array} \right\} \tag{5–40}$$

例 5.5 如图 5–10 所示，一股水射流冲击平板，已知流动定常，入射流速度为 V_1，流量为 Q_1。设分流速度分别为 V_2 和 V_3，流量分别为 Q_2 和 Q_3。各流股在垂直纸面方向宽度均为 1。不计重力和流动损失，求证：$V_1 = V_2 = V_3$。

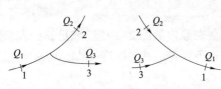

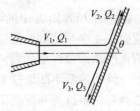

图 5-9　一维分流与汇流　　　　　　　　图 5-10　射流冲击平板后分流

证：根据式（5-40），并考虑到射流和分流都处于大气压强中，即 $p_1 = p_2 = p_3 = p_a$，可以得到：$V_1 = V_2 = V_3$。即这个结果与平板面倾斜角无关。

图 5-11　沿程能量交换

2. 推广到沿程有能量输入或输出的情况

伯努利方程的应用也可以推广到在管道中间流体需要通过一个流体机械装置（例如水泵、水轮机等）的流动。如图 5-11 所示，在管路上有一个流体机械，当无黏性不可压缩流体流经过这种管路时，若假定流动为一维定常，则在截面 1 和 2 上也可以列伯努利方程

$$\frac{V_1^2}{2g} + \frac{p_1}{\rho g} + z_1 \pm H = \frac{V_2^2}{2g} + \frac{p_2}{\rho g} + z_2 \tag{5-41}$$

式中，H 表示单位重量流体与流体机械之间的能量交换（授受关系）。如果流体机械是一种工作机械，例如水泵、风机、压缩机等（统称为泵），则流体将从泵中获得能量以提高速度、压力或位置高度，此时取"+"号；如果流体机械是一种原动力机（动力机械），例如水轮机、液压发动机、汽轮机、燃气轮机（统称为发动机），则流体将经过发动机对外输出能量（失去能量），也就是流体对外做功，此时取"-"号。输入或输出的理论总功率 $N = \rho g Q H$。

例 5.6　水力发电功率估算。

水力发电站如图 5-12 所示。上游的水库液面相对高度为 H_1（位置水头），通过水轮机的流量为 Q，下游排水道出口平均速度为 V_2，全部泄入下游河道上方。如果忽略一切损失，流动定常，则可以把伯努利方程式（5-41）用在上游水库液面 1 处与下游出口 2 处。考虑 $V_1 = 0$，$p_1 = p_2 = p_a$（大气压），则有

$$H_1 - H = \frac{V_2^2}{2g} \tag{5-42}$$

或

$$H = H_1 - \frac{V_2^2}{2g}$$

从而可得水轮机能产生的理论总功率 N，即

$$N = \rho g Q H = \rho Q \left(g H_1 - \frac{1}{2} V_2^2 \right) \tag{5-43}$$

从上式可见，要使功率大，有两条途径：一是要流量大；二是上游水头要高。另外，要尽量减小下游排水速度。

3. 推广应用到一维的准定常流动

在例 5.1 中曾经分析过大容器内液体通过小孔出流的情况，当时假定容器内自由液面位置水头恒定，因此，流动是定常的。实际上自由液面位置将发生变化，流动是非定常的。但是，当孔口的过流截面面积 A_2 远小于容器横截面面积 A_1（一般要求 $A_2 \leqslant 0.1\,A_1$）时，自由液面下降速度很小，可以把整个非定常的出流过程分为许多 $\mathrm{d}t$ 小时段，在每一个 $\mathrm{d}t$ 时段内的流动仍按定常流处理，我们把这种情况称为准定常出流。

图 5-13 所示为一准定常孔口出流。简单起见，假定容器敞口，孔口出流连通大气。容器横截面面积为 $A_1(h)$，孔口截面面积为 A_2，未出流时，容器内液面高度为 h_0。设整个出流过程为无黏性不可压缩流体的一维流动。在某个时刻 t，容器内水位高度为 h，由定常流伯努利方程可知

$$\frac{V_1^2}{2g} + \frac{p_a}{\rho g} + h = \frac{V_2^2}{2g} + \frac{p_a}{\rho g}$$

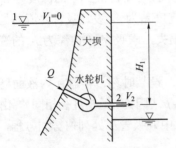

图 5-12　水力发电示意图

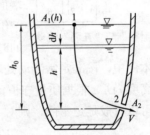

图 5-13　准定常小孔出流

且 $A_1 V_1 = A_2 V_2$，因而得到

$$V_2 = \sqrt{2gh} \Big/ \sqrt{1 - \left(\frac{A_2}{A_1}\right)^2} \tag{5-44}$$

因为 $A_2 \leqslant A_1$，$1 - (A_2 / A_1)^2 \approx 1$，所以，该瞬时孔口出流速度为 $V\sqrt{2gh}$。在 $\mathrm{d}t$ 时间内，从孔口流出的流量为 $\mathrm{d}Q = A_2\sqrt{2gh}\,\mathrm{d}t$。与此相对应，容器内液面将下降 $-\mathrm{d}h$（因为 $\mathrm{d}h < 0$），根据质量守恒定律有

$$-A_1\mathrm{d}h = A_2\sqrt{2gh}\,\mathrm{d}t$$

由此可以得到

$$\mathrm{d}t = \frac{-A_1\mathrm{d}h}{A_2\sqrt{2gh}} \tag{5-45}$$

式（5-45）表示了孔口准定常出流时容器内液面变化与出流时间变化的关系，若给出定容器形状 $A_1(h)$，就可以积分。特别当容器形状是 $A_1(h) = A_1 = \mathrm{const}$ 的直柱形容器时，容器内液面从 h_0 下降到 h 时所需要的时间

$$t = \int_0^t \mathrm{d}t = \int_{h_0}^h \frac{-A_1\mathrm{d}h}{A_2\sqrt{2gh}} = \frac{A_1}{A_2}\sqrt{\frac{2}{g}}(\sqrt{h_0} - \sqrt{h}) \tag{5-46}$$

若 $h = 0$，则容器内液体"泄空"所需的时间

$$t = \frac{2A_1\sqrt{h_0}}{A_2\sqrt{2g}} = \frac{2A_1h_0}{A_2\sqrt{2gh_0}} = \frac{2A_1h_0}{Q_0} \qquad (5\text{--}47)$$

式中，$Q_0 = A_2\sqrt{2gh_0}$，相当于在恒定水位情况下的孔口恒定出流量；A_1h_0 是容器中所放出的液体总量。由此可见，对于等截面直柱形容器的孔口出流，准定常出流"泄空"的时间正好是定常放出相同液体所需要时间的两倍。

按相同的方程也可以研究液体"充满"容器的准定常流动。如果从小孔口进流速度按瞬时定常流动计算，则式（5–45）和式（5–46）仍有效。式（5–46）则表示从 h 充满到 h_0 所需要的时间。

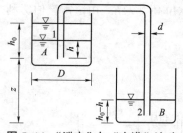

图 5–14 "泄空"与"充满"流动

例 5.7 图 5–14 所示为两个大小相同的圆柱形容器，直径均为 D，高位的圆柱体 A 内充满液体，低位的圆柱体 B 内在初始时刻无液体。现利用一根直径为 d 的虹吸管将 A 内部分液体吸到 B 中，虹吸管插入 A 内液体中的深度为 h_0，其进口端面离容器 B 底面的高度差为 z。设虹吸管内流动是不断流的一维流动，忽略一切损失，求吸完 A 内深为 h_0 的液体所需要的时间 t。

解： 本例中，按准定常流动处理的前提是 $D \gg d$。设某时刻，容器 A 内液面离虹吸管进口端面的高度为 h，根据质量守恒，B 内液深可达 $h_0 - h$（因为 A、B 直径相同）。由于在这一时刻流动可以看成是定常的，则对 A 内液面 1 处与 B 中虹吸管 2 处列伯努利方程，有

$$\frac{V_1^2}{2g} + \frac{p_a}{\rho g} + z + h = \frac{V_2^2}{2g} + \frac{p_2}{\rho g}$$

式中，$p_2 = p_a + \rho g(h_0 - h)$，且 $\dfrac{\pi}{4}d^2V = \dfrac{\pi}{4}D^2V_1$，$V$ 为虹吸管内流速，V_1 为容器 A 中液面下降速度。由于 $D \gg d$，整理后可得虹吸管内流动瞬时速度

$$V = \sqrt{2g(z - h_0 + 2h)} \qquad (5\text{--}48)$$

瞬时过流流量则为 $Q = VA$，其中 $A = \dfrac{\pi}{4}d^2$。

根据质量守恒，在 $\mathrm{d}t$ 时间内有

$$Q\mathrm{d}t = -A_1\mathrm{d}h$$

式中，

$$A_1 = \frac{\pi}{4}D^2$$

即

$$\mathrm{d}t = -\frac{A_1\mathrm{d}h}{AV} = -\frac{A_1}{A}\frac{\mathrm{d}h}{\sqrt{2g(z - h_0 + 2h)}}$$

当容器 A 内液体从 $h = h_0$ 下降到 $h = 0$ 时，所需时间

$$t = -\frac{A_1}{A}\int_{h_0}^{0}\frac{\mathrm{d}h}{\sqrt{2g(z - h_0 + 2h)}} = \frac{1}{\sqrt{2g}}\left(\frac{D}{d}\right)^2\left(\sqrt{z + h_0} - \sqrt{z - h_0}\right) \qquad (5\text{--}49)$$

本例中因为忽略一切损失，所以结果与液体种类和管路布局无关。在实际中，不同的流体及管路在通过虹吸管时受到的阻滞作用有很大的差别，故实际所需要时间都要比式（5–49）的计算结果大一些。

4. 推广到沿程有能量损失（流动阻力）的情况

如果能保证流动绝热，那么，伯努利方程也可以推广到管内沿程有能量损失的一维流动。

把沿程有能量损失并且与外界有能量交换的情况都考虑在内，可以将伯努利方程式（5–41）改写成

$$\frac{a_1 V_1^2}{2g} + \frac{p_1}{\rho g} + z_1 \pm H = \frac{a_2 V_2^2}{2g} + \frac{p_2}{\rho g} + z_2 + h_{w_{1-2}} \qquad (5-50)$$

式中，a_1、a_2 为动能修正系数，通常都取 1；$h_{w_{1-2}}$ 表示从过流截面 1 到 2 之间单位重量流体的能量损失，通常包括沿程阻力损失和局部阻力损失，其余各项含义与式（5–41）相同。

式（5–50）是应用于有黏性效应的一维管流的机械能守恒方程，我们通常称它为黏性总流的伯努利方程。

5.2.6　非定常流动中的伯努利方程

在 5.2.1 中，我们已在无黏性、流场正压和体积力有势三个条件下得到了简化的运动方程式（5–24）

$$\frac{\partial \boldsymbol{V}}{\partial t} + \nabla\left(\frac{V^2}{2} + U + P\right) + (\nabla \times \boldsymbol{V}) \times \boldsymbol{V} = 0$$

它也可以沿一条瞬时的流线积分而成为

$$\int \left[\frac{\partial \boldsymbol{V}}{\partial t} + \nabla\left(\frac{V^2}{2} + U + P\right)\right] \mathrm{d}\boldsymbol{s} = 0$$

式中，$\mathrm{d}\boldsymbol{s}$ 是一条流线上的微元弧长矢量。如果积分是从流线上的位置 1 到 2，注意到速度方向与 $\mathrm{d}\boldsymbol{s}$ 的方向始终一致，则有

$$\int_1^2 \frac{\partial \boldsymbol{V}}{\partial t} \mathrm{d}\boldsymbol{s} + \int_1^2 \mathrm{d}\left(\frac{V^2}{2} + U + P\right) = 0 \qquad (5-51)$$

如果把流动条件进一步限制在流体不可压缩、体积力只有重力，则式（5–51）变为

$$\frac{V_1^2}{2} + \frac{p_1}{\rho} + gz_1 = \frac{V_2^2}{2} + \frac{p_2}{\rho} + gz_2 + \int_1^2 \frac{\partial \boldsymbol{V}}{\partial t} \mathrm{d}\boldsymbol{s} = C(\psi, t) \qquad (5-52)$$

式（5–52）称为无黏性不可压缩流体的非定常伯努利方程。式中，z 仍然是竖直向上的高程。$C(\psi, t)$ 表示在同一时刻、沿同一条瞬时流线为常数。

与定常流动伯努利方程一样，式（5–50）可以用于二维或三维的流动，特别是用于所有的瞬时流线都来自或通过某个均匀区域的流动（即无旋流动）。它也常用于处理在管道或槽道中的非定常一维流动，此时，瞬时流线也就是管道轴线，而且不随时间变化。

对于在变截面管道或槽道中的无黏性不可压缩流体的一维非定常流动，其基本方程组为

$$\left.\begin{array}{l} AV = Q(t) \\ \dfrac{V_1^2}{2} + \dfrac{p_1}{\rho} + gz_1 = \dfrac{V_2^2}{2} + \dfrac{p_2}{\rho} + gz_2 + \displaystyle\int_1^2 \frac{\partial \boldsymbol{V}}{\partial t} \mathrm{d}s \end{array}\right\} \qquad (5-53)$$

式中，$A = A(s)$ 是管道的过流截面面积，$Q(t)$ 为瞬时体积流量。在 $Q(t)$ 和 $A(s)$ 已知的情况下，由式（5-53）可以确定沿流线任一位置 s 处的速度 V 和压强 p，也就可以确定容器中孔口非定常出流时液面的变化规律与出流时间等。

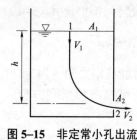

图 5-15 非定常小孔出流

例 5.8 用非定常伯努利方程求解孔口出流问题。

如图 5-15 所示，假定有一个敞口的直柱形容器，其横截面积为 A_1，侧壁下孔口的横截面面积为 A_2，出流连通大气，初始时刻容器内液面高度为 h_0。

由于所有流线都起始于容器内自由液面，所以在 t 时刻，选择一条流线 $1 \to 2$ 就可以应用式（5-53），即有

$$\left.\begin{array}{c} A_1 V_1 = A_2 V_2 \\[2mm] \dfrac{V_1^2}{2} + \dfrac{p_a}{\rho} + gh = \dfrac{V_2^2}{2} + \dfrac{p_a}{\rho} + 0 + \displaystyle\int_1^2 \dfrac{\partial V}{\partial t} \mathrm{d}s \end{array}\right\} \qquad ①$$

由于在等直柱形容器内液体同时下降，因此，沿流线 $1 \to 2$ 实际上就是从 $h \to 0$ 时整个液体以相同的 $\dfrac{\partial V_1}{\partial t}$ 下降，所以有

$$\int_1^2 \frac{\partial V}{\partial t} \mathrm{d}s = \int_0^h -\frac{\partial V_1}{\partial t} \mathrm{d}h = h \frac{\mathrm{d}V_1}{\mathrm{d}t} \qquad ②$$

将式②代入式①并整理后可得

$$\frac{V_1^2}{2}\left[\left(\frac{A_1}{A_2}\right)^2 - 1\right] - gh + h\frac{\mathrm{d}V_1}{\mathrm{d}t} = 0 \qquad ③$$

因为 $h = h(t)$，所以式③是一个关于 V_1 的一阶非线性常微分方程，或者考虑到 $V_1 = -\dfrac{\mathrm{d}h}{\mathrm{d}t}$，就得到关于 h 变化规律的方程

$$h\frac{\mathrm{d}^2 h}{\mathrm{d}t^2} - \frac{1}{2}\left(\frac{\mathrm{d}h}{\mathrm{d}t}\right)^2 \left[\left(\frac{A_1}{A_2}\right)^2 - 1\right] + gh = 0 \qquad ④$$

无论是式③或式④，它们都需要用数值方法求解，可给出的初始值条件是：$t = 0$ 时 $h = h_0$，$V_1 = -\dfrac{\mathrm{d}h}{\mathrm{d}t} = 0$。

为了观察流动的非定常效应，在这里对式③采用逐次逼近法求解。第一步先假定 $\dfrac{\mathrm{d}V_1}{\mathrm{d}t} = 0$，换言之，用准定常流结果作为零级近似，则由式③得到

$$V_1 = \left[\frac{2gh}{\left(\dfrac{A_1}{A_2}\right)^2 - 1}\right]^{\frac{1}{2}} \qquad ⑤$$

再把 V_1 看成 $V_1(t)$ 并对 t 微分；又考虑到 $V_1 = -\dfrac{\mathrm{d}h}{\mathrm{d}t}$，所以可以得到

$$h\frac{\mathrm{d}V_1}{\mathrm{d}t}=\frac{-gh}{\left(\dfrac{A_1}{A_2}\right)^2-1} \tag{⑥}$$

把式⑥代入式③得到

$$\frac{V_1^2}{2}\left[\left(\frac{A_1}{A_2}\right)^2-1\right]-gh-\frac{gh}{\left(\dfrac{A_1}{A_2}\right)^2-1}=0 \tag{⑦}$$

很容易得到式③的一级近似结果

$$V_1=\left[\frac{2gh}{\left(\dfrac{A_1}{A_2}\right)^2-1}\right]^{\frac{1}{2}}\cdot\frac{1}{\sqrt{1-\left(\dfrac{A_1}{A_2}\right)^2}} \tag{⑧}$$

由此可见，由于非定常效应，容器中液面下降的速度至少增大 $\dfrac{1}{\sqrt{1-\left(\dfrac{A_1}{A_2}\right)^2}}$ 倍，从而"泄空"容器内液体的时间至少缩短相应数量，这种效应将随 A_2/A_1 的增大而更趋明显。

5.3 动量定理及其应用

在第 4 章，由动量定理得到了流体运动的微分方程，利用微分方程组求解问题，可以得到流场中物理量的分布。在本章的前两节中，讨论了运动微分方程在一些特定条件下沿一条流线积分，可得到伯努利方程。利用伯努利方程求解问题，可以得到流动物理量（主要是速度和压力）沿流线各点或沿管道各截面的变化规律，这也是一种一维的分布。

在工程中，常常遇到这样一类流体力学问题：它不需要计算流场内每点或管道每个截面上的压力分布，而仅需要计算流体与物体之间总的相互作用力或作用力矩，那么，直接使用积分形式的动量定理或动量矩定理就比使用微分方程式或伯努利积分方便得多。

5.3.1 动量方程及其简化

在有限体积控制体上建立的关于流体运动的动量定理即

$$\frac{\partial}{\partial t}\int_{\tau}\rho V\mathrm{d}\tau+\oint_{A}\rho V(V\cdot n)\mathrm{d}A=\sum F \tag{5-54}$$

在此方程中：①只对惯性坐标系成立，即控制体 τ 必须相对于惯性坐标系固定；②目前的形式与流体黏性无关，即有黏性影响时也成立；③ $\sum F$ 是指作用于控制体内流体上所有外力的矢量和。由于控制体是人为选定的，方程本身又允许 τ 内流体物理量不连续，所以也允许控制体内尚有其他物体存在，从而 $\sum F$ 就包括下列两种情况：

$$\left.\begin{array}{l}\displaystyle\int_{\tau}\rho f\mathrm{d}\tau+\oint_{A}p_n\mathrm{d}A\,(\tau内只有流体)\\[3mm]\displaystyle\int_{\tau}\rho f\mathrm{d}\tau+\oint_{A}p_n\mathrm{d}A+R\,(\tau内含有其他物体)\end{array}\right\} \tag{5-55}$$

式中，R 是控制体 τ 内所含物体对流体的总作用力（反作用力）。

式（5–55）是一个矢量方程，可以在选定坐标系下写成标量形式方程。例如在直角坐标系中有

$$\left.\begin{array}{l} \dfrac{\partial}{\partial t}\displaystyle\int_{\tau}\rho u\mathrm{d}\tau+\oint_{A}\rho u(V\cdot n)\mathrm{d}A=\sum F_x \\[3mm] \dfrac{\partial}{\partial t}\displaystyle\int_{\tau}\rho v\mathrm{d}\tau+\oint_{A}\rho v(V\cdot n)\mathrm{d}A=\sum F_y \\[3mm] \dfrac{\partial}{\partial t}\displaystyle\int_{\tau}\rho w\mathrm{d}\tau+\oint_{A}\rho w(V\cdot n)\mathrm{d}A=\sum F_z \end{array}\right\} \qquad (5\text{–}56)$$

上述动量方程在某些特定条件下可以简化为下述几种情况。

（1）如果流动定常，则变为

$$\oint_{A}\rho V(V\cdot n)\mathrm{d}A=\sum F \qquad (5\text{–}57)$$

（2）如果所选择的控制面 A 中只有一个面 A_2 允许流出，一个面 A_1 允许流入，其流动又是定常的，则变为

$$\oint_{A_2}\rho_2 V_2(V_2\cdot n_2)\mathrm{d}A_2-\oint_{A_1}\rho_1 V_1(V_1\cdot n_1)\mathrm{d}A_1=\sum F \qquad (5\text{–}58)$$

式中，n_1 已改为面 A_1 上内法线方向。

（3）如果在（2）的条件上再附加：A_1 和 A_2 面上的流动物理量均匀或按截面平均量计算，则有

$$Q_{m_2}V_2-Q_{m_1}V_1=\sum F \qquad (5\text{–}59)$$

式中，Q_{m_1} 和 Q_{m_2} 分别为面 A_1 和 A_2 的质量流量。当截面 1 和截面 2 之间没有质量的增加或减少时，$Q_{m_1}=Q_{m_2}=Q_m$，则式（5–59）可变为

$$Q_m(V_2-V_1)=\sum F \qquad (5\text{–}60)$$

如果选择直角坐标系，则式（5–60）可变为

$$\left.\begin{array}{l} Q_m(u_2-u_1)=\sum F_x \\[2mm] Q_m(v_2-v_1)=\sum F_y \\[2mm] Q_m(w_2-w_1)=\sum F_z \end{array}\right\} \qquad (5\text{–}61)$$

5.3.2　动量方程的应用

在应用动量方程时需要注意两个关键步骤：第一步要选择好控制体，把要研究的问题集中在控制面上，尽量减少未知量的个数；第二步是正确选择坐标系，尽量减少方程的个数，列标量形式方程时注意外力的作用方向、速度的方向以及它们投影的正负。

例 5.10　流体作用于弯管上的力。

当流体流过弯管时，由于流动方向改变，流体的动量也将变化，而且随着管道截面的变化，速度的大小也随着变化，所以在流体与管道之间必定作用着附加力。在整个弯管段中，求这个总附加力的最简便的方法就是应用动量定理。

图 5–16 所示为液体对弯管的作用力。已知弯管由进口截面①处直径为 d_1 逐渐变细到出口截面②处的直径 d_2，同时弯转角度为 θ。过流液体密度为 ρ，过流体积流量为 Q。假定流动为定常一维流动，进、出口过流截面上的相对压强为 p_1 和 p_2，整个弯管在水平面内。现在要计算流体作用于弯管上合力的大小和方向。

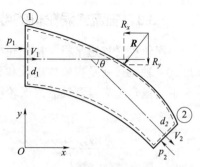

图 5–16　液体对弯管的作用力

解：第一步，旋转控制体如图 5–16 中虚线所示，控制面为弯管内壁面、进出口过流截面。现在过流截面上的压强是已知的，速度可由连续性方程给出，即

$$V_1 = \frac{Q}{\frac{\pi}{4}d_1^2} , \ V_2 = \frac{Q}{\frac{\pi}{4}d_2^2}$$

在内壁面上存在表面力，它们的合力就是流体对弯管的作用合力。设弯管对水流的反作用力为 R，图 5–16 中已在控制面上标注了所有物理量。

第二步，选择合适的坐标系列出动量方程。根据本例中的流动位形，选择图 5–16 所示直角坐标系，则 x 方向动量方程为

$$\rho Q(u_2 - u_1) = \sum F_x \qquad ①$$

根据所选坐标系有 $u_2 = V_2 \cos\theta$，$u_1 = V_1$，则

$$\sum F_x = p_1 \frac{\pi}{4}d_1^2 - p_2 \frac{\pi}{4}d_2^2 \cos\theta - R_x \qquad ②$$

y 方向动量方程为

$$\rho Q(v_2 - v_1) = \sum F_y \qquad ③$$

现在将

$$v_2 = -V_2 \sin\theta , \ v_1 = 0$$

$$\sum F_y = p_2 \frac{\pi}{4}d_2^2 \sin\theta - R_y$$

代入③，可得

$$R_y = p_2 \frac{\pi}{4}d_2^2 \sin\theta + \rho Q V_2 \sin\theta \qquad ④$$

由式②和式④就可以求出合力 R 的大小和方向，进而求出流体对弯管的作用力 $F = -R$。

通过本例，有几个问题需要讨论：

（1）在过流截面上采用相对压强是因为在流体与固壁面的交界面上也存在大气压强作用，所以控制面上所有大气压强作用抵消；

（2）由于弯管处于水平面内，重力作用与流动无关，所以动量方程的 $\sum F$ 中只有表面力的合力。在原始的方程中，这个表面力是可以包含黏性切应力的。现在将合力笼统地计作 R，黏性影响就体现在 p_1 和 p_2 上。换言之，在 V_1 和 V_2 已知的情况下，p_1 和 p_2 中只能给出一个，另一个要用伯努利方程来求；涉及黏性时，就要用黏性流的伯努利方程来求。

（3）力和速度的投影一定要注意正负，例如本例中 v_2 在 y 方向上的投影应为 $v_2 = -V_2 \sin\theta$。

5.3.3　轴流式涡轮机的欧拉方程

涡轮机又称透平机。按涡轮机流道中流体的运动方向分，有轴流、径流、混流或斜流等形式。轴流式就是指流体进入和离开叶轮时基本上和转轴平行，如图 5-17（a）所示。现在应用动量定理来得到轴流式涡轮机的欧拉方程，它是一个说明其工作原理的基本方程。

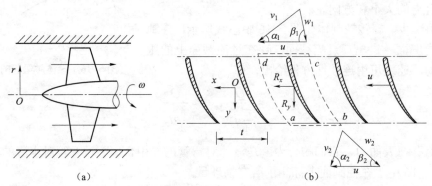

图 5-17　轴流式涡轮机工作原理

如果以轴线为中心，则用一个圆柱面切割叶轮，然后平面展开就成为如图 5-17（b）所示的平面翼栅，它由一组形状相同、互相平行的流线型叶片剖面（称为翼型）组成。叶片与叶片间的间距称为栅距，用 t 表示。由于流动是轴向的，所以只要叶片足够长（高），叶片数量足够多，则每一个圆柱面上的流动都基本相似。因此，取叶片高度方向为 1，流动就可以在平面翼栅上按平面流动来分析。

取图 5-17 所示直角坐标系与翼栅固定，只要转速恒定，则此坐标系是一个以牵连速度 u 平移的惯性坐标系。选取如虚线所示控制体 $abcd$，cd 和 ab 是流动的进口截面和出口截面，ad 和 bc 为相邻叶片通道的中心流线（面）。

设截面 cd 和 ab 上流体的平均绝对速度为 V_1 和 V_2，与叶片运动方向所成的方向角为 α_1 和 α_2；两截面上的牵连速度都是 u，于是可画出进出口速度三角形（如图 5-17 所示），其中 β_1 和 β_2 称为叶片安装角，它保证相对速度 w_1 和 w_2 与运动叶片面相切。可想而知，随着叶片高度增加，牵连速度会增加，而绝对速度都基本不变，因而，相对速度的变化会造成 β 角的变化。故为了保证在每一个圆周截面上相对速度与运动叶片相切，就要将叶片沿高度逐渐扭曲。

现假定流体在叶片通道中的流动是无黏性一维流动，设进出口截面上的平均压强为 p_1 和 p_2，作用在两中心流面 ad 和 bc 上的压强分布正好反对称，互相抵消，忽略重力，则可以应用动量定理式（5-59）得到轴向（x 方向）平衡方程

$$R_x = Q_m(V_{2x} - V_{1x})$$

和轴向（y 方向）平衡方程

$$R_y = Q_m(V_{2y} - V_{1y}) + (p_2 - p_1)t$$

式中，$Q_m = \rho V_{1y}$，$t = \rho_2 V_{2y} t$，R_x 和 R_y 分别是单位高度叶片对流体的反作用力分量。

单位时间内动叶轮对流体所做的机械功率为

$$N = R_x \cdot u = Q_m u(V_{2x} - V_{1x})$$

化成单位时间内动叶轮对单位重量流体所做的机械功率为

$$H = \frac{u}{g}(V_{2x} - V_{1x}) = \frac{u}{g}(V_{2u} - V_{1u}) \tag{5-62}$$

式中，$V_{2u} = V_{2x}$，$V_{1u} = V_{1x}$ 是为了强调说明它们是绝对速度的轴（切）向分量。

式（5-62）称为轴流式涡轮机的欧拉方程，H 的含义与式（5-41）和式（5-50）中的 H 相同，即表示流体通过涡轮机时，单位重量流体与涡轮机之间的能量（圆周功率）授受关系。如果 $H > 0$，则表示涡轮机对流体做功，流体获得能量，如轴流压缩机、轴流泵、轴流风机等；如果 $H < 0$，则表示流体对涡轮机做功，推动叶轮等角速度旋转，流体输出能量，如汽轮机、燃气轮机和水轮机等。

由于动叶轮在轴向不运动，所以轴向的推力 R_y 不做功。如果把控制体取在两个叶片间的通道中不包围叶片，则可以由可压缩流伯努利方程说明动叶片进出口流体的相对总焓（即总能量）保持不变。如果这个叶轮一边旋转，一边又有轴向运动，则不仅有轴向推力，而且有推力功率，如例 5.11 中的螺旋桨。

为轴流式叶轮中简单设计工况计算时，常采用平面翼栅理论中一维流动模型或绕一个叶型的平面流动模型。精确分析计算必须考虑到沿叶高方向的流动，此时要用准三维或三维流动理论。

例 5.11　阐述螺旋桨工作原理。

螺旋桨是一种推动物体在流体中前进的装置，广泛应用于航空与船舶工程。它的工作原理是：通过外部动力（如发动机或电动机）带动流体中的螺旋桨旋转，不断对流体输入能量以提高流体的速度和压力，从而导致流体动量变化以产生推力或牵引力。

如果螺旋桨一面定常旋转，一面又随物体以速度 V_1 在静止流体中做匀速直线运动，那么，根据相对性原理，其作用相当于流体以等速度 V_1 逐渐加速流过一个固定的螺旋桨，类似于一台电风扇。

如图 5-18 所示，在离螺旋桨较远的上游截面①处，流动参数 p_1、V_1 均匀。逐渐趋近螺旋桨时，根据伯努利方程，速度不断增加，压强逐渐减小，我们将其近似看成一个有滑流边界的加速区。到达螺旋桨前侧截面②处，平均速度为 V_2，压强为 p_2。流体通过螺旋桨时，螺旋桨对流体做功，使流体获得能量，在截面③处的压强提高到 p_3，但速度不变（因质量守恒）。随后一段距离内，压强逐渐减小，压力势能转化为动能，速度逐渐增加，延续了前侧的加速，在后侧又是一个有滑流边界的加速区，直到下游截面④处，压强 $p_4 = p_1$（降到最小值），平均速度达到最大值 V_4。

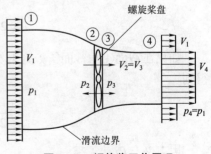

图 5-18　螺旋桨工作原理

现在已知螺旋桨外缘的直径 D 和设计通过螺旋桨的体积流量 Q，已知流体密度 ρ、螺旋桨前方的流体压强 p_1 和运动速度 V_1，忽略流体在越过螺旋桨时造成的扭转现象，忽略黏性和重力影响，用一个螺旋桨盘面代替螺旋桨，求螺旋桨所能产生的推力 T。

解：由于积分形式的动量定理表达式中允许流体物理量不连续，因此，如果所取控制体由截面①、截面④与滑流边界所围成，则由动量定理可以得到（四周压力相同都抵消）：

$$T = \rho Q(V_4 - V_1) \tag{5-63}$$

或者控制体由截面②、截面③及桨盘外缘围成，则又可以写成

$$T = (p_3 - p_2)\frac{\pi}{4}D^2 \qquad (5-64)$$

上述两式中的未知量可以通过伯努利方程来得到。

对截面①、截面②处列伯努利方程，有

$$\frac{V_1^2}{2} + \frac{p_1}{\rho} = \frac{V_2^2}{2} + \frac{p_2}{\rho}$$

即

$$p_2 = p_1 + \frac{\rho}{2}(V_1^2 - V_2^2) \qquad (5-65)$$

对截面③、截面④处列伯努利方程，有

$$\frac{V_3^2}{2} + \frac{p_3}{\rho} = \frac{V_4^2}{2} + \frac{p_4}{\rho}$$

考虑到 $V_2 = V_3$，$p_1 = p_4$，可以得到

$$p_3 = p_1 + \frac{\rho}{2}(V_4^2 - V_1^2) \qquad (5-66)$$

代入式（5-64）得到

$$T = \frac{\rho}{2}(V_4^2 - V_1^2)\frac{\pi}{4}D^2$$

记 $\frac{\pi}{4}D^2 = A$，则由上式和式（5-63）可以得到 V_4 和 T，即

$$V_4 = \frac{2Q}{A} - V_1 \text{ 或 } V_2 = \frac{V_4 + V_1}{2} \text{ （因为 } \frac{Q}{A} = V_2 \text{）}$$

$$T = 2\rho Q\left(\frac{Q}{A} - V_1\right) = 2\rho Q(V_2 - V_1) \qquad (5-67)$$

如果在截面①与截面④处列伯努利方程，就要考虑到中间有能量交换，根据式（5-41）得到

$$\frac{V_1^2}{2g} + \frac{p_1}{\rho g} + H = \frac{V_4^2}{2g} + \frac{p_4}{\rho g}$$

由于 $p_1 = p_4$，于是

$$H = \frac{1}{2g}(V_4^2 - V_1^2) = \frac{1}{g}V_2(V_4 - V_1)$$

流体从螺旋桨中获得的总功率则为

$$N_0 = \rho g Q H = \rho g V_2(V_4 - V_1)$$

而流体所产生的推力功率（即输出功率）为

$$N = T \cdot V_1 = \rho Q V_1(V_4 - V_1)$$

因而，螺旋桨的理论效率为

$$\eta = \frac{N}{N_0} = \frac{V_1}{V_2} \tag{5-68}$$

由式（5-67）可见，想要推力大，就需要 Q 大或 $V_2 - V_1$ 大；但从式（5-68）可见，当 $V_2 - V_1$ 大时，效率就低，这说明系统存在优化问题，要综合考虑推力和效率。

螺旋桨内部流场的计算是一个复杂的三维流动问题，目前都采用数值解法。

5.3.4　非惯性坐标系中的动量定理

仿照式（5-54），可以得到在非惯性坐标系中积分形式的动量方程

$$\frac{\partial}{\partial t}\int_{\tau}\rho V_{\tau}\mathrm{d}\tau + \oint_{A}\rho V_{\tau}(V_{\tau}\cdot\boldsymbol{n})\mathrm{d}A = \sum\boldsymbol{F} \tag{5-69}$$
$$= \int_{\tau}\rho\left(\boldsymbol{f} - \boldsymbol{a_0} - \boldsymbol{\omega}\times(\boldsymbol{\omega}\times\boldsymbol{r}) - \frac{\mathrm{d}\boldsymbol{\omega}}{\mathrm{d}t}\times\boldsymbol{r} - 2\boldsymbol{\omega}\times\boldsymbol{V_{\tau}}\right)\mathrm{d}\tau + \oint_{A}p_n\mathrm{d}A$$

与惯性坐标系下的动量方程式（5-54）相比，在体积力中增加了四项惯性力，同时，控制体 τ 与非惯性系固结，V_r 为相对速度。如果 τ 还包含其他物体，则还要在 $\sum\boldsymbol{F}$ 中增加一项所含物体对流体反作用合力 $\boldsymbol{R}$。

式（5-69）也可以在某些特定条件下简化。例如，当相对运动定常、流体只允许在一个过流截面流入，在另一个过流截面流出且在过流截面上相对流动参数均匀时，则有

$$Q_{m_2}V_{r2} - Q_{m_1}V_{r1} = \sum\boldsymbol{F} \tag{5-70}$$

例 5.12　如图 5-19 所示，有一火箭初始总质量为 M_0。开始燃烧后，每单位时间的燃料消耗量，也就是单位时间的排气量为 Q_{me}，平均排气压强为 p_{e}，排气面积为 A_{e}，相对于火箭的平均排气速度为 V_{e}。假定 Q_{me}、V_{e}、p_{e} 为常数，忽略排气流动的黏性影响，设火箭飞行时空气阻力为 D，求火箭垂直向上发射的初始加速度 a_0。

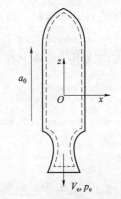

图 5-19　火箭发射示意图

解：本例中，应先求出火箭发动机所产生的推力 T。因为火箭发射后做竖直向上的加速运动，因此，宜用非惯性系中的动量方程。取动坐标系中的控制体如图 5-19 中的虚线所示，由于火箭内相对运动定常，相对动量几乎不变，则根据式（5-69）和式（5-70），可得

$$\frac{\partial}{\partial t}\int_{\tau}\rho V_{\tau}\mathrm{d}\tau = 0$$

而且

$$\oint_{A}\rho V_{\tau}(V_{\tau}\cdot\boldsymbol{n})\mathrm{d}A = -Q_{\mathrm{me}}V_{\mathrm{e}}$$
$$\sum F_z = (p_{\mathrm{e}} - p_{\mathrm{a}})A_{\mathrm{e}} + \int_{\tau}\rho(-g - a_0)\mathrm{d}\tau + \int_{A-A_{\mathrm{e}}}-(p - p_{\mathrm{a}})\boldsymbol{n}\mathrm{d}A$$

记

$$\int_{A-A_{\mathrm{e}}}-(p - p_{\mathrm{a}})\boldsymbol{n}\mathrm{d}A = -T$$

式中，T 指流体对火箭的推力。因为上式在积分时将水平方向的力相互抵消，所以只剩竖直

向上的推力。设火箭总质量 $M_0 = M_{01} + M_{02}$ ，其中 M_{02} 是需要消耗燃料和助燃剂的初始总质量，于是

$$\int_\tau \rho(-g-a_0)\mathrm{d}\tau = -(g+a_0)\int_\tau \rho\mathrm{d}\tau = -(g+a_0)(M_{02}-Q_{\mathrm{me}}t)$$

整理后得到火箭竖直发射时的推力为

$$T = Q_{\mathrm{me}}V_{\mathrm{e}} + (p_{\mathrm{e}} - p_{\mathrm{a}})A_{\mathrm{e}} - (g+a_0)(M_{02}-Q_{\mathrm{me}}t) \tag{5-71}$$

现在可以根据牛顿运动定律来求火箭发射时的初始加速度 a_0 ，即

$$M_{01}a_0 = T - D - M_{01}g$$

代入相关数据后得到

$$a_0 = \frac{\mathrm{d}V_0}{\mathrm{d}t} = \frac{Q_{\mathrm{me}}V_{\mathrm{e}} + (p_{\mathrm{e}} - p_{\mathrm{a}})A_{\mathrm{e}} - D}{M_0 - Q_{\mathrm{me}}\cdot t} \tag{5-72}$$

这就是火箭质心运动的微分方程。从流体力学的角度看，V_{e} 、p_{e} 和 Q_{me} 要通过火箭发动机内部流场的计算才能得到；阻力 D 要通过火箭外部绕流流场的计算才能得到；同时，推力 T 和阻力 D 还需要通过试验或实验来验证。

习　题

5.1　如图 1 所示，在一个水平放置的等截面细直空管道中，有一段长为 $2a$ 的液体，液体两边与空气接触，压力均为 p_0 。设液体受到一个力 $F_x = -kx$ （k 为常数）的作用而产生运动，假定运动是无黏性不可压缩一维非定常的。试从一维流动的基本方程出发，求此段液体的运动规律及液体中各点的压力。

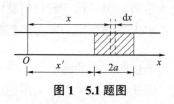

图 1　5.1 题图

5.2　试用非定常的伯努利积分式重解习题 5.1.

5.3　在充满整个空间的不可压缩液体中，有一个半径为 a 的球形气泡，设球形气泡中的相对压力为零，无穷远处液体中的压力均为 $p_\infty = \mathrm{const}$ 。当气泡突然破灭时，液体将做指向球心的径向运动，在球坐标系中就是一个一维非定常流动。现忽略黏性和体积力，假定液体密度 $\rho = \mathrm{const}$ 。

（1）证明气泡破灭时，液体中任一距球心 R 处的压力会立即降为 $p = p_\infty\left(1 - \dfrac{a}{R}\right)$ ；

（2）求气泡破灭后内液面的运动规律。

（提示：用球坐标系下简化后的流动基本方程求解）

5.4　等截面竖直管 AB 在下端 B 处分成两个等截面面积的水平管 BC 和 BD，各水平管截面面积正好是竖直管截面面积的一半。先关闭 B 处阀门，在竖直管中灌上液体，高度为 h，如图 2 所示。现同时开启两个阀门，求竖直管道中自由液面的运动规律以及竖直管内液体流

空所需要的时间。

5.5　图 3 所示为一等截面 A 的 U 形细管，两端开口通大气，管中为一种无黏性不可压缩液体，管内液体总长度为 L。假定在初始时刻 $t=0$，管中液体处于静止状态，且两边的自由液面位置高度差为 h；随后管内液体将在重力作用下发生震荡。设液体密度为 ρ，求其震荡规律。

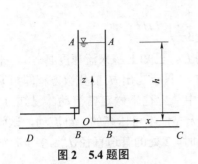

图 2　5.4 题图

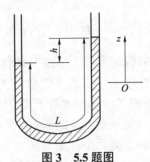

图 3　5.5 题图

5.6　有一个圆球形物体淹没在无边界的不可压缩静止流体中。若球半径以某种规律 $R_1 = R_1(t)$ 随时间变化，使球形物体同心地膨胀或收缩，从而造成球体周围的流体做镜像放射状非定常流动。设离球体无穷远处（实则足够远）的流体压力为 p_∞，忽略体积力，求球面上和流场中的流体压力。

5.7　如图 4 所示，大容器内液体通过底部一圆管排放。圆管直径为 D，长度为 L，出口 2 处装有一阀门，初始时刻（$t=0$）时阀门紧闭，容器内自由液面 1 处高度为 h。随后，阀门突然完全打开排液。假定容器足够大，可忽略容器中液面下降速度。而圆管水平细直，可假定管内流动为无黏性不可压缩的一维非定常流动。设容器内液面上方 1 处和圆管出口 2 处均为大气压力 p_a，试求：

（1）出流体积流量随时间的变化规律；

（2）记稳定出流速度 $V_2 = \sqrt{2gh}$，取 $L = 500\,\mathrm{m}$，$h = 50\,\mathrm{m}$，求出口速度达到 $V_2 = 0.95$ 时所需要的时间。

5.8　图 5 所示为一圆管型吹风实验设备（又称风洞），稳流段直径 $D = 1\,\mathrm{m}$，工作段直径为 $d = 0.4\,\mathrm{m}$，用倾斜式微压计测得水液面高度差 $h = 0.1\,\mathrm{m}$，风洞中空气密度 $\rho = 1.25\,\mathrm{kg/m^3}$，测压计中水的密度为 $1\,000\,\mathrm{kg/m^3}$，假定风洞中的流动为无黏性不可压缩一维定常流动。求工作段中气流速度 V_2。

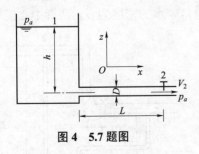

图 4　5.7 题图

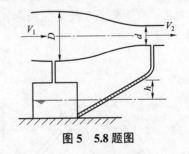

图 5　5.8 题图

5.9　在水利工程中常用筑堰的方法来测量敞口渠道（明渠）中的水的流量。所谓堰就是在渠道中放置一个障碍物，使上游水位抬高。在水溢堰身时，只要测出堰的最高点处的水深，即可以根据伯努利方程算出渠道中的流量。图 6 所示为一种宽顶堰，假定渠中的流动是无黏性不可压缩定常一维流动，过流截面 1、2、3 处都是缓变流截面，截面上的压力遵循静压分布规律，来流速度 $V_1 \approx 0$，堰身水平，堰宽（垂直纸面方向）为 L。

（1）试证明渠道中理论体积流量 $Q = Lh\sqrt{2g(H-h)}$，h 为堰顶水深，H 为上游高出堰顶的水深；

（2）证明当 $h = \dfrac{2}{3}H$ 时，Q 有最大值 $Q_m = \dfrac{2}{3}\left(\dfrac{2}{3}g\right)^{\frac{1}{2}} LH^{\frac{3}{2}}$；

（3）如果假定渠道上下游与堰体等宽，均为 L。已知上游来流速度 $V_1 \neq 0$，来流体积流量为 Q，水深为 H_1，试求下游截面 3 处的水深 H_3（只要写出 H_3 的代数方程即可）。

5.10 如图 7 所示，水在竖直的变截面圆管中从上往下做定常流动。已知 1 处的管径 $d_1 = 0.3\,\text{m}$，平均流速 $V_1 = 2\,\text{m/s}$。现假定流动为无黏性不可压缩的一维流动，试问在高度差 $h = 2\,\text{m}$ 的 1 和 2 处两个截面上压力表的读数相同时，2 处的管道直径 d_2 为多少？如果流动改为由下往上流动，对结果有影响吗？

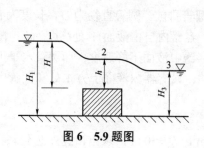

图 6　5.9 题图

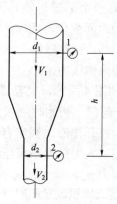

图 7　5.10 题图

5.11 如图 8 所示，虹吸管源源不断地将水从上游水库 A 处输送到堤外 B 处供农田灌溉用。虹吸管直径为 $d = 50\,\text{mm}$，出口与水库液面差 $H_2 = 4\,\text{m}$，而虹吸管最高点 C 处离水库液面高度 $H_1 = 2\,\text{m}$。设虹吸管内流动为一维定常，忽略一切损失，求通过虹吸管的流量和 C 处的流体压力。请考虑在初始时刻，如何使虹吸管中流体流动？

5.12 如图 9 所示，用水泵将水从低管提升到高管，低管截面 1 处的过流面积为 A_1，平均流速为 V_1；高管截面 2 处的面积为 A_2，平均流速为 V_2，水的密度为 ρ，两管中心线相对某

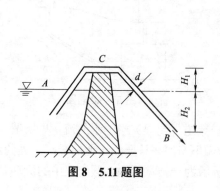

图 8　5.11 题图

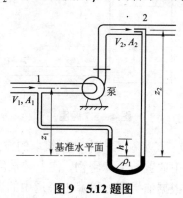

图 9　5.12 题图

个基准水平面的高程分别为 z_1 和 z_2；截面上的压力分布分别用静压管和皮托管测量，相连的 U 形管内液体的密度为 ρ_1，液面差为 h。假定管路中的流动为无黏性不可压缩一维定常流动，如果通过泵的体积流量为 Q，试求泵所需要的理论功率。

5.13　一股水射流从一圆管平行射出并垂直冲击到一块固定平板上，如图 10 所示。假定流动为不可压缩定常，忽略体积力。圆管出口射流的理论速度分布为

$$V = V_m \left(1 - \frac{r}{R} \right)^{\frac{1}{7}}$$

式中，V_m 为中心轴线上已知的最大速度，R 为圆管半径，r 为径向坐标。流体密度为 ρ。
（1）求射流冲击平板的推力；
（2）求射流截面的平均速度 v，然后用 v 重算推力并求两者的相对误差。

5.14　为了测定有黏性不可压缩流体绕流圆柱时的阻力系数 C_D，将一个直径为 d、单位长度的圆柱体放在一个水平的低速水槽中进行速度的测量，测得结果如图 11 所示。在前方截面 1 上来流速度均匀，在后方截面 2 上由于圆柱尾流影响不再是均匀分布，所以在 $4d$ 宽度内近似为直线性分布。且在截面 1、截面 2 上压力都为 p_1。试求圆柱体阻力 D 和阻力系数 C_D：

$$C_D = \frac{D}{\frac{1}{2}\rho V_1^2 d}$$

式中，D 为圆柱体的阻力，ρ 为流体密度，V_1 为来流速度。

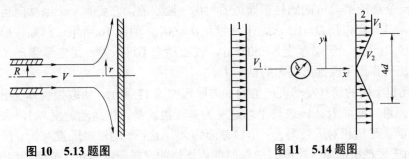

图 10　5.13 题图　　　　　　　　图 11　5.14 题图

5.15　水射流以 $19.8\,\text{m/s}$ 的速度从直径 $d = 100\,\text{mm}$ 的喷口射出，冲击着一固定的对称叶片。如图 12 所示，叶片的出口边折转角 $\alpha = 135°$，假定流动为无黏性不可压缩一维定常，不计体积力，试求水流对叶片的冲击力。若叶片以 $12\,\text{m/s}$ 的速度向右后退，而喷水情况不变，则水流对叶片的冲击力又为多大？

5.16　水流定常通过一固定弯管，如图 13 所示。已知过流水量为 $Q = 0.5\,\text{m}^3/\text{s}$，过流截

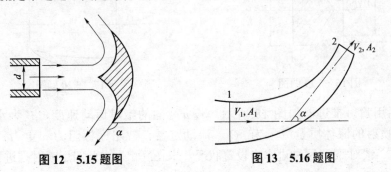

图 12　5.15 题图　　　　　　　　图 13　5.16 题图

面 $A_1 = 0.06\,\mathrm{m}^2$，$A_2 = 0.03\,\mathrm{m}^2$，折转角 $\alpha = 30°$，水的密度 $\rho = 1\,000\,\mathrm{kg/m}^3$。假定流动为不可压缩一维定常的，截面 A_2 出口连通大气，忽略黏性和体积力，试求固定此弯管所需的力。

5.17   图 14 所示为一安全阀，阀座直径 $d = 25\,\mathrm{mm}$，当油流相对压力 $p_1 = 5 \times 10^6\,\mathrm{N/m}^2$ 时阀的开度 $x = 5\,\mathrm{mm}$，体积流量 $Q = 0.01\,\mathrm{m}^3/\mathrm{s}$，弹簧刚度 $k = 20\,\mathrm{N/mm}$。假定进出阀道的流动为无黏性不可压缩一维定常流动，出流连通大气，忽略体积力，求油液的出流角 θ。

5.18   图 15 所示为一圆柱滑阀，阀腔长为 L，截面面积为 S。进出口平均流速分别为 V_1 和 V_2，体积流量为 Q，阀腔内平均流速 $V = V(t)$，沿 x 轴正方向。设油液密度 $\rho = \mathrm{const}$，出口截面处相对压力为零，不计阻力和重力，试求油液对阀芯的轴向（x 方向）作用力。（注意阀腔中油液还有惯性力）

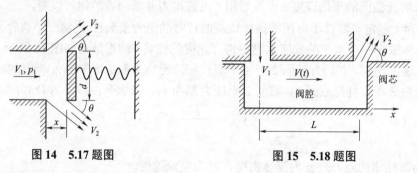

图 14   5.17 题图　　　　　　图 15   5.18 题图

5.19   一个直径 $d = 1\,\mathrm{m}$ 的圆柱形通道喷射出一股水流，它受到一个沿轴向运动的圆锥形阀门的控制，其锥底直径 $D = 1.5\,\mathrm{m}$，半顶锥角 $\theta = 60°$，如图 16 所示。已知柱形通道上流体压力 $p_1 = 1.05 \times 10^5\,\mathrm{Pa}$，流层厚度 $b = 60\,\mathrm{mm}$。设流动为不可压缩一维定常流动，忽略摩擦力和重力，求流体作用于圆锥形阀上的轴向力。

5.20   飞机上用的喷气发动机产生的推力原理如图 17 所示，所取控制体（虚线）相对于发动机固结。进口截面为 A_1，进气平均速度为 V_1（也就是飞机运动速度 V），进气质量流量为 m_1，A_1 截面上平均相对压强为 p_1；出口截面为 A_2，A_2 上平均相对压强为 p_2，出口速度为 V_2（也就是相对于发动机的喷气速度）。单位时间内燃烧的燃料质量为 m_2，忽略摩擦阻力和重力，试证明发动机所受到的推力 T，即

$$T = (m_1 + m_2)V_j - m_1 V + (p_2 A_2 - p_1 A_1)$$

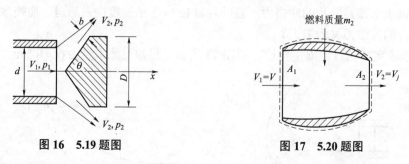

图 16   5.19 题图　　　　　　图 17   5.20 题图

5.21   船用喷射推进器如图 18 所示。设 u 为船的绝对运动速度，V_j 为水相对于船的喷射速度。喷射的流体质量流量为 ρQ。流动定常，忽略摩擦阻力和重力，进、出口水的压力相等。试对下列两种进水口设置状况，求在静止水中此船用喷射推进器的效率 η：

$$\left(\eta = \frac{\text{推力做功功率}}{\text{单位时间内泵所供给的能量}}\right)$$

（1）进水口设置在面对运动方向的船头；

（2）进水口设置在与运动垂直的船腹。

5.22　图 19 所示为水平圆管内不可压缩流动的定常流动。进口截面 O 处速度均为 U_0，在下游 x 截面处以后都是旋转抛物面速度分布：$U_1 = A(r_0^2 - r^2)$，其中 A 是待定常数，r_0 为圆管半径，r 为矢径，试证明在 $O-x$ 截面间作用在管壁上的黏性总阻力

$$F_D = \pi r_0^2 \left(p_0 - p_1 - \frac{1}{3}\rho U_0^2\right)$$

式中，p_0 和 p_1 分别为截面 O 和截面 x 上的平均流体压强，ρ 为流体密度。

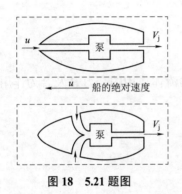

图 18　5.21 题图

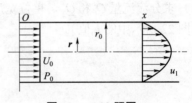

图 19　5.22 题图

5.23　密度 $\rho = 1\,000\ \text{kg/m}^3$ 的水一维定常流过一个变截面直角弯管，如图 20 所示。已知过流截面 1 处的截面面积 $A_1 = 0.04\ \text{m}^2$，平均表压 $p_1 = 5.5 \times 10^4\ \text{Pa}$，过流截面 2 处的截面面积 $A_2 = 0.02\ \text{m}^2$，过流体积流量 $Q = 0.1\ \text{m}^3/\text{s}$，忽略流体损失和重力，求支撑这段弯管的力 $\boldsymbol{R}$。

5.24　如图 21 所示，密度为 ρ 的无黏性不可压缩流体定常通过一个水平分叉管道，进口过流截面面积为 A，两个出口过流截面面积均为 $A/4$，两叉道交角为 α，假定进出口流动参数均匀，进口平均绝对压力为 p_1，两出口均为大气压 p_a，忽略重力和流动损失。

（1）求证两出口的平均速度相等；

（2）求流体作用于该分叉管道上的合力 $\boldsymbol{F}$。

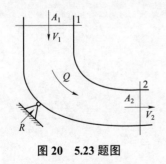

图 20　5.23 题图

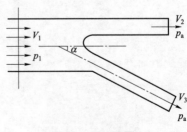

图 21　5.24 题图

5.25　一股无黏性不可压缩平面射流水平冲击固定的光滑平板，平板倾斜角为 θ，如图 22 所示。已知入射流平均速度为 V_0，体积流量为 Q_0，入射流截面宽度为 b_0。射流冲击平板

后不回弹，沿板面而无分离分流，各流股在垂直纸面方向上的宽度均为 1。设流动定常，不计流动阻力和重力。

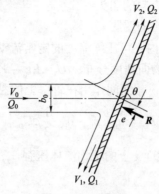

图 22　5.25 题图

（1）求证各流股平均速度相同，即 $V_0 = V_1 = V_2$；

（2）求分流流量 Q_1 和 Q_2，单位宽度平板上所受到的流体作用的合力 R 及合力作用点位置（即图 22 所示中的 e 值）。

第六章
黏性不可压缩流体的一维流动

6.1 黏性流体运动的两种流态——层流和湍流

6.1.1 雷诺实验

黏性流体的运动存在着两种完全不同的流动状态：层流状态和湍流状态。为了说明这两种状态的差异，首先观察雷诺于 1883 年所做的圆管内流动的实验。

实验装置如图 6-1 所示。实验时保持水箱中水位的基本稳定，然后将阀门 A 微微开启，使少量水流经玻璃管，管内平均速度 V 很小。为了观察流动状态，这时将染色液体容器的阀门 B 也微微开启，使一股很细的染色液体注入玻璃管内，便可以在玻璃管内看到一条细直而鲜明的有色流束，而且不论染色液体在玻璃管内的什么位置，它都呈直线状，如图 6-2（a）所示。这说明管中的水流都是稳定地沿轴向运动，管中的流线之间层次分明，互不掺混，流体质点没有垂直于主流方向的横向运动，所以染色液体和周围的水没有混杂，我们称这样的流动为层流。

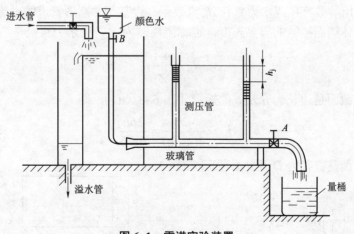

图 6-1 雷诺实验装置

如果把 A 阀缓慢逐渐开大，管中水流速度 V 也将逐渐增大。在流速达到某个数值之后，玻璃管内的流体质点不再保持稳定而开始发生脉动，有色流束开始弯曲颤动［如图 6-2（b）

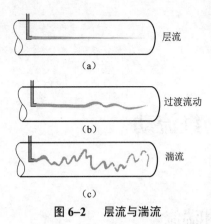

(a) 层流

(b) 过渡流动

(c) 湍流

图 6-2　层流与湍流

所示]，但流线之间仍然层次分明，互不掺混。如果阀门 A 继续开大，脉动加剧，染色液体就会完全与周围液体混杂而不再维持流束状态，如图 6-2（c）所示。此时除进口段外，流体将做复杂的、无规则的、随机的不定常运动，我们称这种流动为湍流。

当实验向相反方向进行时，即阀门 A 从全开逐渐关闭，则以上现象以相反的顺序重复出现，但由湍流转向层流时的平均流速 V 的数值要比层流转为湍流时小。流态转变时的速度称为临界流速，层流转为湍流时的流速称为上临界流速 V_c'，反之称为下临界流速 V_c。

进一步的实验还表明，如果管径 d 或流体运动黏度 ν 改变，则上、下临界流速也会随之改变。但是无论 d、ν、V_c'（或 V_c）怎样变化，量纲为 1 的数 $V_c'd/\nu$ 或 V_cd/ν 都是一定的。从层流变到湍流时的量纲为 1 的数 $V_c'd/\nu$ 称为上临界雷诺数，以 Re_c' 表示；从湍流变到层流时的量纲为 1 的数 V_cd/ν 称为下临界雷诺数，以 Re_c 表示。因此对于不同的流动情况，可以计算出流动雷诺数 Re，以其与临界雷诺数相比较，即可判断流动的状态，即当 $Re \leqslant Re_c$ 时，流动为层流；当 $Re_c < Re \leqslant Re_c'$ 时，流动为不稳定的过渡状态；当 $Re > Re_c'$ 时，流动为湍流。

雷诺通过大量实验测定得到：Re_c=2 320，Re_c'=13 800。对于下临界雷诺数，一般情况下，2 320 这个数值很难达到，仅为 2 000 左右，所以把下临界值 Re_c 取为 2 000。而上临界雷诺数，按不同的实验条件，如管壁的粗糙度不同、外界干扰情况变化等，得出的数值会差异很大。在没有干扰且管壁十分光滑的情况下，可得到 Re_c'=5×10^5。在工程上，上临界雷诺数没有实用意义，需要将下临界雷诺数作为流态的判别依据。

对于一般流动，可用雷诺数 $Re=\rho VL/\mu$ 来判定流动状态。L 为特征尺度，在潜体问题中指潜体的某一代表性尺寸，在圆管中用管道内径 d 来表示，对非圆形管道，例如环状缝隙、矩形断面等，可以用等效直径或水力直径 d_H 来表示。设某一非圆形管道的过流面积为 A，过流截面上流体与固体壁面接触的周界长度，也称湿周，为 χ，则水力直径

$$d_H = \frac{4A}{\chi} \tag{6-1}$$

例如：流道截面是边长为 a 及 b 的矩形 [图 6-3（a）]，则

$$d_H = \frac{4ab}{2(a+b)} = \frac{2ab}{a+b}$$

如果流道截面是直径为 D 及 d 的环形[图 6-3（b）]，则

$$d_H = \frac{4\left(\dfrac{\pi}{4}\right)(D^2-d^2)}{\pi(D+d)} = D-d$$

对于几种特殊形状的流道，判别流态的下临界雷诺数 Re_c 如表 6-1 所示。

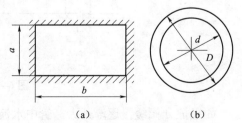

(a)　　　　　　　(b)

图 6-3　矩形和环绕流道的尺寸
（a）矩形；（b）环形

表 6–1　异形截面流道临界雷诺数

流道截面形状	正方形	正三角形	同心环缝	偏心环缝
Re_c	2 070	1 930	1 100	1 000

6.1.2　湍流的一般定义和描述

尽管在很高的 Re 下，湍流场中存在很小的湍动尺度，但这种尺度比正常大气条件下气体分子的平均自由程大得多，所以湍流场中的流体仍可视为连续介质。现有的实验结果还表明，在与湍流场最小湍动尺度相当的距离范围以及与最小脉动周期相近的时间内，湍流场中的物理量呈现出连续的变化，即这些量在空间和时间上是可微的，因而可以用常规的描述一般流体运动的方法来建立湍流场的数学模型。所以，长期以来人们将流体的运动方程 N–S 方程作为湍流运动的基本方程。换言之，湍流场中任一空间场的速度、压力、密度等瞬时值都必须满足该方程，基于 N–S 方程所得到的一些湍流理论、计算结果和实验结果相互吻合得很好。

由于湍流的复杂性，至今尚未有一个公认的定义能全面表述湍流的所有特征，但人们对湍流的认识在不断地深化，理解也逐渐全面。19 世纪初，湍流被认为是一种完全不规则的随机运动，因此雷诺首创用统计平均法来描述湍流运动。1937 年，泰勒和冯·卡门（Von Kármán）对湍流下过定义，认为湍流是一种完全不规则运动，它于流体流过固壁或相邻不同速度流体层相互流过时产生。后来欣茨（Hinze）在此之上予以补充，说明湍流的速度、压力、温度等量在时间与空间坐标中是随机变化的。从 20 世纪 70 年代初开始，很多人认为湍流并不是完全随机的运动，而是通常存在一种可以被检测和显示的拟序结构，亦称大涡拟序结构。它的机理与随机的小涡旋结构不同，它在切变湍流的脉动生成和发展中起主导作用。但是人们对这个说法仍存在争议，有人认为这种大尺度结构不属于湍流的范畴，而有人则认为这是湍流的一种表现形式。目前大多数人的观点是：湍流场由各种大小和涡量不同的涡旋叠加而成，其中最大涡尺度与流动环境密切相关，最小涡尺度由黏性确定；流体在运动过程中，涡旋不断破碎、合并，流体质点轨迹不断变化；在某些情况下，流场做完全随机的运动；在另一些情况下，流场随机运动和拟序运动并存。

6.1.3　湍流的统计平均

经典的湍流理论认为，湍流是一种完全不规则的随机运动，湍流场中的物理量在时间和空间上呈随机分布，不同的瞬时有不同的值，关注某个瞬时的值是没有意义的。因此，雷诺首创用统计平均的方法来描述湍流的随机运动，即对各瞬时量进行平均得到有意义的平均量。设某个物理量的瞬时值为 A，平均值为 $\overline{A}$，一般存在着以下的平均方法。

（1）时间平均

$$\overline{A}(x, y, z, t) = \frac{1}{T} \int_{t}^{t+T} A(x, y, z, t')\mathrm{d}t' \qquad (6\text{–}2)$$

式中，T 是时间平均的周期，它既要求比湍流的脉动周期大得多，以保证得到稳定的平均值，又要求比流体做不定常运动时的特征时间小得多，以免取平均后抹平整体的不定常性。

（2）空间平均

$$\overline{A}(x, y, z, t) = \frac{1}{\tau} \iiint_\tau A(x', y', z', t') \mathrm{d}x' \mathrm{d}y' \mathrm{d}z' \tag{6-3}$$

式中，τ 是体积。

（3）空间—时间平均

$$\overline{A}(x, y, z, t) = \frac{1}{\tau T} \int_0^T \mathrm{d}t' \iiint_\tau A(x', y', z', t') \mathrm{d}x' \mathrm{d}y' \mathrm{d}z' \tag{6-4}$$

（4）集合（系统）平均

$$\overline{A}(x, y, z, t) = \int_\Omega A(x, y, z, t, \omega) P(\omega) \mathrm{d}\omega \tag{6-5}$$

式中，ω 为随机参数，Ω 为 ω 的空间，$P(\omega)$ 为概率密度函数。

（5）数学期望

$$\overline{A}(x, y, z, t) = \sum_{n=1}^N A_n(x, y, z, t) / N \tag{6-6}$$

对于平均、平稳过程，可以由各态历经理论证明以上几种平均结果是相同的。

（6）密度加权平均

该平均一般用在可压缩流动中

$$\overline{A}(x, y, z, t) = \frac{\overline{\rho A}}{\overline{\rho}} \tag{6-7}$$

用这种平均方法，可使变密度的湍流方程经平均后有一个较简单的形式。

（7）条件采样平均

规定一个条件准则，对符合该准则的数据进行平均，例如规定一个检测函数

$$D(t) = \begin{cases} 1 & (湍流信号) \\ 0 & (层流信号) \end{cases}$$

则流场处于湍流时的平均为

$$\overline{A}_t = \lim_{N \to \infty} \left[\sum_{i=1}^N D(t_i) A(t_i) / \sum_{i=1}^N D(t_i) \right] \tag{6-8}$$

流场处于层流时的平均为

$$\overline{A}_l = \lim_{N \to \infty} \left\{ \sum_{i=1}^N [1 - D(t_i)] A(t_i) / \sum_{i=1}^N [1 - D(t_i)] \right\} \tag{6-9}$$

（8）相平均

$$\langle A(x, y, z, t) \rangle = \left[\sum_{j=1}^N A(x + x_j, y + y_j, z + z_j, t_j + \tau) \right] / N \tag{6-10}$$

式中，下标 j 表示第 j 次在 (x, y, z) 处 t 时间的事件。

有了平均量后，瞬时量 A 和 B 可以表示为

$$A = \overline{A} + A'; \quad B = \overline{B} + B'$$

式中，A'、B' 是脉动量。

对于瞬时量、平均量和脉动量的有关运算法则可以归纳为

$$\bar{\bar{A}} = \bar{A}, \quad \bar{A'} = 0, \quad \overline{cA} = c\bar{A}, \quad \overline{A'\bar{A}} = \overline{A'}\bar{A} = 0$$

$$\overline{\overline{A}B} = \bar{A}\bar{B}, \quad \overline{A + B} = \bar{A} + \bar{B}$$

$$\frac{\partial \bar{A}}{\partial x} = \frac{\partial \bar{A}}{\partial x}, \quad \frac{\partial \bar{A}}{\partial y} = \frac{\partial \bar{A}}{\partial y}, \quad \frac{\partial \bar{A}}{\partial z} = \frac{\partial \bar{A}}{\partial z}, \quad \frac{\partial \bar{A}}{\partial t} = \frac{\partial \bar{A}}{\partial t} \qquad (6\text{--}11)$$

$$\overline{AB} = \overline{(\bar{A} + A')(\bar{B} + B')} = \overline{\bar{A}\bar{B}} + \overline{\bar{A}B'} + \overline{A'\bar{B}} + \overline{A'B'} \equiv \overline{AB} + \overline{A'B'}$$

$$\overline{\int A \mathrm{d}s} = \int \bar{A} \mathrm{d}s$$

对于湍流场的速度而言，瞬时速度等于平均速度与脉动速度之和，即 $v_i = \bar{v}_i + v'_i$，而 $\overline{v'^2_i}$ 表示湍流强度。

6.1.4　不可压缩湍流平均运动的基本方程

1. 连续性方程

将瞬时速度分解为平均速度与脉动速度之和，即

$$v_i = \bar{v}_i + v'_i \quad (i=1,\ 2,\ 3) \qquad (6\text{--}12)$$

将式（6–12）代入不可压缩流体的连续性方程得到

$$\frac{\partial v_i}{\partial x_i} = \frac{\partial \bar{v}_i}{\partial x_i} + \frac{\partial v'_i}{\partial x_i} = 0$$

考虑到 $\dfrac{\partial \overline{v'_i}}{\partial x_i} = \dfrac{\partial \bar{v}_i}{\partial x_i} = 0$，对上式取平均值，得

$$\frac{\partial \bar{v}_i}{\partial x_i} = 0 \qquad (6\text{--}13)$$

该式即为平均运动的连续性方程。

2. 动量方程——雷诺平均运动方程

在张量形式的 N–S 方程的基础上忽略体积力，得

$$\frac{\partial v_i}{\partial t} + v_j \frac{\partial v_i}{\partial x_j} = -\frac{1}{\rho}\frac{\partial p}{\partial x_i} + \nu \frac{\partial^2 v_i}{\partial^2 x_j} \qquad (6\text{--}14)$$

将瞬时压力 p 同样分解为平均值和脉动值之和，即

$$p = \bar{p} + p'$$

将上式和式（6–12）代入式（6–14）并进行平均，结合式（6–11）可得

$$\frac{\partial \bar{v}_i}{\partial t} + \bar{v}_j \frac{\partial \bar{v}_i}{\partial x_j} = -\frac{1}{\rho}\frac{\partial \bar{p}}{\partial x_i} + \nu \frac{\partial^2 \bar{v}_i}{\partial^2 x_j} + \frac{1}{\rho}\frac{\partial(-\rho \overline{v'_i v'_j})}{\partial x_j} \qquad (6\text{--}15)$$

该式就是湍流的雷诺平均运动方程。该方程与对应的层流运动方程相比多了最后一项，该项中的 $-\rho\overline{v'_i v'_j}$ 称为雷诺应力，是唯一的脉动量项，所以可以认为脉动量是通过雷诺应力来影响平均运动的。

6.2 圆管中的充分发展层流与湍流

流体以均匀的流速流入管道后，由于黏性，近壁处产生边界层，边界层沿着流动方向逐渐向管轴扩展，因此沿流动方向的各断面上速度分布会不断改变，只有流经一段距离 l_1 后，过流截面上的速度分布曲线才能达到层流或湍流的典型速度分布曲线（图6-4），这段距离 l_1 称为进口起始段。起始段后的流动状态呈充分发展了的流动状态。本节讨论不可压缩流体在圆管中的充分发展层流和湍流。

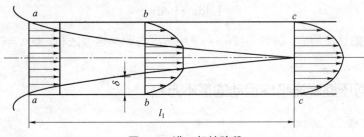

图6-4 进口起始阶段

6.2.1 圆管中的层流

层流中流体质点只有沿轴向的流动 u，而无横向运动，所以 $v=w=0$。取坐标如图6-5所示。由于管道水平放置，所以如果管道直径并不十分大，且管中具有一定的压力，则重力的影响可以忽略，即单位质量力 $X=0$，$Y=0$，$Z\approx0$，代入 N-S 方程得

$$\left.\begin{array}{l} \dfrac{\partial u}{\partial t}+u\dfrac{\partial u}{\partial x}=-\dfrac{1}{\rho}\dfrac{\partial p}{\partial x}+\nu\left(\dfrac{\partial^2 u}{\partial x^2}+\dfrac{\partial^2 u}{\partial y^2}+\dfrac{\partial^2 u}{\partial z^2}\right) \\[3mm] 0=-\dfrac{1}{\rho}\dfrac{\partial p}{\partial y} \\[3mm] 0=-\dfrac{1}{\rho}\dfrac{\partial p}{\partial z} \end{array}\right\} \qquad (6-16)$$

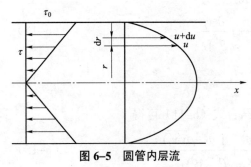

图6-5 圆管内层流

由此可见，压力 p 只是 x 的函数。如果讨论的管道是等截面的，且管道的流动是恒定的，则 u 不随 x 和 t 而变，只是 y 和 z 的函数，即 $\dfrac{\partial u}{\partial t}=0$，$\dfrac{\partial u}{\partial x}=0$，$\dfrac{\partial p}{\partial t}=0$。此时，上式可写成

$$\frac{\mathrm{d}p}{\mathrm{d}x}=\mu\left(\frac{\partial^2 u}{\partial y^2}+\frac{\partial^2 u}{\partial z^2}\right) \qquad (6-17)$$

式中，等号右边只是 y，z 的函数，这只有当等式两边等于常数时才能成立，即

$$\frac{\mathrm{d}p}{\mathrm{d}x}=常数=\frac{p_2-p_1}{l}=-\frac{\Delta p}{l}$$

式中，$\Delta p = p_1 - p_2$ 是长度为 l 的水平直管上的压降。式（6-17）可写成

$$\frac{\partial^2 u}{\partial y^2} + \frac{\partial^2 u}{\partial z^2} = -\frac{\Delta p}{\mu l} \tag{6-18}$$

这是一个二阶偏微分线性方程，若给定了边界条件，便可以求得它的解。因为圆管中的流动是对称于 x 轴的，因此采用圆柱坐标系来分析圆管流动就更为方便，由于

$$\frac{\partial^2 u}{\partial y^2} + \frac{\partial^2 u}{\partial z^2} = \frac{\partial^2 u}{\partial r^2} + \frac{1}{r}\frac{\partial u}{\partial r} + \frac{\partial^2 u}{\partial \theta^2}\frac{1}{r^2}$$

又因为速度 u 的分布是轴对称的，所以 $\dfrac{\partial u}{\partial \theta} = 0$，则式（6-18）就变为

$$\frac{\mathrm{d}^2 u}{\mathrm{d}r^2} + \frac{1}{r}\frac{\mathrm{d}u}{\mathrm{d}r} + \frac{\Delta p}{\mu l} = 0$$

或

$$r\frac{\mathrm{d}^2 u}{\mathrm{d}r^2} + \frac{\mathrm{d}u}{\mathrm{d}r} + \frac{\Delta p r}{\mu l} = 0$$

积分二次可得

$$u = C_1 \ln r - \frac{\Delta p r^2}{4\mu l} + C_2 \tag{6-19}$$

式中，积分常数 C_1 和 C_2 可由边界条件确定：在管轴处，即当 $r = 0$，u 为有限值时，$C_1 = 0$；在管壁处，即当 $r = \dfrac{d}{2}$，$u = 0$ 时，$C_2 = \dfrac{\Delta p d^2}{16\mu l}$，由此得

$$\mu = \frac{\Delta p}{4\mu l}\left(\frac{d^2}{4} - r^2\right) \tag{6-20}$$

这就是圆管层流的速度分布规律。由式（6-20）可知，圆管截面上的速度分布为对称于管轴的抛物体。

1. 流量

如图 6-6 所示，设在管内离管轴心为 r 处取一薄层，它的厚度为 $\mathrm{d}r$，则通过此薄层圆环的流量 $\mathrm{d}Q = 2\pi u r \mathrm{d}r$，由此得通过原管的总流量

$$Q = \int \mathrm{d}Q = \int_0^{\frac{d}{2}} \frac{\pi \Delta p}{2\mu l}\left(\frac{d^2}{4} - r^2\right) r \mathrm{d}r = \frac{\pi d^4 \Delta p}{128\mu l} \tag{6-21}$$

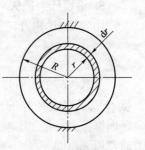

图 6-6　圆管截面

式（6-21）称为哈根-泊肃叶（Hagen-Poiseuille）定律。它表明不可压牛顿流体在圆管中做定常层流时，体积流量正比于压降和管径的四次方，反比于流体的动力黏度。哈根-泊肃叶定律与精密实验的测定结果完全一致，因此证明了 N-S 方程的适用性。

2. 最大流速和平均速度

当将 $r = 0$ 代入式（6-20）中时，可得出轴心处最大流速

$$u_{\max} = \frac{\Delta p d^2}{16\mu l} \tag{6-22}$$

截面平均流速

$$U = \frac{Q}{\frac{\pi}{4}d^2} = \frac{\Delta p d^2}{32\mu l} = \frac{1}{2}u_{max} \qquad (6-23)$$

3. 切应力

根据牛顿内摩擦定律，可知切应力

$$\tau = -\mu\frac{du}{dr} = -\mu\frac{d}{dr}\left[\frac{\Delta p}{4\mu l}\left(\frac{d^2}{4} - r^2\right)\right] = \frac{\Delta p r}{2l} \qquad (6-24)$$

切应力随 r 呈直线分布，如图 6-5 所示，在管轴处为零，在管壁处为最大，根据式（6-24）可得

$$\tau_0 = -\mu\frac{du}{dr}\bigg|_{r=\frac{d}{2}} = \frac{\Delta p d}{4l} = \frac{8\mu U}{d}$$

4. 动能修正系数和动量修正系数

动能修正系数 α 和动量修正系数 β 是截面上实际动能和动量与按平均流速计算的动能和动量之比，即

$$\alpha = \frac{\int_A \frac{u^2}{2}\rho dQ}{\frac{U}{2}\rho Q} = \frac{\int_A u^3 dA}{U^3 A} = \frac{\int_0^{\frac{d}{2}}\left[\frac{\Delta p}{4\mu l}\left(\frac{d^2}{4} - r^2\right)\right]^3 2\pi r dr}{\left[\frac{\Delta p d^2}{32\mu l}\right]^3 \frac{\pi}{4}d^2} = 2 \qquad (6-25)$$

$$\beta = \frac{\int_A \rho u dQ}{\rho U Q} = \frac{\int_A u^2 dA}{U^2 A} = \frac{\int_0^{\frac{d}{2}}\left[\frac{\Delta p}{4\mu l}\left(\frac{d^2}{4} - r^2\right)\right]^2 2\pi r dr}{\left[\frac{\Delta p d^2}{32\mu l}\right]^2 \frac{\pi}{4}d^2} = \frac{4}{3} \qquad (6-26)$$

5. 沿程压力损失

由哈根-泊肃叶定律可得流体在圆管中流经 l 距离后的压降

$$\Delta p = \frac{128\mu l Q}{\pi d^4} = \frac{32\mu l U}{d^2} \qquad (6-27)$$

从式（6-27）可以看出，在等径管路中静压力沿管轴按线性规律下降，且静压差 Δp 与流量 Q 或平均速度 U 的一次方成正比。由此可见，为保持管内流动，必须用轴向静压差来克服壁面摩擦力，此静压差称为沿程压力损失。单位质量流体的沿程压力损失称为沿程水头损失，通常以 h_l，即

$$h_l = \frac{\Delta p}{\rho g} = \frac{32\mu l U}{\rho g d^2} \qquad (6-28)$$

若将雷诺数 $Re = \rho U d/\mu$ 引入式（6-28），可得沿程水头损失的如下表达式

$$h_l = \frac{64}{Re}\frac{l}{d}\frac{U^2}{2g}$$

令
$$\lambda = \frac{64}{Re}$$

则

$$h_l = \lambda \frac{l}{d} \frac{U^2}{2g} \qquad (6\text{--}29)$$

式中，λ 为沿程阻力系数。式（6–29）称为达西（Darcy）公式，它是计算管路沿程水头损失的一个重要公式。

6.2.2　圆管中的湍流

通过雷诺实验已经知道，流体做湍流运动时，流体质点随时间做无规律运动。由于湍流场质点间的相互混杂、碰撞导致了极其复杂的运动状况，人们对它的规律迄今未完全搞清楚，因此对它的研究还远不能像研究层流那样用解析的方法来进行。对湍流的研究往往是在某些特定条件下，对观测到的流动现象作出某些假定，从而建立有局限性的半经验理论。所得到的半经验理论再通过大量实验结果进行修正补充，得出湍流运动的半经验规律。

1. 脉动与时均流动

利用热线风速仪或激光测速仪来测定管中的湍流，可以得到流管中某一点上流体运动速度随时间的变化情况（如图 6–7 所示）。图中实线和虚线表示两次实验结果。由图可见，质点的真实流速是无规律且瞬息万变的，这种现象称为脉动。尽管每次实验的速度变化都极不规则，但是在相同条件下，对每次实验在一个长的时间内平均后的速度值是相同的。同样，湍流中一点上的压力和其他参数亦存在类似的现象。因此对于这种具有随机性质的湍流的研究采用统计平均的方法是较为合适的，可以采用 6.1.3 节中给出的方法来求统计平均。

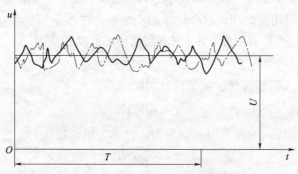

图 6–7　某一点上湍流的瞬时速度

当湍流场中任一空间点上的运动参数的时均值不随时间（这里的时间是指湍流流动的某一过程，而不是时均参数定义中所选定的某一很小的时间段 T）变化时，称此种流动为定常湍流流动，或称为准定常湍流。否则称为非定常湍流。时均法只能用来描述对时均值而言的定常湍流流动。

需要指出的是，时均化的概念及在此基础上定义的准定常湍流流动，完全是为了简化湍流研究而人为提出的一种模型。而湍流实际为非定常的，因此在研究湍流的物理实质时，如研究湍流切应力及湍流速度分布结构，就必须考虑脉动的影响。

2. 湍流流动中的附加切应力——雷诺应力

在湍流运动中，流体质点的速度大小和方向都在不停地变化，流体质点除主流方向的运动外，还存在着沿不同方向的脉动，使得流层之间发生质点交换。每一个流体质点都带有自己的动量，当它进入另一层时，动量发生了改变，引起附加的切应力，这种附加切应力随着脉动的增强而占据主要地位。下面来确定附加切应力。

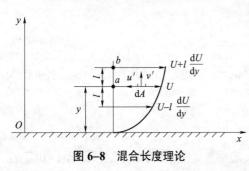

图 6–8 混合长度理论

为了兼顾圆管和平面流动这两种情况，取如图 6–8 所示的简单平面平行流动。x 轴选取在物面上，y 轴垂直向上，对于圆管来说 x 轴在管壁上，y 轴为管径方向。x 方向的时均速度分布可以用 $U=U(y)$ 表示，y 方向的时均流速为零。

假想在时均流动中有 a、b 两层流体，a 层的时均速度为 U，b 层的时均速度为 $U+l\dfrac{\mathrm{d}U}{\mathrm{d}y}$。在某一瞬时，$a$ 层的流体质点，由于偶然因素，在 $\mathrm{d}t$ 时间内，经微元面积 $\mathrm{d}A$ 以 v' 的脉动速度沿 y 轴流入 b 层，其质量

$$\Delta m = \rho v' \mathrm{d}A \mathrm{d}t$$

这部分流体质量达到 b 层以后，立刻与 b 层的流体混合在一起，从而具有 b 层的运动参数。由于 a、b 两层流体质点在 x 方向的速度是不同的，所以 Δm 进入 b 层后将在 x 方向产生速度变化。这个变化可以看成质点在 x 方向所产生的速度脉动 u'。对于流体质量 Δm，它原来沿 y 方向脉动，到达 b 层后，引起 b 层在 x 方向上的脉动，如此纵横交互影响，脉动不止，这就是湍流中脉动频繁、此起彼伏的原因。

新产生的脉动速度 u' 使得混合到 b 层的这部分流体在 x 方向上产生一个新的脉动性的动量变化 $\rho v' \mathrm{d}A \mathrm{d}t u'$。按照动量定理，这个动量的变化率为进入 b 层的流体 Δm 受到的脉动切向力，由作用力与反作用力原理可知，Δm 对 b 层流体的脉动切向力

$$F' = -\rho v' \mathrm{d}A u'$$

F' 被 $\mathrm{d}A$ 除，则得 a、b 两层流体之间的脉动切应力

$$\tau_t' = -\rho u' v' \tag{6–30}$$

该应力是纯粹由于脉动原因引起的附加切应力，也称为雷诺切应力，它的时均值

$$\tau_t = -\rho \overline{u'v'} \tag{6–31}$$

当 $v'>0$ 时，微团由 a 层向 b 层脉动，由于 a 层速度小于 b 层，流体进入 b 层后必然使 b 层流体的速度降低，因此 b 层的 $u'<0$；当 $v'<0$ 时，微团由 b 层向 a 层脉动，这样势必引起 a 层流体的速度增大，因此 a 层的 $u'>0$；综上可见，u' 与 v' 符号相反，$u'v'<0$，即

$$\tau_t' = -\rho u'v' > 0$$

所以雷诺切应力永远大于零。

在湍流运动中除了平均运动的黏性切应力以外，还多了一项由脉动引起的附加切应力，这样总的切应力

$$\tau = \mu \frac{\mathrm{d}U}{\mathrm{d}y} - \rho \overline{u'v'} \tag{6–32}$$

流体黏性切应力与附加切应力的产生有着本质的区别，前者是由流体分子无规则运动碰撞造成的，而后者是流体质点脉动的结果。

3. 普朗特混合长理论

普朗特混合长理论的基本思想是把湍流脉动与气体分子相比拟。在定常层流直线运动中，由分子动量交换而引起的黏性切应力为 $\mu \dfrac{\mathrm{d}u}{\mathrm{d}y}$；与此对应，在湍流的平均流为直线时，认为脉动引起的附加切应力 τ_t 也可表示成相同的形式，即

$$\tau_\mathrm{t} = \mu_\mathrm{t} \frac{\mathrm{d}U}{\mathrm{d}y} \tag{6-33}$$

混合长理论的意义在于建立了湍流运动中附加切应力 τ_t 与时均流速 U 之间的关系。

在湍流运动中，普朗特引进了一个与分子平均自由程相当的长度 l，并假定在距离 l 内流体质点不与其他质点相碰撞，保持自己的动量不变，在走了 l 长距离后才和新位置的流体质点掺混，完成动量交换。

如图 6-8 所示的简单平行流动，设于 $(y-l)$ 处具有一速度为 $\left(U - l\dfrac{\mathrm{d}U}{\mathrm{d}y}\right)$ 的流体质点向上移动了距离 l。若该流体质点保持 x 方向的动量分量，则当它到达 y 层时，此质点的速度较周围流体的速度小，其速度差

$$\Delta U_1 = U(y) - U(y-l) = l\frac{\mathrm{d}U}{\mathrm{d}y}$$

同样，在 $(y+l)$ 处具有一速度为 $\left(U + l\dfrac{\mathrm{d}U}{\mathrm{d}y}\right)$ 的流体质点向下移动到 y 层时，此质点较周围流体有较高的速度，其速度差

$$\Delta U_2 = U(y+l) - U(y) = l\frac{\mathrm{d}U}{\mathrm{d}y}$$

普朗特混合长理论假定：在 y 层处，由于流体质点横向运动所引起的 x 方向湍流脉动速度 u' 的大小

$$|u'| = \frac{1}{2}\left(|\Delta U_1| + |\Delta U_2|\right) = l\left|\frac{\mathrm{d}U}{\mathrm{d}y}\right| \tag{6-34}$$

所以当流体质点从上层或下层进入所讨论的那一层时，它们以相对速度 u' 相互接近或离开。由流体连续性原理可知，它们空出来的空间位置必将由其相邻的流体质点来补充，于是引起流体的横向脉动 v'，两者相互关联，因此 u' 与 v' 的大小必为同一数量级，即

$$|u'| \sim |v'|$$

式中，$|v'|$ 可以表示为

$$|v'| = c|u'| \tag{6-35}$$

式中，c 为比例常数。而横向脉动 v' 与纵向脉动 u' 的符号相反，即

$$\overline{u'v'} = -\overline{|u'||v'|} \tag{6-36}$$

将式（6-34）、式（6-35）代入式（6-36）可得

$$\overline{u'v'} = -cl^2 \left(\frac{\mathrm{d}U}{\mathrm{d}y}\right)^2$$

若将上式中的常数 c 归并到前面引入的但尚未确定的距离 l 中去，则上式可写成

$$\overline{u'v'} = -l^2 \left(\frac{\mathrm{d}U}{\mathrm{d}y}\right)^2 \tag{6-37}$$

将此式代入式（6-31）可得

$$\tau_t = \rho l^2 \left(\frac{\mathrm{d}U}{\mathrm{d}y}\right)^2 \tag{6-38}$$

为标出 τ_t 的符号，式（6-38）常写成

$$\tau_t = \rho l^2 \left|\frac{\mathrm{d}U}{\mathrm{d}y}\right| \frac{\mathrm{d}U}{\mathrm{d}y} \tag{6-39}$$

通常称 l 为混合长度，一般来说混合长度 l 不是常数。

若将式（6-39）表示成式（6-33）的形式，则

$$\mu_t = \rho l^2 \left|\frac{\mathrm{d}U}{\mathrm{d}y}\right| \tag{6-40}$$

式中，μ_t 称作湍流运动的黏性系数。

4. 湍流速度结构、水力光滑管与水力粗糙管

当流体在管中做湍流运动时，速度分布不同于层流。这是因为湍流运动中流体质点的横向脉动使速度分布趋于均匀。显然，雷诺数越大，流体质点相互混杂越剧烈，其速度分布区域越均匀。图 6-9 所示为实验给出的圆管湍流过流断面上的速度分布。

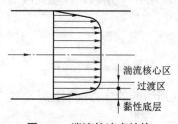

图 6-9　湍流的速度结构

由图 6-9 可见，湍流过流断面上的速度分布大致可分为三个区域。在靠近管壁处的一薄层流体中，由于受管壁的牵制，流体质点的横向脉动受到限制，流体的黏性起主导作用，流体呈层流状态。在这一薄层流体内，流体沿径向存在较大的速度梯度，在管壁处速度为零。这一层流体称为黏性底层，或近壁层流层。由于湍流脉动的结果，在离边壁不远处到中心的大部分区域流速分布比较均匀，这部分流体处于湍流运动状态，称为湍流核心区。在黏性底层和湍流核心区之间存在着范围很小的过渡区域。由于过渡区域很小且很复杂，一般将其并入湍流核心区来处理。

黏性底层的厚度 δ 并不是固定的，它与雷诺数 Re 成反比、与反映壁面凹凸不平及摩擦力大小的管道摩擦因子 λ 有关。通过理论和实验计算，得到一个近似的公式

$$\delta \approx 30\frac{d}{Re\sqrt{\lambda}} \tag{6-41}$$

式中，d 是管道厚度。黏性底层很薄，通常大约只有几分之一毫米，但是它在湍流中的作用却是不可忽视的。

由于材料、加工方法以及使用条件等因素的影响，管壁表面不会绝对平整光滑，都会存

在各种不同程度的凹凸不平，凹凸不平的平均尺寸 Δ 称为管壁的绝对粗糙度，如图 6-10 所示。Δ 与管径 d 的比值 Δ/d 称为相对粗糙度。

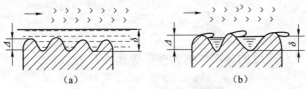

图 6-10 水力光滑管与水力粗糙管
（a）水力光滑管；（b）水力粗糙管

当 $\delta > \Delta$ 时，管壁的凹凸不平部分被完全淹没在黏性底层中，此时粗糙度对湍流核心几乎没有影响，流体好似在完全光滑的管中流动，这种情况的管内湍流称为水力光滑管 [图 6-10（a）]。

当 $\delta < \Delta$ 时，管壁的凹凸不平部分被暴露在黏性底层之外，黏性底层被破坏，湍流核心的流体冲击在凸起部分将产生旋涡，而旋涡会加剧湍动程度，增大能量损失。粗糙度的大小对湍流产生直接影响，这种情况的管内湍流称为水力粗糙管 [图 6-10（b）]。

必须指出，这里所谓的光滑管和粗糙管值决定于流体的运动情况，同一管道可以为粗糙管，也可以为光滑管，主要决定于黏性底层的厚度，或者说决定于雷诺数 Re。常用管道内壁的绝对粗糙度 Δ 列于表 6-2 中。

表 6-2 常用管道内壁的绝对粗糙度 Δ

材料	管内壁状态	绝对粗糙度 Δ/mm
铜	冷拔铜管、黄铜管	0.001 5～0.01
铝	冷拔铝管、铝合金管	0.001 5～0.06
钢	冷拔无缝钢管	0.01～0.03
	热拉无缝钢管	0.05～0.1
	轧制无缝钢管	0.05～0.1
	镀锌方法	0.12～0.15
	涂沥青的钢管	0.03～0.05
	波纹管	0.75～7.5
	旧钢管	0.1～0.5
铸铁	铸铁管	新：0.25；旧：1.0
塑料	光滑塑料管	0.001 5～0.01
	d=100 mm 的波纹管	5～8
	$d \geq 200$ mm 的波纹管	15～30
橡胶	光滑橡胶管	0.006～0.07
	含有加强钢丝的胶管	0.3～4
玻璃	玻璃管	0.001 5～0.01

5. 圆管湍流速度分布规律

首先看光滑管的情况。由前面分析可知，在黏性底层内流体质点没有混杂，故切应力主

要为黏性切应力 τ_v，附加切应力 τ_t 近似为零。由于黏性底层内速度梯度可以认为是常数，则层内切应力 $\tau=\tau_v=$常数，这也就是壁面处的切应力 τ_w，由此得，当 $y\leqslant\delta$ 时

$$\tau=\tau_w=\mu\frac{dU}{dy}=\mu\frac{U}{y}$$

设 $\sqrt{\dfrac{\tau_w}{\rho}}=v^*$，它具有速度的量纲，称为壁摩擦速度，则

$$\frac{U}{v^*}=\frac{\rho v^* y}{\mu} \tag{6-42}$$

在黏性底层外，$y\geqslant\delta$，湍动剧烈，黏性影响可以忽略，则

$$\tau\approx\tau_t=\rho l^2\left(\frac{dU}{dy}\right)^2$$

混合长 l 表征了流体质点横向脉动的路程。在近壁处，质点受边壁的制约影响，其脉动的余地较小，随着离开壁面距离的增大，质点的湍动自由度增大。因此，普朗特假设：在近壁处混合长 l 与离壁面的距离 y 成正比，即 $l=ky$，其中 k 为常数。根据尼古拉兹（Nikuradse）的实验证明，这个规律可以扩展到整个湍流区域。此外，假设在整个湍流区内切应力也为常数 τ_w，则

$$\tau_w=\rho k^2 y^2\left(\frac{dU}{dy}\right)^2$$

或

$$\frac{dU}{v^*}=\frac{1}{k}\frac{dy}{y}$$

上式积分得

$$\frac{U}{v^*}=\frac{1}{k}\ln y+C \tag{6-43}$$

积分常数由边界条件确定。当 $y=\delta$ 时，$U=U_\delta$，在湍流核心与黏性底层的交界处，流体的运动速度应同时满足式（6-42）和式（6-43），即

$$\frac{U_\delta}{v^*}=\frac{\rho v^*\delta}{\mu}$$

$$\frac{U_\delta}{v^*}=\frac{1}{k}\ln\delta+C$$

由上两式可解得 C 的表达式为

$$C=\frac{\rho v^*\delta}{\mu}-\frac{1}{k}\ln\delta \tag{6-44}$$

将式（6-44）代入式（6-43）中，可得

$$\frac{U}{v^*}=\frac{1}{k}\ln y+\frac{\rho v^*\delta}{\mu}-\frac{1}{k}\ln\delta$$

对上式进行变形改写，则有

$$\frac{U}{v^*} = \frac{1}{k}\ln\frac{\rho v^* y}{\mu} + \frac{\rho v^* \delta}{\mu} - \frac{1}{k}\ln\frac{\rho v^* \delta}{\mu}$$

式中，$\dfrac{\rho v^* \delta}{\mu}$ 为雷诺数的形式。设 $Re_\delta = \dfrac{\rho v^* \delta}{\mu}$，则上式变为

$$\frac{U}{v^*} = \frac{1}{k}\ln\frac{\rho v^* y}{\mu} + Re_\delta - \frac{1}{k}\ln Re_\delta$$

设 $Re_\delta - \dfrac{1}{k}\ln Re_\delta = A$，则上式可写成

$$\frac{U}{v^*} = \frac{1}{k}\ln\frac{\rho v^* y}{\mu} + A \tag{6-45}$$

式（6-45）可作为光滑管中湍流速度分布的近似公式。尼古拉兹由水力光滑管实验得出

$$k = 0.4, A = 5.5$$

将其代入式（6-45）可得

$$\frac{U}{v^*} = 2.5\ln\frac{\rho v^* y}{\mu} + 5.5 \tag{6-46}$$

当 $y = r_0$（圆管的内半径）时，由式（6-46）可得管轴处的最大流速为

$$\frac{U_{\max}}{v^*} = 2.5\ln\frac{\rho v^* r_0}{\mu} + 5.5 \tag{6-47}$$

平均速度 U_{av} 的表达式为

$$U_{av} = \frac{1}{\pi r_0^2}\int_0^{r_0} U 2\pi r\mathrm{d}r = \frac{1}{\pi r_0^2}\int_0^{r_0} U 2\pi(r_0 - y)\mathrm{d}y$$

将式（6-46）代入上式可得

$$\frac{U_{av}}{v^*} = 2.5\ln\frac{\rho v^* r_0}{\mu} + 1.75 \tag{6-48}$$

由式（6-46）及式（6-48）可得 U 与 U_{av} 的关系式为

$$\frac{U}{v^*} = \frac{U_{av}}{v^*} + 2.5\ln\frac{y}{r_0} + 3.75 \tag{6-49}$$

由式（6-46）与式（6-48）可得 $U_{\max}$ 与 U_{av} 的关系式为

$$U_{av} = U_{\max} - 3.75v^* \tag{6-50}$$

速度分布公式还可以用另一种近似的形式表示，即

$$\frac{U}{U_{\max}} = \left(\frac{y}{r_0}\right)^n \tag{6-51}$$

式中，指数 n 随雷诺数 Re 变化。在 $Re \approx 10^5$ 时，$n=1/7$，这就是常用的由布拉休斯（Blasius）导出的 1/7 次方规律。

上面讨论的是光滑管的情况。对于粗糙管而言，因为其并不影响混合长理论的使用，所以式（6-45）所表示的对数形式的速度剖面仍然有效。为了考虑粗糙度 $\varDelta$，将式（6-45）改

写为

$$\frac{U}{v^*} = \frac{1}{k}\ln\frac{y}{\varDelta} + B \tag{6-52}$$

尼古拉兹由水力粗糙管实验得出

$$k = 0.4, B = 8.5$$

将其代入式（6-52）可得

$$\frac{U}{v^*} = 2.5\ln\frac{y}{\varDelta} + 8.5 \tag{6-53}$$

用与光滑管中求最大流速和平均流速同样的方法，可求得湍流粗糙管的最大流速和平均流速

$$\frac{U_{\max}}{v^*} = 2.5\ln\frac{r_0}{\varDelta} + 8.5 \tag{6-54}$$

$$\frac{U_{\mathrm{av}}}{v^*} = 2.5\ln\frac{r_0}{\varDelta} + 4.75 \tag{6-55}$$

由式（6-53）及式（6-55）可得 U 与 U_{av} 的关系式为

$$\frac{U}{v^*} = \frac{U_{\mathrm{av}}}{v^*} + 2.5\ln\frac{y}{r_0} + 3.75 \tag{6-56}$$

由式（6-54）与式（6-55）可得 $U_{\max}$ 与 U_{av} 的关系式为

$$U_{\mathrm{av}} = U_{\max} - 3.75v^* \tag{6-57}$$

比较式（6-49）与式（6-56）可以发现，在平均流速相同的条件下，水力光滑管湍流核心区与水力粗糙管湍流核心区的速度分布完全相同。这个公式的优点在于不必知道管壁的粗糙度，而只需要知道管流的平均速度即可。一般来说，平均速度更易于确定，故式（6-49）或式（6-56）对于实际应用更为方便。

需要指出的是，上面介绍的速度分布公式都属于半经验或经验公式，虽然它们与实际很接近，但都有一定的缺陷。

6.3 管流的沿程压力损失和局部阻力损失

在管道内，黏性流体运动时的能量损失 h_{f} 是由流体在等截面直管内的摩擦阻力所引起的沿程压力损失 h_l 和由于流道形状改变、流速受到扰动、流动方向变化等引起的局部阻力损失 h_{m} 组合而成的。通常认为每种损失都能充分地显示出来，而且独立地不受其他损失的影响，因此压力损失或由于阻力引起的能量损失可以叠加，管道中的总能量损失 h_{f} 可以看作各个不同阻力单独作用所引起的能量损失之和，即

$$h_{\mathrm{f}} = \sum h_l + \sum h_{\mathrm{m}}$$

下面分别讨论这两种损失的计算。

6.3.1　沿程压力损失

由量纲分析可以得出流体在水平管道流动中的沿程水头损失 h_l 与管长 l、管径 d、平均流速 U 的关系式为

$$h_l = \frac{\Delta p}{\rho g} = \lambda \frac{l}{d} \frac{U^2}{2g} \tag{6-58}$$

式中，λ 为沿程阻力系数，它是雷诺数 Re 与管道相对粗糙度 Δ/d 的函数，即

$$\lambda = f(Re, \Delta/d)$$

管道中沿程压力损失的计算主要是阻力系数 λ 的确定。

1. 沿程阻力系数的确定

如图 6–11 所示，在水平直管中取一段长为 l 的流体，设其直径为 d，管壁处切应力为 τ_w，两端截面上的压强分别为 p_1 和 p_2，由力的平衡可得

$$(p_1 - p_2)\frac{\pi d^2}{4} = \tau_w l \pi d$$

或

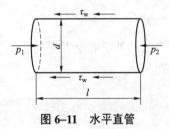

图 6–11　水平直管

$$\tau_w = \frac{(p_1 - p_2)d}{4l} = \frac{\Delta p d}{4l}$$

上式与式（6–58）联立可得

$$\lambda = \frac{8\tau_w}{\rho U^2} = 8\left(\frac{v^*}{U}\right)^2 \tag{6-59}$$

由此可见，只要已知平均速度就可以求出阻力系数。

对于层流，已经在 6.2 节中得到沿程阻力系数的理论解为

$$\lambda = \frac{64}{Re}$$

阻力系数与管壁粗糙度无关，只与雷诺数 Re 有关。

得益于湍流光滑管，将湍流光滑管平均速度分布式（6–48）代入式（6–59）中可得

$$\lambda = \frac{8\tau_w}{\rho U^2} = \frac{8}{\left(2.5\ln\dfrac{\rho v^* r_0}{\mu} + 1.75\right)^2} \tag{6-60}$$

式中，$\dfrac{\rho v^* r_0}{\mu}$ 可利用式（6–59）改写为

$$\frac{\rho v^* r_0}{\mu} = \frac{2\rho U r_0}{\mu}\frac{v^*}{2U} = Re\frac{\sqrt{\lambda}}{4\sqrt{2}}$$

于是式（6–60）可写成

$$\lambda = \frac{8}{\left(2.5\ln Re\dfrac{\sqrt{\lambda}}{4\sqrt{2}} + 1.75\right)^2} = \frac{1}{\left[2.035\lg(Re\sqrt{\lambda}) - 0.91\right]^2}$$

或

$$\frac{1}{\sqrt{\lambda}} = 2.035 \lg(Re\sqrt{\lambda}) - 0.91 \qquad (6\text{-}61)$$

式中，各项系数均由实验加以修正，最后得

$$\frac{1}{\sqrt{\lambda}} = 2.01 \lg(Re\sqrt{\lambda}) - 0.8 \qquad (6\text{-}62)$$

此式通常称作光滑管完全发展湍流的卡门—普朗特阻力系数公式。

利用布拉休斯 1/7 次方速度分布，可以导出形式更为简单的阻力系数公式，即

$$\lambda = \frac{0.316\,4}{Re^{1/4}} \qquad (6\text{-}63)$$

当流动处于完全发展的湍流粗糙管时，将管中的平均速度分布式（6-55）代入式（6-59）可得

$$\lambda = \frac{8}{\left(2.5\ln\dfrac{r_0}{\Delta} + 4.75\right)^2}$$

或

$$\frac{1}{\sqrt{\lambda}} = 2.03\ln\frac{d}{2\Delta} + 1.68 \qquad (6\text{-}64)$$

对式（6-64）用实验加以修正，得到近似公式为

$$\frac{1}{\sqrt{\lambda}} = 2.01 \lg\frac{d}{2\Delta} + 1.74 \qquad (6\text{-}65)$$

以上讨论都未考虑进口起始段效应，只针对充分发展的流动。对于层流光滑管和湍流光滑管的情况，阻力系数 λ 仅为雷诺数 Re 的函数。对于粗糙管，阻力系数 λ 仅是相对粗糙度 Δ/d 的函数。而对于介于光滑管与粗糙管的过渡区，阻力系数 λ 与雷诺数 Re、相对粗糙度 Δ/d 都有关，此时可采用柯罗布鲁克（Colebrook）公式，即

$$\frac{1}{\sqrt{\lambda}} = -2.0\lg\left(\frac{\Delta}{3.7d} + \frac{2.51}{Re\sqrt{\lambda}}\right) \qquad (6\text{-}66)$$

2. 尼古拉兹实验、莫迪图

由前面的讨论已知，不论管道流动是层流还是湍流，它们的沿程压力损失均按式（6-63）进行计算，关键问题在于它们的沿程阻力系数 λ 如何确定。对于层流，λ 值可由理论方法来确定。而对于湍流，则先是在实验的基础上提出某些假设，导出速度分布和沿程损失的理论公式，再根据实验进行修正而得出半经验公式。

1933 年发表的尼古拉兹实验对不同管径、不同流量的管中沿程阻力做了全面的实验研究。尼古拉兹把不同粒径的均匀砂粒分别粘贴到管道内壁上，构成人工均匀粗糙管，在不同粗糙度下进行一系列实验，得出 λ 与 Re 之间的关系曲线，结果如图 6-12 所示。这些曲线大致可以划分为 5 个区域。

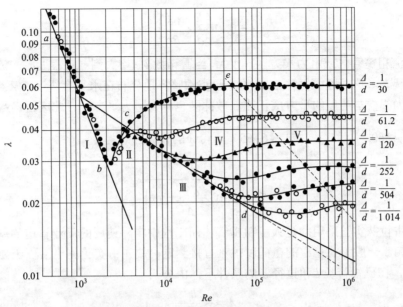

图 6-12 尼古拉兹实验曲线

（1）层流区（Ⅰ）：在层流区，不论相对粗糙度为多少，实验点均落在同一直线Ⅰ上，λ 只与 Re 有关。此时直线的方程是 $\lambda = \dfrac{64}{Re}$，这与圆管层流的理论公式相同。此区的有效区域大致在 $Re \leqslant 2\,320$ 的范围内。

（2）过渡区（Ⅱ）：这个区域是层流到湍流的过渡区，在此区各实验点分散落在曲线Ⅱ附近。此区不稳定，范围小，大致在 $2\,320 < Re < 4\,000$ 范围内。

（3）湍流光滑管区（Ⅲ）：在此区各种相对粗糙度的管道的实验点都落在同一条直线Ⅲ上，λ 只与 Re 有关，与 Δ/d 无关。但是随着 Δ/d 的比值变化，各种管道离开此区的实验点位置不同。Δ/d 越大，离开此区越早。可见湍流光滑管区的雷诺数上限应与 Δ/d 有关，而不是一个不变的常数。根据尼古拉兹实验，此区的有效范围是 $4\,000 < Re < 26.98(d/\Delta)^{8/7}$。卡门-普朗特公式（6-62）是适用于全部湍流光滑管区的阻力系数计算的半经验计算公式。该公式的结构复杂，计算不方便，一般需要使用试算法才能求出 λ 值。尼古拉兹指出 $4\,000 < Re < 10^5$ 范围内，不拉修斯公式（6-63）比较准确。当将式（6-63）代入式（6-58）计算沿程压力损失时，易证明 h_f 与 $U^{1.75}$ 成正比，故湍流光滑管区又称 1.75 次方阻力区。在 $10^5 < Re < 10^6$ 范围内，尼古拉兹的 λ 计算公式为

$$\lambda = 0.003\,2 + \frac{0.221}{Re^{0.237}} \tag{6-67}$$

（4）光滑管至粗糙管过渡区（Ⅳ）：随着雷诺数 Re 的增大，黏性底层变薄，水力光滑管逐渐过渡到水力粗糙管，因而实验点逐渐脱离直线Ⅲ。不同 Δ/d 的实验点从Ⅲ线不同位置离开，λ 与 Re 和 Δ/d 均有关。它们大致发生在 $26.98(d/\Delta)^{8/7} < Re < 4\,160(d/2\Delta)^{0.85}$。在此区域中，流体的黏性与粗糙度的作用具有同等重要的地位。过渡区的柯罗布鲁克公式（6-66）不仅适用于过渡区，也适用于 Re 数从 4\,000 到 10^6 的整个过渡区。式（6-66）的简化形式为

$$\lambda = 0.11\left(\frac{\Delta}{d} + \frac{68}{Re}\right)^{0.25} \tag{6-68}$$

（5）湍流粗糙管区或阻力平方区（V）：当雷诺数 Re 增大到一定程度时，流动将处于完全水力粗糙状态。这一区中每种 Δ/d 的实验点都整齐地分布在水平直线上，λ 与 Re 无关，因此沿程压力损失与速度的平方成正比，故此区也称为阻力平方区。此区雷诺数的实际有效范围为 $Re > 4160\left(\dfrac{d}{2\Delta}\right)^{0.85}$。由式（6-65）可得 λ 的计算公式为

$$\lambda = \frac{1}{\left(2.0\lg\dfrac{d}{2\Delta} + 1.74\right)^2} \tag{6-69}$$

上述尼古拉兹实验采用的是人工粗糙管，而工程中实际使用的工业管道的壁面粗糙度不可能这么均匀。一般工业管道的粗糙度很难直接测定，故先由实验测出沿程压力损失 h_l 和平均速度 U 后，在已知管长 l 和直径 d 的条件下，由公式

$$\lambda = \frac{h_l}{\left(\dfrac{l}{d}\dfrac{U^2}{2g}\right)}$$

确定出 λ 值，再由尼古拉兹粗糙管公式（6-69）反算出一个粗糙度 Δ 值来作为工业管道内表面的粗糙度，并称它为当量粗糙度。

为便于工程应用，莫迪（Moody）把管内流动的实验数据整理成图 6-13 所示。该图以 Δ/d 为参变数，以 λ 和 Re 分别为纵横坐标，称为莫迪图。比较图 6-12 和图 6-13 可以看出，两者在 I、III、V 区的变化规律完全相同，所不同的均是在两个过渡区 II、IV 上，这是由于工业用管的粗糙程度不均匀所造成的。

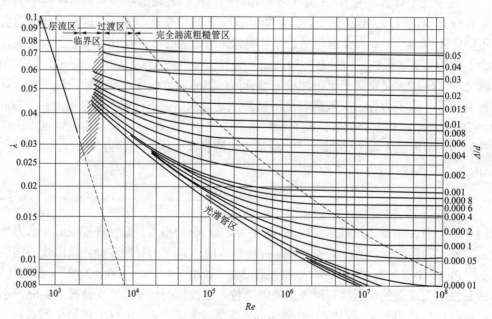

图 6-13　莫迪图

6.3.2　局部阻力损失

前面已经讨论了等截面直管的阻力和能量损失，但输送流体的管道不是只由等截面直管组成。为了通向一定的地方以及控制流量的大小和流动方向，管路上要装置很多弯头、三通、阀门等附件和控制件。流体在这些附件和控制件内或者被迫改变流速大小，或者被迫改变流动方向，或两者兼而有之，从而干扰了流体的正常运动，产生了撞击、分离脱流、旋涡等现象，带来了附加阻力，增加了能量损失，这部分损失通常称作局部阻力损失。由于这些部件中流体的运动比较复杂，影响因素较多，故除少数几种能在理论上作一定的分析之外，一般都依靠实验确定。通常将局部阻力损失表示为

$$h_m = \zeta \frac{U^2}{2g} \qquad (6-70)$$

式中，ζ 为局部阻力系数，U 为流动的平均速度。

流体在管道附件和控制件中收到的干扰基本上可分为两类：一类是截面面积变化，包括截面收缩和扩大等；另一类是流动方向变化，如弯头。局部阻力处的流动现象比较复杂，下面将分别给出常用部件的局部阻力系数实验资料，供计算参考。

图 6-14　突然扩大管

1. 截面扩大时的阻力损失

1）突然扩大管

设管道截面面积由 A_1 突扩成 A_2，截面 1-1 截面和截面 2-2 的平均流速分别为 U_1 和 U_2（图 6-14），则局部阻力损失

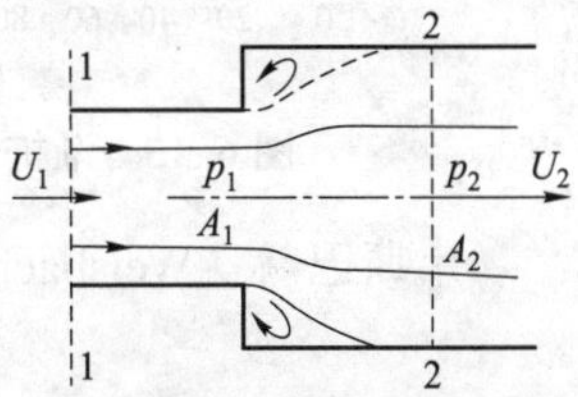

$$h_m = \frac{(U_1 - U_2)^2}{2g} = \zeta_1 \frac{U_1^2}{2g} = \zeta_2 \frac{U_2^2}{2g} \qquad (6-71)$$

式中，

$$\left. \begin{array}{c} \zeta_1 = \left(1 - \dfrac{A_1}{A_2}\right)^2 \\[3mm] \zeta_2 = \left(\dfrac{A_2}{A_1} - 1\right)^2 \end{array} \right\} \qquad (6-72)$$

当 $A_1 \ll A_2$ 时（如液体由管道流入油箱的情况），则有 $\zeta = 1$。

2）渐扩管

渐扩管的阻力损失计算是在式（6-71）基础上，用系数 k 来修正的，即

$$h_m = k \frac{(U_1 - U_2)^2}{2g} \qquad (6-73)$$

系数 k 与扩散角有关，其值由图 6-15 所示的吉布森（Gibson）提供的实验数据确定。由图可见，圆管的扩散 $\theta = 5° \sim 7°$ 时阻力最小，k 值约为 0.135，当 $\theta = 55° \sim 80°$ 时阻力最大。

2. 截面缩小时的阻力损失

1）突然缩小管

突然缩小管（图 6-16）的阻力损失计算公式为

$$h_{\mathrm{m}} = \zeta \frac{U_2^{\ 2}}{2g} \tag{6-74}$$

式中，

$$\zeta = 1 + \frac{1}{C_v^{\ 2} C_c^{\ 2}} - \frac{2}{C_c} \tag{6-75}$$

式中，C_c 为收缩系数，即缩流截面面积 A_c 与管道截面面积 A_2 之比。C_v 为流速系数，即缩流截面上实际的平均流速 U_c 与理想的平均流速 U_0 之比。

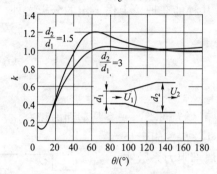

图 6-15　渐扩管修正系数 k

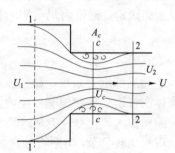

图 6-16　突然缩小管

韦斯巴赫（Weisbach）由实验求得的系数 C_c、C_v 及 ζ 如表 6-3 所示。

表 6-3　截面突然收缩流道的 C_c、C_v 及 ζ 值

A_2/A_1	0.01	0.10	0.20	0.30	0.40	0.50	0.60	0.70	0.80	0.90	1.00
C_c	0.618	0.624	0.632	0.643	0.659	0.681	0.712	0.755	0.813	0.892	1.00
C_v	0.980	0.982	0.984	0.986	0.988	0.990	0.992	0.994	0.996	0.998	1.00
ζ	0.490	0.458	0.421	0.377	0.324	0.264	0.195	0.126	0.065	0.020	0.000

由表中数据可见，当 $A_2/A_1 = 0.01$ 时，$\zeta = 0.490$，所以流体从大容器流入锐缘进口的管道时的进口局部损失系数为 0.5。如果进口处呈光滑圆角，则 $C_c = 1$，$\zeta = 0.04 \sim 0.06$，此时局部损失系数可以忽略不计。

2）渐缩管

渐缩管（图 6-17）的阻力损失由式（6-75）计算，其中 ζ 的计算公式为

当 $\theta < 30°$ 时

$$\zeta = \frac{\lambda}{8\sin(\theta/2)}\left[1 - \left(\frac{A_2}{A_1}\right)^2\right] \tag{6-76}$$

当 $\theta = 30° \sim 90°$ 时

$$\zeta = \frac{\lambda}{8\sin(\theta/2)}\left[1 - \left(\frac{A_2}{A_1}\right)^2\right] + \frac{\theta}{1\,000} \tag{6-77}$$

式中，λ 为变径后的沿程阻力系数。

当 θ 角较小且过渡段圆滑时，$\zeta = 0.05\sim0.005$。渐缩管的阻力损失系数也可由图 6-18 查得。

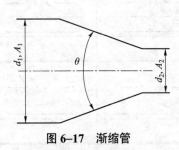

图 6-17　渐缩管

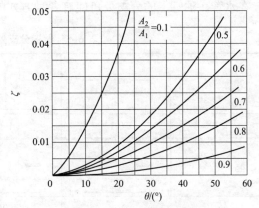

图 6-18　渐缩管阻力系数

3. 弯管的阻力损失

弯管外缘与内缘的压差，使中心部分的流体向弯管外侧移动，而外围处的流体则流入内侧，产生双涡旋形式的二次流动。如弯度较大，则流体会从管壁剥离，从而产生涡旋，增大阻力损失。弯管的流动现象十分复杂，只能用实验方法求得阻力系数。

1）圆滑弯管

圆滑弯管（图 6-19）的局部阻力损失系数 ζ 可由下述经验公式计算

$$\zeta = \left[0.131 + 0.163\left(\frac{d}{R}\right)^{3.5}\right]\frac{\theta}{90°} \tag{6-78}$$

式中，θ 弯管的方向变化角，d 为弯管的直径，R 为弯管轴心线的曲率半径。

当 $\theta=90°$ 时，ζ 值由表 6-4 给出。

表 6-4　90° 弯管的局部阻力系数

d/R	0.2	0.4	0.5	0.6	0.7	0.8	0.9	1.0	1.2	1.4	1.6	1.8	2
ζ	0.13	0.14	0.15	0.16	0.18	0.21	0.24	0.29	0.44	0.66	0.98	1.41	1.98

2）折角弯管

折角弯管（图 6-20）的局部阻力系数 ζ 取决于折角 θ 的大小，其经验公式为

$$\zeta = 0.946\sin^2\left(\frac{\theta}{2}\right) + 2.05\sin^4\left(\frac{\theta}{2}\right) \tag{6-79}$$

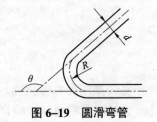

图 6-19　圆滑弯管

图 6-20　折角弯管

4. 其他各种损失

1）液体流经管道分支处的局部阻力损失系数

在水管、油管上的分支处可能有各种方式的流动，其局部阻力系数列于表 6-5 中。

表 6-5　管道分支处的局部阻力系数

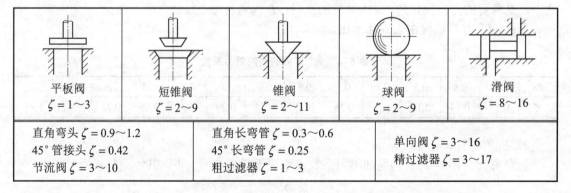

90°三通				
ζ	0.1	1.3	1.3	3
45°三通				
ζ	0.15	0.05	0.5	3
阀体上的油路				
ζ	1.5	1.8	2.3	

2）液压器件上的局部阻力损失系数

液压器件上的局部阻力系数可参阅表 6-6。其中，各种阀口的阻力系数因开口量的不同而有较大的变动幅度，开口量较大时取小值，开口量较小时取大值。

表 6-6　液压器件上的局部阻力系数

平板阀 $\zeta = 1 \sim 3$	短锥阀 $\zeta = 2 \sim 9$	锥阀 $\zeta = 2 \sim 11$	球阀 $\zeta = 2 \sim 9$	滑阀 $\zeta = 8 \sim 16$
直角弯头 $\zeta = 0.9 \sim 1.2$ 45°管接头 $\zeta = 0.42$ 节流阀 $\zeta = 3 \sim 10$		直角长弯管 $\zeta = 0.3 \sim 0.6$ 45°长弯管 $\zeta = 0.25$ 粗过滤器 $\zeta = 1 \sim 3$		单向阀 $\zeta = 3 \sim 16$ 精过滤器 $\zeta = 3 \sim 17$

6.4　黏性总流的伯努利方程及其应用

6.4.1　黏性总流的伯努利方程

在 5.2 节中已经求得无黏流体的伯努利方程（5-28），现将其推广至黏性流体。黏性流体在运动时需要克服黏性摩擦力，这会使机械能转变成热能而引起能量的消耗。根据能量守恒定律，对于重力作用下的不可压缩流体定常流动，在运动过程中单位质量流体的位能、压能、动能及损失的能量之和，应该等于在运动开始时单位质量流体的位能、压能和动能之和，即

$$gz_1 + \frac{p_1}{\rho} + \frac{V_1^2}{2} = gz_2 + \frac{p_2}{\rho} + \frac{V_2^2}{2} + gh_f' \tag{6-80}$$

式中，gh_f' 为单位质量流体的机械能损失；h_f' 为能头损失，习惯上也常称为水头损失。式（6-80）就是黏性流体沿流线的伯努利方程。

实际工程中遇到的往往是过流截面具有有限大小的流动，称为总流。将式（6-80）乘以 ρdQ，然后对整个总流截面积分。这样就获得总流的能量关系式，即

$$\int_{A_1}\left(\frac{p_1}{\rho} + gz_1 + \frac{V_1^2}{2}\right)\rho dQ = \int_{A_2}\left(\frac{p_2}{\rho} + gz_2 + \frac{V_2^2}{2}\right)\rho dQ + \int_A gh_f'\rho dQ \tag{6-81}$$

下面对上式各积分项进行讨论：

（1）$\int_A\left(\dfrac{p}{\rho} + gz\right)\rho dQ$ 为单位时间内通过截面 A 的势能总和。为了进行积分运算，假设两个过流截面上的流动为缓变流动。缓变流动必须满足两个特征：一是流线之间的夹角很小，即流线几乎相互平行；二是流线的曲率半径很大，即流线几乎是直线，因此流体具有较小的惯性力，可以认为，质量力只有重力。在缓变流动的情况下，过流截面可以近似地认为是一个平面。由于过流截面是与流线上的速度方向成正交的截面，因而在过流截面上没有任何速度分量。如果令 x 轴与过流截面相垂直（图 6-21），则 $u \neq 0$，$v = w \approx 0$。

图 6-21　缓变流动

由 N-S 方程得

$$\begin{cases} X - \dfrac{1}{\rho}\dfrac{\partial p}{\partial x} + \nu\Delta^2 u = \dfrac{du}{dt} \\[2mm] Y - \dfrac{1}{\rho}\dfrac{\partial p}{\partial y} = 0 \\[2mm] Z - \dfrac{1}{\rho}\dfrac{\partial p}{\partial z} = 0 \end{cases}$$

该方程的第 2 式及第 3 式与流体静力学的平衡方程相同，这说明在缓变流时，截面 yz 上各点保持流体静力学的规律，即 $gz + \dfrac{p}{\rho} = C$，所以在缓变流动条件下积分式为

$$\int_A\left(\frac{p}{\rho} + gz\right)\rho dQ = \left(\frac{p}{\rho} + gz\right)\rho\int_A dQ = \left(\frac{p}{\rho} + gz\right)\rho Q \tag{6-82}$$

（2）$\int_A \dfrac{V^2}{2}\rho dQ$ 为单位时间内通过截面 A 的流体动能。因为在截面上速度 V 是变量，所以如果用平均流速 V_{av} 来表示，则 $V = V_{av} + \Delta v$。因为流量 $Q = \int_A V dA$，所以

$$\begin{aligned} Q &= \int_A V dA = \int_A (V_{av} + \Delta v)dA \\ &= V_{av}A + \int_A \Delta v dA = Q + \int_A \Delta v dA \end{aligned}$$

由此可知 $\int_A \Delta v \mathrm{d}A = 0$，则通过截面 A 的动能

$$\int_A \frac{V^2}{2}\rho \mathrm{d}Q = \frac{\rho}{2}\int_A V^3 \mathrm{d}A = \frac{\rho}{2}\int_A (V_{\mathrm{av}} + \Delta v)^3 \mathrm{d}A$$

$$= \frac{\rho}{2}\left(\int_A V_{\mathrm{av}}^3 \mathrm{d}A + 3V_{\mathrm{av}}^2\int_A \Delta v \mathrm{d}A + 3V_{\mathrm{av}}\int_A \Delta v^2 \mathrm{d}A + \int_A \Delta v^3 \mathrm{d}A\right)$$

因为截面上的 Δv 有正有负，故 $\int_A \Delta v^3 \mathrm{d}A \approx 0$，由此可得

$$\int_A \frac{V^2}{2}\rho \mathrm{d}Q = \frac{\rho}{2}(V_{\mathrm{av}}^3 A + 3V_{\mathrm{av}}\int_A \Delta v^2 \mathrm{d}A)$$

$$= \frac{\rho}{2}\left(1 + \frac{3V_{\mathrm{av}}\int_A \Delta v^2 \mathrm{d}A}{V_{\mathrm{av}}^3 A}\right)V_{\mathrm{av}}^2 Q$$

或

$$\int_A \frac{V^2}{2}\rho \mathrm{d}Q = \frac{aV_{\mathrm{av}}^2}{2}\rho Q \qquad (6\text{--}83)$$

式中，$a = 1 + \dfrac{3\int_A \Delta v^2 \mathrm{d}A}{V_{\mathrm{av}}^2 A}$。

系数 a 是截面上的实际动能与以平均流速计算的动能的比值，称为动能修正系数。它的值总是大于 1，并与过流截面上的流速分布有关，流速分布越不均匀，a 值越大，流速分布较均匀时 a 接近于 1。对圆管层流 $a = 2$，湍流 $a = 1.01 \sim 1.15$，通常取 $a = 1.03 \sim 1.06$。

（3）$\int_A gh'_f \rho \mathrm{d}Q$ 为单位时间内流体克服摩擦阻力做功而消耗的机械能。该项不易通过积分确定，可令

$$\int_A gh'_f \rho \mathrm{d}Q = gh_f \rho Q \qquad (6\text{--}84)$$

式中，h_f 表示总流中单位质量流体从截面 1–1 到截面 2–2 平均消耗的能量。

将式（6–82）～式（6–84）代入式（6–81）得

$$\left(\frac{p_1}{\rho} + gz_1\right)\rho Q + \frac{aV_{\mathrm{av1}}^2}{2}\rho Q = \left(\frac{p_2}{\rho} + gz_2\right)\rho Q + \frac{aV_{\mathrm{av2}}^2}{2}\rho Q + gh_f \rho Q$$

等号两边除以 ρQ，即得重力场中实际不可压缩流体定常流动总流的伯努利方程

$$\frac{p_1}{\rho} + gz_1 + \frac{aV_{\mathrm{av1}}^2}{2} = \frac{p_2}{\rho} + gz_2 + \frac{aV_{\mathrm{av2}}^2}{2} + gh_f \qquad (6\text{--}85)$$

式（6–85）中因任意过流截面上（流动为缓变流动）的势能项 $gz + \dfrac{p}{\rho}$ 和动能项 $\dfrac{aV^2}{2}$ 在整个截面上都是常数，故可以选择截面上某个点来写伯努利方程。在使用式（6–85）时，必须把计算截面选取在缓变流动上，但两端面间的流动并不一定为缓变流动。

6.4.2 伯努利方程的工程应用

伯努利方程广泛应用于流体工程技术部门，是流体力学中极为重要的方程。下面给出它

的具体应用。

1. 滞止压力和测速管

在流速为 V，压强为 p_1，密度为 ρ_1 的均匀流场中有一障碍物，如图 6–22 所示。流体到达障碍物的前缘点（驻点）2 时，受到障碍物的阻滞而停滞，流速由原来的 V 变为零，压强则增到 p_2，利用伯努利方程就可以确定驻点处的压强 p_2，在点 2 前方的同一流线上未受障碍物干扰处取点 1，列出点 1 与点 2 的伯努利方程，即

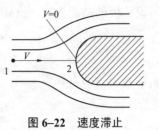

图 6–22　速度滞止

$$\frac{p_1}{\rho_1} + gz_1 + \frac{V_1^2}{2} = \frac{p_2}{\rho_1} + gz_2 + \frac{V_2^2}{2} + gh_f$$

因为 $z_1 = z_2$，$V_2 = 0$，这里流场为均匀，点 1 至点 2 的高差 $h_f \approx 0$，所以有

$$p_2 = p_1 + \rho_1 \frac{V_1^2}{2}$$

由于流体中动能转换成压能，所以驻点 2 的压强比流体原来的压强高，称流体原来的压强 p_1 为静压强，由流速转换而增加的部分 $\rho_1 \dfrac{V_1^2}{2}$ 称为动压强，它们的总和称为总压强或滞止压强。如果用一弯成直角的细管（即皮托管）来代替障碍物，管端正对着流体的运动方向，如图 5–5 所示可以测量流场的速度，其公式为式（5–31），相关内容在 5.2.4 节中已有介绍。

由于皮托管结构会引起液流扰乱和微小阻力，故精确计算还要对速度公式（5–31）加以修正，即有

$$V_1 = C_v \sqrt{2gh \frac{(\rho_2 - \rho_1)}{\rho_1}} \tag{6–86}$$

C_v 称为流速系数，一般条件下 $C_v = 0.97 \sim 0.99$。

皮托管结构简单，使用方便，价格低廉。每一种毕托管都应该经过严格的校准和标定，设计完善的皮托管可使流速系数接近 1。

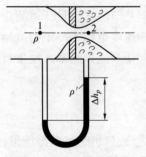

图 6–23　孔板流量计

2. 节流式流量计

在管道中安装一个过流截面略小的节流元件，使流体流过时，速度增大、压力降低。利用节流元件前后的压力差来测定流量的仪器称作节流式流量计。工业上常用的节流式流量计主要有三种类型，即孔板、喷嘴和圆锥式（又叫文丘利管）。它们的节流元件不同，但基本原理是一样的。

以孔板流量计为例，运用伯努利方程推导流量计算公式。如图 6–23 所示，设管径为 D，孔板的孔径为 d，液流通过孔板时收缩，然后又再扩大。在孔板前取截面 1–1，孔板后收缩截面处取截面 2–2，列出伯努利方程

$$\frac{p_1}{\rho} + gz_1 + \frac{a_1 V_1^2}{2} = \frac{p_2}{\rho} + gz_2 + \frac{a_2 V_2^2}{2} + gh_f$$

因为 $z_1 = z_2$，故如果暂不计能量损失 gh_f，且 a_1 与 a_2 均接近于 1，则有

$$\frac{p_1}{\rho} + \frac{V_1^2}{2} = \frac{p_2}{\rho} + \frac{V_2^2}{2}$$

设孔板的截面为 A，该处的速度为 V，由连续方程可得

$$V_1 = \frac{A}{A_1}V , \quad V_2 = \frac{A}{A_2}V$$

代入伯努利方程得

$$\frac{\Delta p}{\rho} = \frac{p_1 - p_2}{\rho} = \frac{V_2^2 - V_1^2}{2} = \frac{V^2}{2}\left[\left(\frac{A}{A_2}\right)^2 - \left(\frac{A}{A_1}\right)^2\right]$$

或

$$V = \sqrt{\frac{2\Delta p}{\rho\left[\left(\frac{A}{A_2}\right)^2 - \left(\frac{A}{A_1}\right)^2\right]}}$$

于是理论流量为

$$Q_T = VA = A\sqrt{\frac{2\Delta p}{\rho\left[\left(\frac{A}{A_2}\right)^2 - \left(\frac{A}{A_1}\right)^2\right]}}$$

由于液体通过孔板时有能量损失，而且由孔板流出的液体还要发生收缩，两个截面处动能修正系数也不等于 1，因此实际流量 Q 会小于理论流量 Q_T。经常用下列通用形式来表示流量

$$Q = C_q A\sqrt{\frac{2\Delta p}{\rho}} \tag{6-87}$$

式中，C_q 为受流量计能量损失和出流流体收缩等影响的流量系数，C_q 由实验测得，它随着孔板的结构和流体的流动状态的变化而变化，具体数据可查阅相关手册，通常对锐缘的孔板流量计，当 $A/A_1 \leqslant 0.2$ 时，C_q 为 0.60～0.62。

节流式流量计结构简单、安装方便，在工程上应用极为广泛。但是节流式流量计可测定的最大流量会受到液体汽化压力的限制。因为流量越大，节流口处的速度也越大，压力就越低。一旦压力接近液体工作温度下的汽化压力，液体就会开始汽化，使节流口阻塞，发生节流气穴，从而使得测量无法进行。

6.4.3 沿程有能量输入或输出的伯努利方程

沿总流两截面间若装有水泵、风机或水轮机等装置，流体流经水泵或风机时将获得能量，而流经水轮机时将失去能量。设单位重量液体所增加或减少的能量用 H 来表示，则总流的伯努利方程为

$$\frac{p_1}{\rho} + gz_1 + \frac{a_1 V_1^2}{2} \pm gH = \frac{p_2}{\rho} + gz_2 + \frac{a_2 V_2^2}{2} + gh_f \tag{6-88}$$

式中，H 前面的正负号表示，获得能量为正，失去能量为负。对于水泵，H 为扬程。

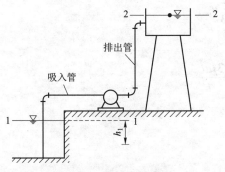

图 6-24　泵抽水示意图

如图 6-24 所示，水池通过泵将水送至水塔。列出水池液面（截面 1-1）至水塔液面（截面 2-2）的伯努利方程

$$\frac{p_1}{\rho} + gz_1 + \frac{a_1 V_1^2}{2} + gH = \frac{p_2}{\rho} + gz_2 + \frac{a_2 V_2^2}{2} + gh_f$$

因为液面敞开在大气中，故 $p_1 = p_2 = p_a$，液面上流速 V_1 和 V_2 近似于 0，所以

$$H = z_2 - z_1 + h_f$$

即泵的扬程主要用于克服位差和水头损失。

泵在单位时间内对通过液体所做的功叫作泵的有效功率或输出功率，用 N_T 表示，公式为

$$N_T = \rho g Q H \qquad (6\text{-}89)$$

因为泵内有能量损失，所以泵的输入功率 N 要大于输出功率 N_T。输出功率与输入功率之比为泵的效率，即

$$\eta = \frac{N_T}{N} \qquad (6\text{-}90)$$

6.5　两平行平板间的二维流动

如图 6-25 所示，两平行平板间的二维流场只存在沿 x 方向的流动，且流动速度 $u = u(y)$，假设流动为定常且忽略体积力，则根据方程（6-16），x 方向的动量方程为

$$\frac{\mathrm{d}p}{\mathrm{d}x} = \mu \frac{\mathrm{d}^2 u}{\mathrm{d}y^2} \qquad (6\text{-}91)$$

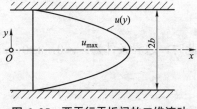

图 6-25　两平行平板间的二维流动

根据边界条件的不同，可以分成以下几种情况。

6.5.1　二维泊肃叶流

假设上、下两个平板不动，则边界条件为无滑移条件：$y = \pm b$，$u = 0$。对式（6-91）积分两次，由边界条件得

$$u = -\frac{1}{2\mu} \frac{\mathrm{d}p}{\mathrm{d}x} (b^2 - y^2) \qquad (6\text{-}92)$$

该式为流场中的速度分布。由式（6-92）可以计算出中线上最大速度值

$$u_{\max} = -\frac{1}{2\mu} \frac{\mathrm{d}p}{\mathrm{d}x} b^2$$

通过两平板间的流量

$$Q = \int_{-b}^{b} u \mathrm{d}y = -\frac{2}{3\mu} \frac{\mathrm{d}p}{\mathrm{d}x} b^3$$

可知两平板间流动的平均速度

$$u_{av} = \frac{Q}{2b} = -\frac{1}{3\mu}\frac{\mathrm{d}p}{\mathrm{d}x}b^2 = \frac{2}{3}u_{max}$$

壁面上的最大切应力

$$\tau_{max} = \mu\frac{\mathrm{d}u}{\mathrm{d}y}\bigg|_{max} = \frac{\mathrm{d}p}{\mathrm{d}x}b = -\frac{3\mu u_{av}}{b}$$

以及阻力系数

$$\lambda = \frac{|\tau_{max}|}{\frac{1}{2}\rho u_{av}^2} = \frac{6}{Re}$$

6.5.2　纯剪切流

改变坐标系和相关定义，将图 6-25 的 Ox 轴移到下平板，同时将两平板的间距定义为 b，求解式（6-92）采用相应的边界条件 $y=0$，$u=0$；$y=b$，$u=0$，则可以得到与式（6-92）对应的解

$$u = -\frac{b^2}{2\mu}\frac{\mathrm{d}p}{\mathrm{d}x}\frac{y}{b}\left(1-\frac{y}{b}\right) \tag{6-93}$$

假设在纯剪切流中，保持下板不动，上板以常速 U 沿 x 移动，且无压力梯度，则方程（6-91）变为

$$\frac{\mathrm{d}^2 u}{\mathrm{d}y^2} = 0 \tag{6-94}$$

此时，边界条件为：$y=0$，$u=0$；$y=b$，$u=U$。采用这一边界条件对式（6-94）求解得

$$u = \frac{y}{b}U \tag{6-95}$$

这便是纯剪切流的速度分布。

6.5.3　二维库特流

若将 6.5.1 节的二维泊肃叶（Poiseuite）流与 6.5.2 节的纯剪切流叠加，即下板不动，上板以常速 U 沿 x 移动，且压力梯度不为零，则根据式（6-93）和式（6-95），可以得到二维库特（Couette）流的速度分布，即

$$\left.\begin{aligned}\frac{u}{U} &= \frac{y}{b} - \frac{b^2}{2\mu U}\frac{\mathrm{d}p}{\mathrm{d}x}\frac{y}{b}\left(1-\frac{y}{b}\right) = \frac{y}{b} + P\frac{y}{b}\left(1-\frac{y}{b}\right)\\ P &= -\frac{b^2}{2\mu U}\frac{\mathrm{d}p}{\mathrm{d}x}\end{aligned}\right\} \tag{6-96}$$

图 6-26 给出了流场中速度分布 u/U 与压力梯度 P 的关系。其中，$P>0$ 是顺压流动，此时全流场速度都为正；$P<0$ 为逆压流动，这时流场可能出现倒流。而倒流是否出现则取决于逆压梯度和剪切压强的大小，若逆压梯度占优势，则出现倒流。所以，最容易出现倒流的是靠近下平板的区域。

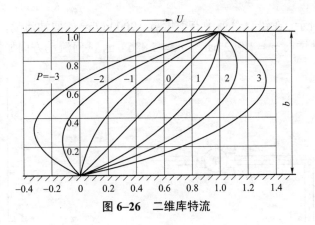

图 6-26　二维库特流

习 题

6.1　层流与湍流有什么本质区别？

6.2　设水平放置一管径为 d、长为 l 的圆形直管。管中的入口压强为 p_1，出口压强为 p_2，流态为层流，试确定流体对管壁的摩擦力。

6.3　有直径 $d=10$ cm、长 $l=100$ m 的圆管水平放置，管中有运动黏度 $\nu=1$ cm²/s、密度 $\rho=850$ kg/m³ 的油，以 $Q=10$ l/s 的流量通过，求此管两端的压差。

6.4　用毛细管测量黏度。相对密度为 0.9 的某油液，经长 1 m、直径 10 mm 的毛细管，其压降为 1 m 水柱[①]，并在 100 s 内得质量为 1 kg 的油，求该油液的动力黏度。

6.5　直径 $d=15$ mm 的圆管中流体以速度 $V=14$ m/s 在流动。设流体分别为：（1）润滑油 $\nu=1$ cm²/s；（2）汽油 $\nu=0.884$ cm²/s；（3）水 $\nu=0.01$ cm²/s；（4）空气 $\nu=0.15$ cm²/s，试判别其流态。若使管内保持层流，则以上四种流体在管内最大流速为多少？

6.6　如图 1 所示，$h=15$ m，$p_1=450$ kPa，$p_2=250$ kPa，$d=10$ mm，$L=20$ m，油液动力黏度 $\mu=40\times10^{-3}$ Pa·s，相对密度为 0.88，求流量。

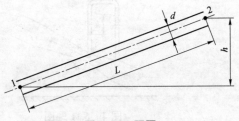

图 1　6.6 题图

6.7　沿直径 $d=200$ mm、长 $l=3\,000$ m 的无缝钢管（$\Delta=0.2$ mm）输送密度 $\rho=900$ kg/m³ 的石油。已知流量 $Q=27.8\times10^3$ m³/s。油的运动黏度在冬季 $\nu_w=1.092\times10^{-4}$ m²/s，夏季 $\nu_s=0.355\times10^{-4}$ m²/s。试求沿程损失。

6.8　油的密度 $\rho=780$ kg/m³，动力黏度 $\mu=1.87\times10^{-3}$ N·s/m²，用泵输送通过直径 $d=30$ cm、长 $l=6.5$ km 的油管，管内壁 $\Delta=0.75$ mm，流量 $Q=0.233$ m³/s，试求压降。另当泵的总效率为 75% 时，问泵所需的功率为多少？

6.9　如图 2 所示，齿轮泵由油箱吸取液压油，已知流量 $Q=1.2\times10^{-3}$ m³/s，油的运动黏度 $\nu=0.4$ cm²/s，密度 $\rho=900$ kg/m³，吸油管长度 $l=10$ m，管径 $d=40$ mm。若油泵进口最大允许真空度 $p_v=25$ kPa，求油泵允许的安装高度 H。

---

① 1 m 水柱 =0.01 MPa。

6.10 如图 3 所示，在铅直管道中有密度 $\rho = 900 \text{ kg/m}^3$ 的原油流动，管道直径 $d = 20 \text{ cm}$，在 $l = 20 \text{ m}$ 的两端处读得 $p_1 = 1.962 \text{ bar}$[①]，$p_2 = 5.886 \text{ bar}$，试问流动方向如何？水头损失多少？

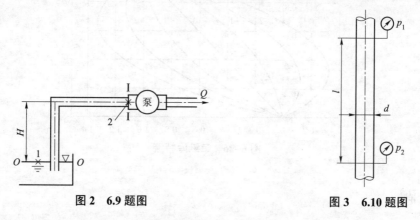

图 2 6.9 题图   图 3 6.10 题图

6.11 如图 4 所示，倾斜水管上的文丘里流量计 $d_1 = 30 \text{ cm}$，$d_2 = 15 \text{ cm}$，倒 U 形差压计中装有相对密度为 0.6 的轻质不混于水的液体，其读数为 $h = 30 \text{ cm}$，收缩管中的水头损失为 d_1 管中速度水头的 20%，试求喉部速度 V_2 与管中流量 Q。

6.12 水平管路直径由 $d_1 = 10 \text{ cm}$ 突然扩大到 $d_2 = 15 \text{ cm}$，水的流量 $Q = 2 \text{ m}^3/\text{min}$。（1）试求突然扩大的局部水头损失；（2）试求突然扩大前后的压强水头差；（3）如果管道是逐渐扩大而忽略损失，试求逐渐扩大前后压强水头之差。

6.13 如图 5 所示，为测定 90° 弯头的局部阻力系数，在 A、B 两截面接测压管。已知管径 $d = 50 \text{ mm}$，AB 段长 $l = 10 \text{ cm}$，流量 $Q = 2.74 \text{ L/s}$，沿程阻力系数 $\lambda = 0.03$，两测压管中的水柱高度差 $\Delta h = 0.629 \text{ m}$，求弯头的局部阻力系数 ζ 值。

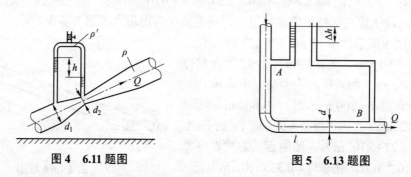

图 4 6.11 题图   图 5 6.13 题图

6.14 实际问题中，20℃ 的水（运动黏度 $\nu = 1.007 \times 10^{-6} \text{ m}^2/\text{s}$）以平均速度 $U_{水}$ 流过直径为 0.2 m 的光滑管道。若以 20℃ 的空气（运动黏度 $\nu = 1.5 \times 10^{-6} \text{ m}^2/\text{s}$）来模拟，则流过同样的管道，空气流速需要多大才能保证两者动力学相似？

6.15 证明直径为 d 的圆球在黏性很大的流体中缓慢下降时的最终速度为 $v = d^2(\rho_{球} - \rho)g/18\mu$。

6.16 图 6 所示为两平行平板，两板间为黏性不可压缩流体，设上板不动，下板以速度 U 向右运动，如果运动定常，沿流动方向流场压力梯度为常数 c，求两板间流体的速度分布、

――――――――――――

① 1 bar = 0.1 MPa。

流量和作用在下板上的摩擦力。

6.17　如图 7 所示，两固定平行平板间距为 8 cm，动力黏度 $\mu = 1.96$ Pa·s 的油在平板中做层流运动，最大速度 $u_{max} = 1.5$ m/s，试求：

（1）单位宽度上的流量；

（2）平板上的切应力和速度梯度；

（3）$l = 25$ m 前后的压差及 $y = 2$ cm 处的流体速度。

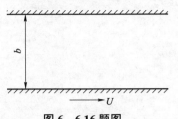

图 6　6.16 题图

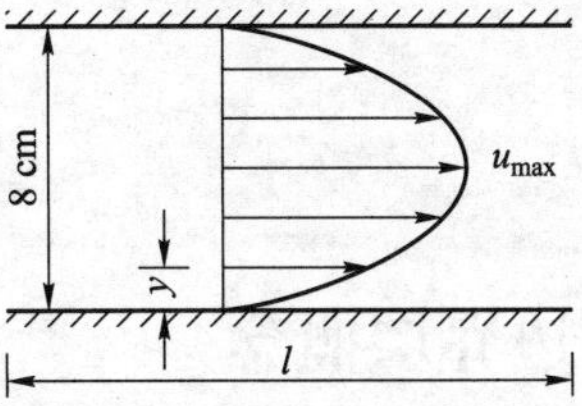

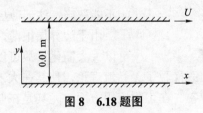

图 7　6.17 题图

6.18　如图 8 所示，相距 0.01 m 的平行平板内充满 $\mu = 0.08$ Pa·s 的油，下板运动速度 $U = 1$ m/s，在 $x = 80$ m 处压强从 17.65×10^4 Pa 降到 9.81×10^4 Pa，试求：

（1）$u = u(y)$ 的速度分布；

（2）单位宽度上的流量；

（3）上板的切应力。

图 8　6.18 题图

第七章
边界层流动

7.1 边界层概念

1904 年普朗特（L. Prandtl）首先提出边界层概念。通过实验观察，他发现对于诸如空气、水等普通黏性的流体，在大雷诺数绕流情况下，黏性的影响仅局限在物体壁面附近的薄层以及物体之后的尾迹流中，流动的其他区域速度梯度

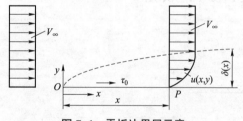

图 7-1　平板边界层示意

很小，黏性对其的影响也很小，可以按理想位流流体的位流理论来处理，如图 7-1 所示。物体壁面附近的薄层内存在着很大的速度梯度和旋涡，黏性影响不能忽略，这一薄层称为边界层。

由于边界层很薄，黏流的运动方程在边界层内可以大大简化，故可以得到一些有用的解析解。所以，边界层概念提出来以后，既挽救了无黏流理论，使其在大部分流场上可以应用，也挽救了黏流理论，使其得以求得解答。在工程应用方面，尤其是在航空工程中，小黏性、大雷诺数的流动问题是非常多的，而这些问题完全可以用边界层理论来解决。所以，边界层概念对流体力学的发展起了很大的作用。当然，现在已经进入了 21 世纪，计算技术及计算机发展得很快，人们已经可以用数值法直接求解 N–S 方程。但在研究物理现象时，边界层概念仍然是很有用的。

黏性流体流经任一物体（例如机翼与机身）的问题，可归结为在相应的边界条件下解 N–S 方程的问题。但由于 N–S 方程太复杂，在很多实际问题中，不得不作一些近似假设使其简化，以求问题得以近似解决。简化时，必须符合物理事实，这里我们首先来看看空气流过静止物体（例如翼型）的物理画面。由直接观察得知，流场可以分为三个区，如图 7-2 所示。

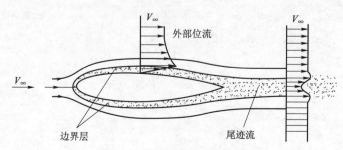

图 7-2　有边界层的流动图谱

第一区称为边界层。我们注意到，在物体表面上，流动速度 $V=0$；而离开表面很小的距离时，速度就有了很快的增长。沿物面任一点 P 处法线上的速度分布（速度型）如图 7-1 所示。由此图看出，靠近物面的薄层流体中，速度梯度很大。因此，即使流体的黏度 μ 很小，黏性摩擦力（μ 与速度梯度的乘积）也是不能忽略的。此薄层流体称为边界层。在此层的外边界上，流动速度和层外的自由流速差不多。当然，边界层的内边界就是被绕流物体的表面。

第二区称为尾迹区。边界层内的流动是有旋流。顺流而下，在物体后面形成一系列细小的旋涡，我们称之为尾迹区，通常该区是很狭窄的。

第三区称为位流区。位流区在边界层和尾迹区以外，速度梯度很小。只要流体的黏度不大，摩擦力就可以忽略。也就是说，可以将边界层和尾迹区以外的广大区域视为位流区。

因此，位流区内的流体可看作理想流体，可用欧拉方程来研究其运动。在边界层内的流体则用 N-S 方程来研究其运动，因边界层很薄，N-S 方程可以大大简化。本章讨论边界层内的流动问题。

边界层内的流态亦有层流与湍流两种。边界层内流态受许多因素影响，例如 Re 数增加，来流的湍流度增加；表面粗糙度增加、主流的逆压梯度以及激波干扰或压强的脉动等因素促使层流变成湍流。因此流体流过物面时不像管内流动那样存在一个固定不变的临界 Re 数（圆管 $Re_{cr}=2\,300$），可以依此来判定边界层内的流态。

边界层内流动状态为层流时，称为层流边界层；当边界层内流动为湍流时，称为湍流边界层；从层流变为湍流的过渡段，称为转捩区（或过渡区），如图 7-3 所示。

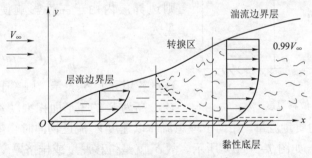

图 7-3　顺流平板边界层示意

7.2　边界层的厚度

7.2.1　边界层厚度 δ

设直匀流 V_∞ 以零迎角平行流过一块长度为 l 的平板，如图 7-4 所示。由于流体有黏性，在任一位置 x 处，平板表面上的速度为零，其他各点的流速则随 y 的增大而逐渐增大。从理论上讲，只有当 $y\to\infty$ 时，速度才等于 V_∞。不过，速度的增大主要集中在 x 轴附近的边界层内。

边界层与外部位流之间没有一个明显的分界线（或面），边界层内流体的速度由在固体壁面上的零急剧地增加到外部位流速度是一个连续的变化过程。通常，取物面到沿物体表面外法线上速度达到外部自由流速度 V_∞ 的 99% 处的距离作为边界层厚度，用 δ 表示。

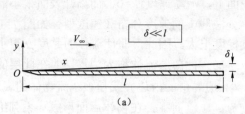 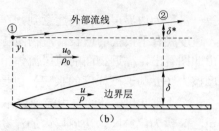

图 7-4 平板边界层

（a）总体情况；（b）局部放大情况

显然，边界层的厚度是与 x 有关的，所以写成 $\delta(x)$。平板前缘处，$\delta=0$；往下游处，δ 是逐渐增大的。尽管如此，就总体来说 $\delta(x)$ 仍然是很薄的，即

$$\delta(x) \ll l \tag{7-1}$$

7.2.2 边界层位移厚度 δ^*

前述的边界层厚度表示考虑了黏性影响的范围，我们还可以用其他一些厚度来表示黏性对流动的影响。

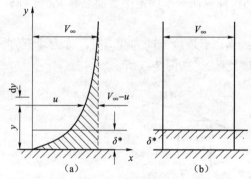

图 7-5 位移厚度

设有速度为 V_∞、密度为 ρ_∞ 的气流流过一平板，u 表示某一位置 x 处平行于固体壁面的速度分量，y 表示垂直平板的坐标，如图 7-5 所示。则边界层内由于黏性影响使质量流量减少的总量为

$$\int_0^\infty (\rho_\infty V_\infty - \rho u) \mathrm{d}y$$

该量若用 $\rho_\infty V_\infty \delta^*$ 表示，则等于图 7-5（b）中宽为 V_∞、高为 δ^* 的矩形面积乘以 ρ_∞。也就是说，边界层黏性影响所减少的质量流量，相当于理想流体以速度 V_∞ 流过物面时物体表面向外移动了距离 δ^* 所减少的流量，如图 7-5（b）所示。故 δ^* 就是位移厚度或排挤厚度。

由

$$\rho_\infty V_\infty \delta^* = \int_0^\infty (\rho_\infty V_\infty - \rho u) \, \mathrm{d}y$$

得

$$\delta^* = \int_0^\infty \left(1 - \frac{\rho u}{\rho_\infty V_\infty}\right) \mathrm{d}y \tag{7-2}$$

因为边界层厚度 δ 取物面到 $u=0.99V_\infty$ 处的距离，上式中积分上限取 ∞ 时的积分值与取 δ 时的积分值相差很小，故上式还可以表示为

$$\delta^* = \int_0^\delta \left(1 - \frac{\rho u}{\rho_\infty V_\delta}\right) \mathrm{d}y \tag{7-3}$$

对不可压流

$$\delta^* = \int_0^\delta \left(1 - \frac{u}{V_\delta}\right) \mathrm{d}y \tag{7-4}$$

边界层厚度 δ 是人为规定的，有任意性，而位移厚度 δ^* 具有明确的物理意义。位移厚度 δ^* 就是由于在边界层内速度降低而要求通道相应加宽的部分，即全部有黏流动所占的通道比无黏（理想流体）流动应占通道该加宽的部分。

位移厚度 δ^* 的意义：若将绕流物体表面各处向外移动 δ^* 距离，对这样修正所得的等效外形，采用理想流体理论计算，所得压强分布较好地计及了黏性影响。

一般情况下 δ^* 是 δ 的几分之一。

7.2.3　边界层动量损失厚度 δ^{**}

动量损失厚度表示，由于黏性作用边界层内损失掉动量的流体以理想流体的动量 $\rho_\infty V_\infty^2$ 向前流动时所需的通道厚度。因此有

$$\rho_\infty V_\infty^2 \delta^{**} = \int_0^\infty (\rho u V_\infty - \rho u^2)\mathrm{d}y \tag{7-5}$$

式中，等号右侧第一项是实际流量乘以层外流速 V_∞ 这样一个假想动量，而第二项则是实际流量乘以实际流速 u，这是实际动量。二者之差就是层内那部分流量在没有黏性力作用时应有的动量与有黏性力作用时的实际动量之差，这也就是由于有黏性力作用而损失的动量。这些损失了的动量折合成以 V_∞ 流动的、厚度为 δ^{**} 的一层流体所具有的动量，即

$$\delta^{**} = \int_0^\infty \frac{\rho u}{\rho_\infty V_\infty}\left(1 - \frac{u}{V_\infty}\right)\mathrm{d}y \tag{7-6}$$

上式亦可写成

$$\delta^{**} = \int_0^\delta \frac{\rho u}{\rho_\infty V_\delta}91 - \frac{u}{V_\delta}\,\mathrm{d}y \tag{7-7}$$

对不可压流则有

$$\delta^{**} = \int_0^\delta \frac{u}{V_\delta}\left(1 - \frac{u}{V_\delta}\right)\mathrm{d}y \tag{7-8}$$

特征厚度 δ、δ^* 和 δ^{**} 都表示边界层的厚度，都很薄，它们三者之间的关系为
$$\delta > \delta^* > \delta^{**}$$

7.3　平面不可压层流边界层微分方程

7.3.1　二维平板的边界层微分方程式

在忽略彻体力的前提下，黏性平面不可压流动的基本方程为

$$\left.\begin{array}{l} \dfrac{\partial u}{\partial t} + u\dfrac{\partial u}{\partial x} + v\dfrac{\partial u}{\partial y} = -\dfrac{1}{\rho}\dfrac{\partial p}{\partial x} + \nu\left(\dfrac{\partial^2 u}{\partial x^2} + \dfrac{\partial^2 u}{\partial y^2}\right) \\[3mm] \dfrac{\partial v}{\partial t} + u\dfrac{\partial v}{\partial x} + v\dfrac{\partial v}{\partial y} = -\dfrac{1}{\rho}\dfrac{\partial p}{\partial y} + \nu\left(\dfrac{\partial^2 v}{\partial x^2} + \dfrac{\partial^2 v}{\partial y^2}\right) \\[3mm] \dfrac{\partial u}{\partial x} + \dfrac{\partial v}{\partial y} = 0 \end{array}\right\} \tag{7-9}$$

现在，用边界层条件式（7-1）来简化黏流运动方程式（7-9）。在式（7-9）中，y 的数值限制在边界层之内，即

$$0 \leqslant y \leqslant \delta \tag{7-10}$$

这就是说，y 的数值是 δ 级的小量，记为

$$y \sim \delta \tag{7-11}$$

现在来比较式（7-9）中各项的大小，并简化此式。因为在物面 $u = 0$，而在边界层的外缘处，u 具有 V 的量级，由此可知，当 y 由前缘处接近于 0 的数值变化到 δ 时，u 增量 Δu 具有 V 的量级，即 $\Delta u \sim V, \Delta y \sim \delta$，所以 $\dfrac{\partial u}{\partial y}$ 的量级应是

$$\frac{\partial u}{\partial y} \sim \frac{V}{\delta}$$

同样可以证明，在边界层内，$\dfrac{\partial^2 u}{\partial y^2}$ 的量级应是

$$\frac{\partial^2 u}{\partial y^2} \sim \frac{V}{\delta^2}$$

现在来估计 $\partial u / \partial x$ 的量级。当沿着物面移动物体长度 l 时，u 的改变可以从 0 到 V，即 $\Delta u \sim V$ 和 $\Delta x \sim l$，所以

$$\frac{\partial u}{\partial x} \sim \frac{V}{l}, \frac{\partial^2 u}{\partial x^2} \sim \frac{V}{l^2}$$

由式（7-9）中的第三式（连续方程）知

$$\frac{\partial u}{\partial x} = -\frac{\partial v}{\partial y}$$

$$\frac{\partial v}{\partial y} \sim \frac{\partial u}{\partial x} \sim \frac{V}{l}$$

故得

$$v = \int_0^y \frac{\partial v}{\partial y} \, \mathrm{d}y \sim \int_0^y \frac{V}{l} \, \mathrm{d}y \sim \frac{V\delta}{l}$$

和

$$\frac{\partial v}{\partial x} \sim \frac{V\delta}{l^2}, \quad \frac{\partial^2 v}{\partial x^2} \sim \frac{V\delta}{l^3}, \quad \frac{\partial^2 v}{\partial y^2} \sim \frac{V}{l\delta}$$

现在写下式（7-9）中的第一式，并在其每一项的下方注明该项的量级，则有

$$\left.\begin{array}{c} \dfrac{\partial u}{\partial t} + u\dfrac{\partial u}{\partial x} + v\dfrac{\partial u}{\partial y} = -\dfrac{1}{\rho}\dfrac{\partial p}{\partial x} + \nu\left(\dfrac{\partial^2 u}{\partial x^2} + \dfrac{\partial^2 u}{\partial y^2}\right) \\[2mm] \dfrac{V^2}{l} \qquad \dfrac{V^2}{l} \qquad\qquad\qquad\qquad \dfrac{V}{l^2} \quad \dfrac{V}{\delta^2} \end{array}\right\}$$

显然，此式右边括号中的第一项的量级远比第二项小，故此式可简化为

$$\left.\begin{array}{l}\dfrac{\partial u}{\partial t}+u\dfrac{\partial u}{\partial x}+v\dfrac{\partial u}{\partial y}=-\dfrac{1}{\rho}\dfrac{\partial p}{\partial x}+\nu\dfrac{\partial^{2}u}{\partial y^{2}}\\[2mm]\qquad\dfrac{V^{2}}{l}\qquad\dfrac{V^{2}}{l}\qquad\qquad\qquad\nu\dfrac{V}{\delta^{2}}\end{array}\right\}\qquad(7\text{--}12)$$

根据边界层的定义，可知层内流体所受的黏性力与惯性力具有同一量级，即可以假设 V^{2}/l 和 $\nu\dfrac{V}{\delta^{2}}$ 是同一量级的；再假设 $\dfrac{\partial u}{\partial t}$ 和 $\dfrac{1}{\rho}\dfrac{\partial p}{\partial x}$ 的量级也是惯性项的级别，即 $\dfrac{V^{2}}{l}$。因此式（7--12）就是式（7--9）中第一式的简化结果。

下面再看如何简化式（7--9）中的第二式。根据以上所述，该式各项的量级分别为

$$\dfrac{\partial v}{\partial t}+u\dfrac{\partial v}{\partial x}+v\dfrac{\partial v}{\partial y}=-\dfrac{1}{\rho}\dfrac{\partial p}{\partial y}+\nu\left(\dfrac{\partial^{2}v}{\partial x^{2}}+\dfrac{\partial^{2}v}{\partial y^{2}}\right)$$

$$\dfrac{V^{2}\delta}{l^{2}}\quad\dfrac{V^{2}\delta}{l^{2}}\qquad\qquad\qquad\dfrac{V\delta}{l^{3}}\quad\dfrac{V}{l\delta}$$

显然，右边括号中的第一项可以忽略不计，故上式可简化为

$$\dfrac{\partial v}{\partial t}+u\dfrac{\partial v}{\partial x}+v\dfrac{\partial v}{\partial y}=-\dfrac{1}{\rho}\dfrac{\partial p}{\partial y}+\nu\dfrac{\partial^{2}v}{\partial y^{2}}$$

$$\dfrac{V^{2}\delta}{l^{2}}\quad\dfrac{V^{2}\delta}{l^{2}}\qquad\qquad\qquad\dfrac{\nu V}{l\delta}$$

假设黏性力与惯性力具有同一量级，以及 $\dfrac{\partial v}{\partial t}$ 也与惯性项同量级，即 $\dfrac{\partial v}{\partial t}\sim\dfrac{V^{2}\delta}{l^{2}}$，因此，从上式可以得到以下结论，即

$$\dfrac{1}{\rho}\dfrac{\partial p}{\partial y}\sim\dfrac{V^{2}\delta}{l^{2}}\ll\dfrac{V^{2}}{l}\sim\dfrac{1}{\rho}\dfrac{\partial p}{\partial x}$$

亦即

$$\dfrac{\partial p}{\partial y}\ll\dfrac{\partial p}{\partial x}$$

所以可用

$$\dfrac{\partial p}{\partial y}=0\qquad\qquad(7\text{--}13)$$

来代替式（7--9）中的第二式。式（7--13）的物理意义是：在边界层内，沿物体表面的法线方向压强 p 是不变的，亦即等于外边界处自由流的压强。这个结果已为实验所证实。这样黏性流体在边界层中所服从的运动规律是下列边界层方程

$$\left.\begin{array}{c}\dfrac{\partial u}{\partial t}+u\dfrac{\partial u}{\partial x}+v\dfrac{\partial u}{\partial y}=-\dfrac{1}{\rho}\dfrac{\partial p}{\partial x}+\nu\dfrac{\partial^{2}u}{\partial y^{2}}\\[2mm]\dfrac{\partial p}{\partial y}=0\\[2mm]\dfrac{\partial u}{\partial x}+\dfrac{\partial v}{\partial y}=0\end{array}\right\}\qquad(7\text{--}14)$$

在对式（7–14）的第一式简化的过程中，曾假设 $\dfrac{V^2}{l} \sim \nu\dfrac{V}{\delta^2}$，这相当于假设了

$$\frac{V^2}{l}\bigg/\left(\nu\frac{V}{\delta^2}\right) \sim 1$$

即

$$\frac{Vl}{\nu}\left(\frac{\delta}{l}\right)^2 \sim 1$$

现在定义雷诺数 $Re = \dfrac{Vl}{\nu}$。若上式成立，就等于假设了雷诺数 Re 与 $\left(\dfrac{l}{\delta}\right)^2$ 成正比，即

$$Re = \frac{Vl}{\nu} \sim \left(\frac{l}{\delta}\right)^2$$

很大，而边界层的厚度

$$\delta \sim \frac{l}{\sqrt{Re}}$$

很小，这在层流边界层中一般都是如此的。

在定常流动中，从式（7–14）的第二式知，在边界层内，p 只是 x 的函数，故边界层方程可写成如下形式

$$\left.\begin{aligned} u\frac{\partial u}{\partial x} + v\frac{\partial u}{\partial y} &= -\frac{1}{\rho}\frac{\mathrm{d}p}{\mathrm{d}x} + \nu\frac{\partial^2 u}{\partial y^2} \\ \frac{\partial u}{\partial x} + \frac{\partial v}{\partial y} &= 0 \end{aligned}\right\} \tag{7–15}$$

7.3.2　二维微弯曲面的边界层方程式

空气流过曲面时，同样会形成边界层，如图 7–6 所示。边界层内任意一点的位置都可用其至物面的距离 y（沿法线）和沿物面的长度 x 来决定（即所谓曲线坐标系）。其速度也可以分

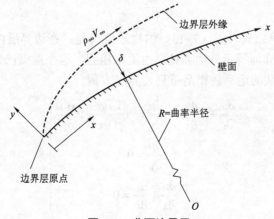

图 7–6　曲面边界层

解为 v（沿法线方向）和 u（沿物面的切线方向）。当物面曲率很小时，以上得到的边界层方程式（7–14）和式（7–15）也可以近似地使用，只是要将 x 和 y 按上述曲线坐标处理。但应指出，

$$\frac{\partial p}{\partial y} = 0$$

仍然成立。亦即，在边界层内，沿物体表面的法线方向，压强 p 是一个常数。

7.3.3　定常层流边界层问题解法概述

边界层内的流动可能是层流，也可能是湍流。湍流边界层问题暂不讨论，现在来讨论定常层流边界层问题。上面已经导出了层流边界层的微分方程，接下来的任务就是结合具体的边界条件求解。可按下列步骤进行。

第一步，求解位流。这时，略去边界层与尾迹，求解理想流体对物体的绕流问题。因为，这个问题已在理论流体力学中得到解决，所以，假设物体表面的速度分布已经求得，并以 $u(x)$ 表示。此处的 x 表示自驻点沿物面量度的曲线坐标（弧长）。因边界层很薄，故 $u(x)$ 可视为边界层外边界上的切向速度分布，即在任意坐标 x 处

$$y = \delta \text{ 时}, \ u = u_\delta(x)$$

沿边界层外边界，伯努利方程成立，即

$$p + \frac{1}{2}\rho u_\delta^2 = \text{常数}$$

由此可得

$$\frac{\mathrm{d}p}{\mathrm{d}x} = -\rho u_\delta \frac{\mathrm{d}u_\delta}{\mathrm{d}x} \tag{7–16}$$

因此，边界层内的压强分布通过位流解得到了，即（$\mathrm{d}p / \mathrm{d}x$）是一个已知函数了。

第二步，考察边界层方程与边界条件。曲线坐标下的定常流边界层方程仍是式（7–15），但 (x, y) 是曲线坐标，即

$$\left. \begin{array}{l} u\dfrac{\partial u}{\partial x} + v\dfrac{\partial u}{\partial y} = -\dfrac{1}{\rho}\dfrac{\mathrm{d}p}{\mathrm{d}x} + v\dfrac{\partial^2 u}{\partial y^2} \\[3mm] \dfrac{\partial u}{\partial x} + \dfrac{\partial v}{\partial y} = 0 \end{array} \right\}$$

因 $\mathrm{d}p / \mathrm{d}x$ 是已知函数，所以这两个方程式中只有两个未知数 $u(x, y)$ 和 $v(x, y)$，问题是可解的。求解时，应服从的边界条件是

物面　　　　　　　　　　　$y = 0$ 处，$u = 0, v = 0$　　　　　　　　　（7–17a）

边界层外缘　　　　　　　　$y = \delta$ 处，$u = u_\delta(x)$　　　　　　　　　（7–17b）

严格地说，$y = \delta$ 时，u 并不等于 $u_\delta(x)$，而是等于 $0.99 u_\delta(x)$。所以准确的外缘条件应是

$$y \to \infty \text{ 处}, \ u \to u_\delta(x) \tag{7–18}$$

第三步，解法思路。问题是在边界条件式（7–17）和式（7–18）之下，求解边界层方程组（7–15）。下面的布拉休斯解就是一个求解的范例。假设已经解出了速度分布

$$u = u(x, y)$$

那么，物体表面的摩擦应力 $\tau_w(x)$ 可自下式

$$\tau_w(x) = \mu \left(\frac{\partial u}{\partial y} \right)_{y=0}$$

求出。有了表面摩擦应力分布 $\tau_w(x)$ 之后，再通过积分就不难求出物体所受的总的摩擦阻力了。

7.4　边界层的解

7.4.1　布拉休斯（Blasius）解

设沿 x 轴方向放置一半无限长二维平板，其前缘位于坐标原点；远前方气流速度为 V_∞，其方向为 x 轴正向（图 7-7）。由于边界层外边流速均匀，所以沿 x 轴方向的压强梯度等于零。

对于不可压缩流动，平板的边界层微分方程组可以写成

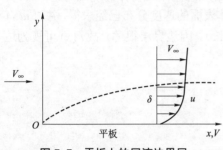

图 7-7　平板上的层流边界层

$$\left. \begin{array}{l} \dfrac{\partial u}{\partial x} + \dfrac{\partial v}{\partial y} = 0 \\[2mm] u\dfrac{\partial u}{\partial x} + v\dfrac{\partial u}{\partial y} = \nu \dfrac{\partial^2 u}{\partial y^2} \end{array} \right\} \qquad (7\text{-}19)$$

边界条件为

$$\left. \begin{array}{l} y = 0 \text{ 处}, \ u = v = 0 \\[2mm] y = \infty \text{ 处}, \ u = V_\infty \end{array} \right\} \qquad (7\text{-}20)$$

假设在距平板前缘不同位置处，边界层内的速度分布是"相似"的。所谓速度分布"相似"，是指如果对 u 和 y 选用适当的比例尺，就可以使不同 x 位置处的速度分布函数 $u = u(x, y)$ 改写成同一形式，即

$$\frac{u}{V} = \phi \left(\frac{y}{L} \right) \qquad (7\text{-}21)$$

这里 V 为速度比例尺，L 为长度比例尺。这种情况，称为边界层具有"相似解"。对平板层流边界层的研究表明，平板层流边界层厚度与离前缘距离的平方根成正比。因此，对于本问题，可以选用 V_∞ 和 $\sqrt{\nu x / V_\infty}$ 分别作为速度比例尺和长度比例尺。这样，速度分布函数可改写成

$$\frac{u}{V_\infty} = \phi(\eta) \qquad (7\text{-}22)$$

式中，η 为无量纲参数，其值为

$$\eta = \frac{y}{\sqrt{\dfrac{\nu x}{V_\infty}}} \qquad (7\text{-}23)$$

这就是说，在离平板前缘不同距离处，边界层内速度分布 $\dfrac{u}{V_\infty}$ 随无量纲参数 η 的变化规律是相同的。

由式（7–19）中的连续方程我们引入流函数 ψ，根据流函数定义可得

$$\psi = \int u \mathrm{d}y = \sqrt{\nu x V_\infty} \int \phi(\eta)\mathrm{d}\eta$$

即

$$\psi \equiv \sqrt{\nu x V_\infty}\, f(\eta) \tag{7-24}$$

式中，$f(\eta)$ 为无量纲函数。由此可得

$$\left.\begin{aligned}
u &= \frac{\partial \psi}{\partial y} = V_\infty f'(\eta)\\
v &= -\frac{\partial \psi}{\partial x} = \frac{1}{2}\sqrt{\frac{\nu V_\infty}{x}}\left(\eta f' - f\right)
\end{aligned}\right\} \tag{7-25}$$

把上式代入式（7–19）第二式，化简得

$$ff'' + 2f''' = 0 \tag{7-26}$$

对应于边界条件式（7–20），$f(\eta)$ 应服从的边界条件为

$$\left.\begin{aligned}
\eta &= 0 \text{处, } f' = f = 0\\
\eta &\to \infty \text{处, } f' = 1
\end{aligned}\right\} \tag{7-27}$$

式（7–26）形式虽然简单，但在数学上是三阶非线性常微分方程，得不到解析解，故只能通过数值计算求近似解，得到的数值解称为布拉休斯解。数值求解的方法有多种，如布拉休斯的级数衔接法、豪沃思（Howarth）等人的数值积分法等。表 7–1 给出了布拉休斯近似解的结果。

有了表 7–1 的值，就可以得到边界层内的速度分布，即

$$\left.\begin{aligned}
u &= V_\infty f'(\eta)\\
v &= \frac{1}{2}\sqrt{\frac{\nu V_\infty}{x}}\left(\eta f' - f\right)
\end{aligned}\right\} \tag{7-28}$$

同时还可求出各种边界层厚度。按定义可知，u 达到 $0.99V_\infty$ 时的 y 值就是边界层的外缘 δ。由表 7–1 知，当 $u/V_\infty = f'(\eta) = 0.99$ 时，$\eta = 5.0$。即

$$\eta = \frac{\delta}{\sqrt{\nu x / V_\infty}} = 5.0$$

由此得

$$\delta = \frac{5.0x}{\sqrt{Re_x}} \tag{7-29}$$

式中，$Re_x = \dfrac{\rho V_\infty x}{\mu}$，是以 x 为特征长度的雷诺数。可见，边界层厚度 $\delta(x)$ 是以抛物线形式随 x 的增大而增大的。

下面来求壁面的摩擦应力 $\tau_w(x)$、摩擦阻力以及摩擦阻力系数。

壁面的摩擦应力 $\tau_{\mathrm{w}}(x)$ 由下式表示

$$\tau_{\mathrm{w}}(x) = \mu\left(\frac{\partial u}{\partial y}\right)_{y=0} = \mu V_\infty \sqrt{\frac{V_\infty}{\nu x}} f''(0) = 0.332 \mu V_\infty \sqrt{\frac{V_\infty}{\nu x}} \qquad (7\text{-}30)$$

式（7-30）就是沿平板的摩擦应力分布，其大小是与 x 的平方根成反比的。

壁面的摩擦系数

$$C_f = \frac{\tau_{\mathrm{w}}}{\frac{1}{2}\rho V_\infty^2} = \frac{2 \times 0.332}{\sqrt{\frac{V_\infty x}{\nu}}} = \frac{0.664}{\sqrt{Re_x}} \qquad (7\text{-}31)$$

表 7-1　平板边界层的布拉休斯近似解

$\eta = y\sqrt{\dfrac{V_\infty}{\nu x}}$	f	$f' = \dfrac{u}{V_\infty}$	f''
0	0	0	0.332 06
0.2	0.006 64	0.066 41	0.331 99
0.4	0.026 56	0.132 77	0.331 47
0.6	0.059 74	0.198 94	0.330 08
0.8	0.106 11	0.264 71	0.327 39
1.0	0.165 57	0.329 79	0.323 01
1.2	0.237 95	0.393 78	0.316 59
1.4	0.322 98	0.456 27	0.307 87
1.6	0.420 32	0.516 76	0.296 67
1.8	0.529 52	0.574 77	0.282 93
2.0	0.650 03	0.629 77	0.266 75
2.2	0.781 20	0.681 32	0.248 35
2.4	0.922 30	0.728 99	0.228 09
2.6	1.072 52	0.772 46	0.206 46
2.8	1.230 99	0.811 52	0.184 01
3.0	1.396 82	0.846 05	0.161 36
3.2	1.569 11	0.876 09	0.139 13
3.4	1.746 96	0.901 77	0.117 88
3.6	1.929 54	0.923 33	0.098 09
3.8	2.116 05	0.941 12	0.080 13
4.0	2.305 76	0.955 52	0.064 24

$\eta = y\sqrt{\dfrac{V_\infty}{\nu x}}$	f	$f' = \dfrac{u}{V_\infty}$	f''
4.2	2.498 06	0.966 96	0.050 52
4.4	2.692 38	0.975 87	0.038 97
4.6	2.888 26	0.982 69	0.029 48
4.8	3.085 34	0.987 79	0.021 87
5.0	3.283 29	0.991 55	0.015 91
5.2	3.481 89	0.994 25	0.011 34
5.4	3.680 94	0.996 16	0.007 93
5.6	3.880 31	0.997 48	0.005 43
5.8	4.079 90	0.998 38	0.003 65
6.0	4.279 64	0.998 98	0.002 40
6.2	4.479 48	0.999 37	0.001 55
6.4	4.679 38	0.999 61	0.000 98
6.6	4.879 31	0.999 77	0.000 61
6.8	5.079 28	0.999 87	0.000 37
7.0	5.279 26	0.999 92	0.000 22
7.2	5.479 25	0.999 96	0.000 13
7.4	5.679 24	0.999 98	0.000 07
7.6	5.879 24	0.999 99	0.000 04
7.8	6.079 23	1.000 00	0.000 02
8.0	6.279 23	1.000 00	0.000 01
8.2	6.479 23	1.000 00	0.000 01
8.4	6.679 23	1.000 00	0.000 01
8.6	6.879 23	1.000 00	0.000 01
8.8	7.079 23	1.000 00	0.000 01

假设平板的宽度为 1（垂直于纸面），长度为 L，要求此平板的一个表面所受的摩擦阻力 D_f，其表达式应是

$$D_f = \int_0^L \tau_w(x) \cdot 1 \cdot \mathrm{d}x = 0.664\mu V_\infty \sqrt{\frac{V_\infty L}{\nu}} \tag{7-32}$$

因此，摩擦阻力系数

$$C_{D_f} = \frac{D_f}{\frac{1}{2}\rho V_\infty^2 \cdot L} = \frac{1.328}{\sqrt{Re_L}} \tag{7-33}$$

式中

$$Re_{\mathrm{L}} = \frac{\rho V_{\infty} L}{\mu}$$

即摩擦阻力系数 C_{Df} 与雷诺数 Re_{L} 的平方根成反比。

7.4.2　卡门动量积分关系式

参看图 7-8，在边界层内取控制面 $ABCD$。假设流动是定常流，并假设垂直于纸面的尺寸为 1。对此控制面内的流体应用动量定理来建立边界层的积分关系式。

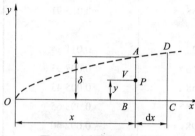

图 7-8　动量积分法示意

假设边界层内某点 P 处的气流速度

$$V = V(x, y)$$

则在 $\mathrm{d}t$ 时间内，通过 AB 边的气流质量

$$m = \int_0^{\delta} \rho V \cdot \mathrm{d}t \cdot \mathrm{d}y = \mathrm{d}t \int_0^{\delta} \rho V \cdot \mathrm{d}y$$

在同一时间间隔内，由边 CD 流出的质量为

$$m + \frac{\mathrm{d}m}{\mathrm{d}x} \cdot \mathrm{d}x = \mathrm{d}t \int_0^{\delta} \rho V \cdot \mathrm{d}y + \left(\mathrm{d}t \cdot \frac{\mathrm{d}}{\mathrm{d}x} \int_0^{\delta} \rho V \cdot \mathrm{d}y \right) \mathrm{d}x$$

因此，经边 AB 和边 CD 流出控制面的净质量为

$$\mathrm{d}t \cdot \mathrm{d}x \cdot \frac{\mathrm{d}}{\mathrm{d}x} \int_0^{\delta} \rho V \cdot \mathrm{d}y$$

对定常流而言，从封闭的控制面内流出的质量应等于流进此控制面的质量。即在 $\mathrm{d}t$ 时间内，由边 AD 流进控制面的质量也是

$$\mathrm{d}t \cdot \mathrm{d}x \cdot \frac{\mathrm{d}}{\mathrm{d}x} \int_0^{\delta} \rho V \cdot \mathrm{d}y$$

在 $\mathrm{d}t$ 时间内，由边 AB 流进控制面的动量为

$$\mathrm{d}t \int_0^{\delta} \rho V^2 \cdot \mathrm{d}y$$

由边 CD 流出控制面的动量为

$$\mathrm{d}t \int_0^{\delta} \rho V^2 \cdot \mathrm{d}y + \left(\mathrm{d}t \cdot \frac{\mathrm{d}}{\mathrm{d}x} \int_0^{\delta} \rho V^2 \cdot \mathrm{d}y \right) \mathrm{d}x$$

由边 AD 流进控制面的动量为

$$\mathrm{d}t \cdot V_{\delta} \cdot \left(\frac{\mathrm{d}}{\mathrm{d}x} \int_0^{\delta} \rho V \cdot \mathrm{d}y \right) \mathrm{d}x$$

V_{δ} 表示边界层边界上的流速。于是，通过控制面 $ABCD$ 的动量变化便是

$$\mathrm{d}t \cdot \mathrm{d}x \left(\frac{\mathrm{d}}{\mathrm{d}x} \int_0^{\delta} \rho V^2 \cdot \mathrm{d}y - V_{\delta} \cdot \frac{\mathrm{d}}{\mathrm{d}x} \int_0^{\delta} \rho V \cdot \mathrm{d}y \right) \tag{7-34}$$

再看作用在控制面边界上的力。略去彻体力，因为边界层边界上的摩擦力为零，而且 AB 及 CD 面上的摩擦力在 x 方向没有分力，所以只要列出 AB，CD，AD 三个面上的压力以及物面 BC 上的摩擦力就行了。这几个面上的作用力在 x 方向的投影分别为

AB 面

$$p \cdot \delta$$

CD 面

$$-\left[p\delta + \left(p \cdot \frac{\mathrm{d}\delta}{\mathrm{d}x} + \delta \cdot \frac{\mathrm{d}p}{\mathrm{d}x} \right)\mathrm{d}x \right]$$

AD 面

$$p \cdot \mathrm{d}\delta$$

BC 面

$$-\tau_{\mathrm{w}} \cdot \mathrm{d}x$$

这几个力的合力的冲量是

$$-\left[\delta \cdot \frac{\mathrm{d}p}{\mathrm{d}x} + \tau_{\mathrm{w}} \right]\mathrm{d}x \cdot \mathrm{d}t \tag{7-35}$$

根据动量定理，动量的改变量应等于外力的冲量，故式（7-34）应与式（7-35）相等，即

$$\frac{\mathrm{d}}{\mathrm{d}x}\int_0^\delta \rho V^2 \cdot \mathrm{d}y - V_\delta \cdot \frac{\mathrm{d}}{\mathrm{d}x}\int_o^\delta \rho V \cdot \mathrm{d}y = -\delta\frac{\mathrm{d}p}{\mathrm{d}x} - \tau_{\mathrm{w}} \tag{7-36}$$

式（7-36）就是定常流的边界层动量积分关系式，也叫作卡门—波尔豪森（Karman-Pohlhausen）动量积分关系式。该式不仅适用于层流边界层，也适用于准定常湍流边界层；不仅适用于平板，也适用于微弯曲面；既适用于不可压流，也适用于可压流。在不可压流的情况下，密度 ρ 是常数，可以从积分号中移出来，于是式（7-36）可变为

$$\frac{\mathrm{d}}{\mathrm{d}x}\int_0^\delta V^2 \cdot \mathrm{d}y - V_\delta \cdot \frac{\mathrm{d}}{\mathrm{d}x}\int_0^\delta V \cdot \mathrm{d}y = -\frac{\delta}{\rho}\frac{\mathrm{d}p}{\mathrm{d}x} - \frac{\tau_{\mathrm{w}}}{\rho} \tag{7-37}$$

这是不可压流的动量积分关系式。不过，具体用来解决问题时，还要将此式改写成另一个样子。此式中的第二项可以先改写为

$$V_\delta \cdot \frac{\mathrm{d}}{\mathrm{d}x}\int_0^\delta V \cdot \mathrm{d}y = \frac{\mathrm{d}}{\mathrm{d}x}\int_0^\delta V_\delta \cdot V \cdot \mathrm{d}y - \int_0^\delta V_\delta' \cdot V \cdot \mathrm{d}y$$

式中，$V_\delta' = \mathrm{d}V_\delta / \mathrm{d}x$。式（7-37）右侧第一项可写为

$$-\frac{\delta}{\rho}\frac{\mathrm{d}p}{\mathrm{d}x} = -\frac{\delta}{\rho}\frac{\mathrm{d}}{\mathrm{d}x}\left(p_0 - \frac{1}{2}\rho V_\delta^{\ 2} \right) = \delta \cdot V_\delta \cdot V_\delta'$$

另外，再根据位移厚度 δ^*、动量损失厚度 δ^{**} 的定义，将式（7-37）改写为

$$V_\delta^{\ 2} \cdot \frac{\mathrm{d}\delta^{**}}{\mathrm{d}x} + 2V_\delta' \cdot V_\delta \cdot \delta^{**} + V_\delta' \cdot V_\delta \cdot \delta^* = \frac{\tau_{\mathrm{w}}}{\rho}$$

引用符号 $H = \delta^* / \delta^{**}$，上式可变为

$$\frac{\mathrm{d}\delta^{**}}{\mathrm{d}x} + \frac{V_\delta' \cdot \delta^{**}}{V_\delta}(2 + H) = \frac{\tau_{\mathrm{w}}}{\rho V_\delta^{\ 2}} \tag{7-38}$$

这就是最终的形式。这种形式的动量积分关系式，在做较复杂的计算时（如曲面边界层）用起来要方便一些。

具体求解的步骤大致如下：

第一步，略去边界层厚度，用位流理论求出物面的速度分布，并认为这个速度分布就是边界层外边界处的分布，即

$$V_\delta(x) \tag{7-39}$$

按伯努利方程 $p + \dfrac{1}{2}\rho V_\delta^2 = C$ 求出边界层外边界处的压强分布 $p(x)$。由 $\dfrac{\partial p}{\partial y} = 0$ 得知，这个 $p(x)$ 就是物面上的压强分布。由此即可求得

$$\frac{\mathrm{d}p}{\mathrm{d}x} = -\rho V_\delta \frac{\mathrm{d}V_\delta}{\mathrm{d}x} \tag{7-40}$$

第二步，找补充关系式。因把式（7-39）和式（7-40）代入式（7-37）以后，一个方程中还有 3 个未知数 V，δ 和 τ_w，故尚需找两个补充关系式。办法是根据具体的物理情况或根据实验，假设边界层内的速度分布曲线（即速度型）为

$$V = V(x, y) \tag{7-41}$$

另外，流动为层流时，即可由牛顿摩擦定律得到第 2 个补充关系式，即

$$\tau_w(x) = \mu \left(\frac{\partial V}{\partial y} \right)_{y=0} \tag{7-42}$$

第三步，将式（7-41）及式（7-42）代入式（7-38），使式（7-38）成为 δ 的一个常微分方程，此方程一般是容易求解的。由此可见，这种解法的关键在于速度型 $V(x, y)$ 是否假设得正确。当然，绝对正确是做不到的，但完全可以做到相当精确。所以，卡门动量积分法是一种近似方法，但精确度可以相当高。

仍以平板边界层为例，按上述步骤，先假设速度型

$$\frac{V}{V_\infty} = A_0 + A_1 \frac{y}{\delta} + A_2 \left(\frac{y}{\delta} \right)^2 + A_3 \left(\frac{y}{\delta} \right)^3 \tag{7-43}$$

式中，诸系数是待定的，由下述边界条件来确定。物面条件为：$y = 0$ 时，$V = 0$ 以及 $\partial^2 V / \partial y^2 = 0$；边界层边界处的条件为：$y = \delta$ 时，$V = V_\infty$ 以及 $\partial V / \partial y = 0$。由这 4 个条件，定得 4 个系数为

$$A_0 = 0,\ A_1 = 3/2,\ A_2 = 0,\ A_3 = -1/2$$

于是，速度分布成为

$$\frac{V}{V_\infty} = \frac{3}{2} \frac{y}{\delta} - \frac{1}{2} \left(\frac{y}{\delta} \right)^3 \tag{7-44}$$

再找第二个补充关系式。由牛顿黏性定律 $\tau_w = \mu \left(\dfrac{\partial V}{\partial y} \right)_{y=0}$ 得：$\tau_w = \dfrac{3}{2} \cdot \dfrac{V_\infty}{\delta}$。下面，应该求解式（7-38）。因为求的是平板边界层的解，即 $V_\delta' = 0$，故式（7-38）变为简单的关系式

$$\frac{\mathrm{d}\delta^{**}}{\mathrm{d}x} = \frac{\tau_w}{\rho V_\infty^2} \tag{7-45}$$

将速度分布式（7-44）代入式（7-8），可求得 $\delta^{**} = (39/280)\delta$。将此关系式以及 $\tau_w = \dfrac{3}{2}\mu \cdot \dfrac{V_\infty}{\delta}$

代入式（7–45），得到常微分方程

$$\frac{13}{140}\delta \cdot \mathrm{d}\delta = \frac{\mu}{\rho V_\infty} \cdot \mathrm{d}x \qquad (7\text{–}46)$$

边界条件为：$x=0$ 时，$\delta = 0$。积分上式，得平板边界层的厚度 δ 沿板长的变化规律是

$$\delta = \frac{4.64x}{\sqrt{Re_x}} \qquad (7\text{–}47)$$

式中，$Re_x = \dfrac{V_\infty x}{v}$，是距平板前缘为 x 处的当地雷诺数。按式（7–29）求得的布拉休斯精确解的结果是 $\delta = \dfrac{5.0x}{\sqrt{Re_x}}$，对比可知，卡门的近似结果很不错。

作用在宽度为 b（垂直于纸面的尺寸）、长度为 l 的单面平板上的摩擦力

$$D_f = \int_0^l \tau_\mathrm{w} b \cdot \mathrm{d}x$$

将 τ_w 及 δ 代入此式，积分得

$$D_f = \frac{1.296}{\sqrt{Re_l}} \frac{\rho V_\infty^{\;2}}{2} S$$

式中，$Re_1 = \dfrac{V_\infty l}{v}$；$S = bl$ 是平板的面积。由此得单面平板的摩擦阻力系数

$$C_\mathrm{Df} = \frac{D_f}{\dfrac{1}{2}\rho V_\infty^2 \cdot S} = \frac{1.296}{\sqrt{Re_l}} \qquad (7\text{–}48)$$

与之对比，布拉休斯精确解的结果式（7–33）是 $C_\mathrm{Df} = \dfrac{1.328}{\sqrt{Re_l}}$，同样说明卡门的近似结果很好。

7.5　边界层的分离

前面几节我们讨论的求解边界层流动的各种方法都是以流过物体表面的流动不发生分离为前提的。流动一旦发生了分离，各种方法都不适用了。在本节中，我们将讨论边界层的分离现象、分离发生的原因、流动状态对分离的影响及分离引起的压差阻力。

7.5.1　曲壁边界层及分离现象

边界层分离是指沿物面边界层内流动的气流由于黏性的作用消耗了动能，在压强沿流动方向增高的区域中，无法继续沿着物面向前流动，以致发生倒流，使气流离开物面的流动现象。

前面几节考虑的是顺流平板边界层问题，边界层以外的流动压强保持为常量。然而当压强沿流动方向变化时，边界层内的流动会受到很大的影响。下面考虑绕曲壁面的流动情况。在曲壁边界层问题中，通常采用正交曲线坐标系，坐标原点取在前驻点，x 轴沿物面选取，y 轴与物面垂直，如图 7–9（a）所示。图中虚线表示曲壁边界层的外边界，假定各处壁面的曲

率半径与边界层厚度相比很大，当流体绕曲面流动时，边界层之外的流动可视为理想流体的势流，边界层内 $\frac{\partial p}{\partial y}\approx 0$。对于外部的势流而言，$C$ 点的左半部分流动是加速的，在 C 点处边界层之外的流速达到最大值，类似于理想流体绕圆柱流动的舷点，因此该处的压强达到最小值。从 A 到 C 压强梯度 $\frac{\partial p}{\partial y}$ 为负值，因此作用在边界层内流体质点上压力的合力与流动方向一致，它与边界层内阻滞流动的黏性影响起着相反的作用，与相同的 Re_x 情况的顺流平板相比，其边界层厚度的增长率要小一些。负的压强梯度又称为顺压梯度。过了 C 点之后，压强逐渐增大，$\frac{\mathrm{d}p}{\mathrm{d}x}>0$，所以作用在边界层内流体质点上压力的合力与流动方向相反，正的压强梯度又称为逆压梯度。在黏性力与逆压梯度的双重作用下，边界层内流体质点的速度逐渐减小。值得注意的是，在同一 x 截面上，越靠近壁面的流体质点其速度越小。因此，首先是靠近壁面的流体质点在某个位置上速度减小为零，如图 7-9 中的 D 点，在该点上 $\frac{\partial u}{\partial y}=0$；在 D 点的下游，例如图 7-9 中的 E 点，靠近壁面的流动实际上变为回流或逆流。

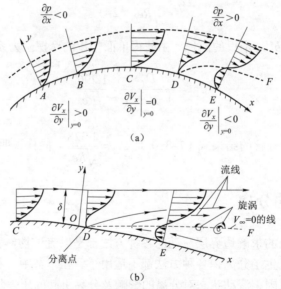

图 7-9　曲壁面边界层流动分离
（a）曲壁面边界层流动；（b）边界层流动分离区

流体不能沿着物体外形流动而离开物体表面的现象称为流动分离，分离现象首先发生在 $\frac{\partial u}{\partial y}\Big|_{y=0}=0$ 的点，即图中的 D 点，该点称为分离点，划分正向流动与回流的一系列速度为零的连线称为分离线，分离线起始于分离点，如图 7-9 中 DF 虚线所示。由于回流的出现，形成大尺度的不规则旋涡［图 7-9（b）］，在旋涡中流体的机械能部分地耗散并转化为热能，所以分离点下游的压强近似等于分离点处的压强。边界层分离后，不断地卷起旋涡并流向下游形成尾迹，一般尾迹会在物体下游延伸一段距离。

在 $\dfrac{\mathrm{d}p}{\mathrm{d}x}\leqslant 0$ 的平板边界层中，不管平板有多长，流动不会分离；同样，在理想流体绕物体的流动中，即使存在大的逆压梯度，也不会发生分离。可见，黏性作用与存在逆压梯度是流动分离的两个必要条件。

7.5.2　流动状态对边界层分离的影响

层流边界层与湍流边界层都会发生分离。若在分离点之前的边界层为层流，则称这种分离为层流分离；若在分离点之前边界层已成湍流，则称这种分离为湍流分离。边界层流动状态对分离有影响，在相同的逆压梯度作用下，层流边界层比湍流边界层更容易分离，这是由于层流边界层中近壁面处速度沿外法线方向增长缓慢，逆压梯度更容易阻滞靠近壁面的低速流体质点。图 7-10 所示为气流绕圆球边界层的分离情况。边界层分离后，黏性作用区域的厚度不再是小量，特别是下游分离后流体形成的尾迹将会大大地改变整个流场。对于绕圆柱的边界层流动，当圆柱面上为层流边界层时，分离点约在 $\varphi=56°$ 处，而当边界层转变为湍流时，分离点可后移到 $\varphi=120°$ 处，此时分离区突然减小，阻力也会突然下降。

 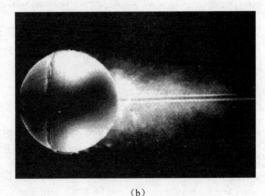

（a）　　　　　　　　　　　　　　　　　　　　　（b）

图 7-10　圆球绕流边界层分离

（a）层流分离；（b）湍流分离

7.5.3　边界层分离与压差阻力

当流体流过顺流放置的平板时，流体作用在平板表面上的阻力是由黏性引起的阻力，称为摩擦阻力。当绕流物体的表面并不是处处与来流方向平行时，物体表面的压强分布与理想流体绕同一物体的情况有很大的不同，物体前后压强差引起的阻力称为压差阻力。摩擦阻力是作用在物体表面切向力的合力在来流方向的分量，压差阻力是作用在物体表面法向力的合力在来流方向的分量。

对于一般的绕流物体，流动在物体后部发生分离并形成尾迹，尾迹中充满运动不规则的旋涡，旋涡的强烈运动将不断地消耗流体的机械能，因此尾迹区中的压强较低，从而使物体前后表面的压强不相等而引起压差阻力。实验结果表明，边界层的分离区越大，压差阻力也就越大；反之，压差阻力就越小。要减小压差阻力，就要减小气流分离区，也就是说，要使边界层分离点后移。由于分离点位置与压强梯度及边界层流动状态有关，因此，为减小物面的逆压梯度，通常将飞机的机身、机翼、挂弹架等都做成圆头、尖尾的形状，圆头的作用是适应不同来流方向，尖尾的作用是使翼型后部边界层不易出现分离，为此我们把这样的形状称为流线型。图 7–11 所示为流线型物体与钝物体绕流的边界层分离区与尾迹区的示意图。

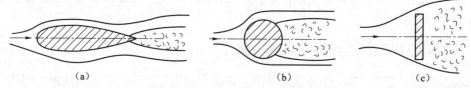

图 7–11　流线型物体与钝物体绕流
(a) 流线型物体；(b) 圆柱体；(c) 钝物体

当理想流体绕物体流动时，作用于物面的压强在沿来流方向的合力为零，即没有压差阻力。当绕流物体的表面并不是处处与来流方向平行时，真实流体绕物体流动时即使还未分离，由于黏性使气流的总压在沿物面的流动中不断损失，也会使压强分布与理想流体有差别。由于边界层自物体前部逐渐向后扩展，因此压强分布与理想流体相比，前部改变小，后部改变大，从而产生了一个沿气流方向的压差阻力。对于流线型的翼剖面，在小攻角下，这部分压差阻力相当小。随着攻角增大，压差阻力将增大，当翼型上绕流分离时，压差阻力陡增。

由上述可知，真实流体绕物体流动时，由于黏性作用将产生两种阻力：一种是摩擦阻力；一种是压差阻力。通常，摩擦阻力与压差阻力二者之和称为物体的阻力或型阻。

习　题

7.1　平板层流边界层的速度分布若用正弦函数表示，其一般形式为 $u = A\sin(By) + C$。试写出确定速度分布的三个边界条件，并计算待定系数 A, B, C 的值。

7.2　计算层流边界内位移厚度和动量损失厚度。已知速度分布为：

(1)　$u = Uy/\delta$；

(2)　$u = U\sin\left(\dfrac{\pi}{2}\dfrac{y}{\delta}\right)$；

(3)　$u = U\left[\dfrac{3}{2}\left(\dfrac{y}{\delta}\right) - \dfrac{1}{2}\left(\dfrac{y}{\delta}\right)^3\right]$。

7.3　假定顺流平板层流边界层内的速度分布为 $u = U\sin\left(\dfrac{\pi}{2}\dfrac{y}{\delta}\right)$，试导出边界层厚度 $\delta(x)$ 和壁面摩擦应力 $\tau_\omega(x)$ 的表达式。

7.4　已知顺流平板边界层内的速度分布为 $u = U\dfrac{y(2\delta - y)}{\delta^2}$，利用边界层动量积分方程求 δ 与 x 的关系。若平板长为 L，宽为 b，试求平面一侧受到的摩擦阻力。

7.5　如图 1 所示，把一正方形平板放入水流中。一种情况是来流与一边平行；另一种情况是来流与边形成 45°。请分别按层流边界层和湍流边界层求两种情况下的阻力。

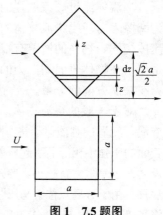

图 1　7.5 题图

7.6　把边长为 1 m×2 m 的矩形平板放入水流中。一种情况是 1 m 边与来流方向平行；另一种情况是 2 m 边与来流方向平行。分别按层流边界层和湍流边界层求两种情况的阻力之比。

7.7　边长 1 m 的正方形平板流入速度为 1 m/s 的水流中，水流方向与一边平行，水的运动黏性系数 $\nu=1.0\times10^{-6}\ \mathrm{m^2/s}$。分别按层流边界层和湍流边界层求边界层的最大厚度和摩擦阻力。

7.8　设计一用于边界层实验的平板模型，若模型在水槽中拖动的速度为 0.5 m/s，$\nu_{\text{水}}=1.31\times10^{-6}\ \mathrm{m^2/s}$，要使整个平板上边界层为层流，且 $Re_{\mathrm{cr}}=3\times10^5$，问模型平板的临界长度 L_{cr} 等于多少？

7.9　将一长为 0.5 m、宽为 0.25 m 的平板放入水流中，水温 20 ℃，水流速度 10 m/s，水流方向与长边平行，求平板所受的阻力。

7.10　空气在 20 ℃和 101 kN/m² 的情况下以 5 m/s 的速度流过相距 2.5 cm 的两平行平板。求距离入口多远处两平板的边界层相会合。

7.11　一长为 2.4 m、宽为 0.9 m 的光滑矩形平板沿长边方向以 6 m/s 的速度在静止空气中运动，已知空气的密度为 1.12 kg/m³，运动黏性系数 $\nu=14.9\ \mathrm{mm^2/s}$。假定平板边界层全为层流，试计算平板后缘处边界层的厚度以及使平板运动所需的功率。若平板边界层全为湍流，功率为多大？

7.12　流线型机车长为 110 m，宽为 2.75 m，高为 2.75 m。假定机车两侧和顶部摩擦阻力等效于一长 110 m、宽 8.25 m 的矩形平板的摩擦阻力。空气的密度 $\rho=1.22\ \mathrm{kg/m^3}$，黏性系数 $\mu=1.79\times10^5\ \mathrm{Pa\cdot s}$，当机车以 160 km/h 速度行驶时，用于克服摩擦阻力的功率为多大？机车尾部边界层厚度为多大？

7.13　空气以 40 m/s 的速度流过一光滑矩形平板，流动方向与长边一致，空气的密度 $\rho=1.2\ \mathrm{kg/m^3}$，$\nu=1.49\times10^{-5}\ \mathrm{m^2/s}$，平板宽 3 m、长 10 m。假定从前缘开始就为湍流边界层，试确定距前缘 6 m 处壁面摩擦应力和边界层厚度，以及平板一侧所受的摩擦阻力。

7.14　一矩形平板边长分别为 a 和 b。若在静止流体中沿边 a 的方向以速度 U_a 拖动时，与沿边 b 的方向以速度 U_b 拖动时阻力相等，两种情况下平板边界层全为层流，试求 U_a 与 U_b 的比值。

7.15　流动条件同 7.14 题。若平板边界层均为湍流，拖动速度的比值又如何？

7.16　图 2 所示为某液流中放置的圆柱体，实验测得边界层在 A、B 处分离，尾迹区压强等于分离点处按势流计算的压强值。试求作用在单位长度圆柱上的压差阻力。

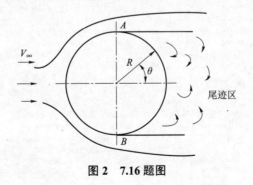

图 2　7.16 题图

7.17　密度为 1.21 kg/m³、运动黏性系数为 15 mm²/s 的空气以 60 m/s 的速度流过直径为

150 mm 的光滑圆球，试计算圆球的阻力。

7.18　一半球形的降落伞用来投放质量为 90 kg 的物体，为使物体落地时速度不超过 6 m/s，降落伞的直径应为多大？（空气的密度为 1.22 kg/m³）

7.19　一风筝可认为等效于一弦长 0.9 m、展长 1.8 m 的矩形机翼。风筝在速度为 13.5 m/s 的水平风中攻角为 12°，测得放飞线上的拉力为 102 N，线与垂直方向夹角为 7°，设空气的密度为 1.23 kg/m³，试计算风筝的升力系数和阻力系数。

7.20　某飞行器在 $p = 1.013\ 25 \times 10^5$ Pa、$t = 15$ ℃的空气中，以 25 km/h 的速度水平飞行。在这一飞行速度下，飞行器的升力系数为 0.4。飞行器的质量为 850 kg，试确定飞行器的有效升力面积。

7.21　边界层内的速度分布为 $u / U = 1 - \mathrm{e}^{-c(y/2\delta)}$，试求 c，δ^*，θ。

7.22　一块 1.2 m×1.2 m 的薄平板以 3 m/s 的速度在气流中运动（$\nu=14.68\times10^{-6}$ m²/s，$\rho=1.2$ kg/m³），流动为层流状态，试求：

（1）平板的表面阻力；

（2）平板后缘处的边界层厚度；

（3）平板后缘处的切应力。

第八章
定常一维可压缩气流

可压缩性是流体的基本属性。当流体的流动速度达到一定程度时，流体的可压缩性就会变得很重要，因为大的速度变化会引起大的压强变化，同时伴随显著的密度和温度变化。故可压缩流动比不可压缩流动复杂得多。本章仅讨论定常情况下在流动横截面上被视作均匀的一维流动的流动参数，以及流动通道面积变化、摩擦等因素对可压缩气流特性的影响。此外，还会介绍声速气流中的一种特殊现象——激波。

8.1 可压缩气流的一些基本概念

8.1.1 微弱扰动波的传播、声速和马赫数

凡是具有可压缩性（或弹性）的介质，当受到扰动时，这种扰动就会自动地以波的形式在介质中传播开去。所谓扰动，泛指介质状态发生某种程度的变化。例如，当音叉在空气中震动而引起紧贴音叉的空气质点做微小运动时，由于空气具有可压缩性，所以附近的空气团会产生微小位移和变形，同时其压强（密度、温度等）也发生了微小的变化（增大或减小）。但这时并不是全部空气都经受到这一压强的变化，在离音叉一定距离的地方存在着压强的不连续面，在该面之前压强会维持原先的值，该面之后压强会发生微小的变化。这种不连续面是弱的间断面，称为微弱扰动波，即通常所谓的声波，它在空气中传播的速度称为声速（或音速）。从本质上讲，声速表示微弱扰动波在可压缩介质中的传播速度。

下面具体说明微弱扰动传播的物理过程，并导出声速公式。

图 8–1 表示为推导微弱扰动波传播过程的理想化模型。设等截面长直管内充满静止状态的可压缩气体，其状态参数分别为 p、ρ、T。管左端装一活塞，若使活塞以微小速度 dV 向右运动，那么，紧贴活塞的气体受到压缩后也会伴随向右运动，并产生微小的压强增量 dp，然后向右运动的气体又会推动它右侧的气体向右运动，同样也产生微小的压强增量，如此继续下去，由活塞运动引起的微弱扰动就会不断地向右传播。受扰动的气体与未受扰动的气体的分界面称为扰动的波面，波面向右传播的速度 c 即为声速。微弱扰动波到达之前，气体静止，压强为 p，密度为 ρ；波面通过之后，气体速度由零变为 dV，压强变为 $p+dp$，密度变为 $\rho+d\rho$。在这种情况下，图 8–1（a）中的流场对一个静止的观察者来说，流动是非定常的。为了实验方便，现将坐标系固定在波面上，在相对坐标系中来观察。此时，波面是静止不动的，波前的气体始终以速度 c 流向波面，其压强为 p，密度为 ρ；波后的气体始终以速度 $c-dV$ 离开波

面，其压强为 $p+\mathrm{d}p$、密度为 $\rho+\mathrm{d}\rho$，这样非定常流动问题就转换为定常流动问题了。

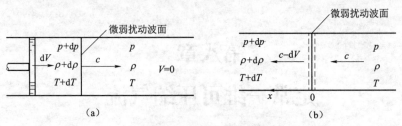

图 8-1　微弱扰动波的传播

在相对坐标系内取图 8-1（b）中的虚线所示的控制体，设管道截面面积为 A，对控制体应用连续方程，即

$$\rho cA = (\rho + \mathrm{d}\rho)(c - \mathrm{d}V)A$$

忽略二阶微量后，整理得

$$\mathrm{d}V = \frac{c}{\rho}\mathrm{d}\rho \qquad (8-1)$$

对控制体应用动量方程，即

$$pA - (p + \mathrm{d}p)A = \rho cA[(c - \mathrm{d}V) - c]$$

整理后得

$$\mathrm{d}V = \frac{1}{\rho c}\mathrm{d}p \qquad (8-2)$$

由式（8-1）和式（8-2）式得

$$c^2 = \frac{\mathrm{d}p}{\mathrm{d}\rho}$$

或

$$c = \sqrt{\frac{\mathrm{d}p}{\mathrm{d}\rho}} \qquad (8-3)$$

该式即为声速的基本公式。由第 1 章中流体的可压缩性可知，$\dfrac{\mathrm{d}p}{\mathrm{d}\rho} = \dfrac{E_\mathrm{v}}{\rho}$，故声速又可表示为

$$c = \sqrt{\frac{E_\mathrm{v}}{\rho}} \qquad (8-4)$$

该式说明，微弱扰动在可压缩流体中传播的速度与流体的压缩性有关，压缩性越小，体积弹性模量越大，声速也越大。对不可压缩流体，因其体积弹性模量 $E_\mathrm{v} \to \infty$，故可得 $c \to \infty$。从理论上讲，在不可压缩流体中产生的微弱扰动会立即传遍全流场。

由于流体受到微弱扰动后，压强、密度和温度等参数的变化极为微小，其热力学过程接近于可逆过程，扰动波传播前后的温度差很小而且波的传播极为迅速。通过微弱扰动波的传热量极小，接近于绝热过程，所以，微弱扰动波传播的热力学过程可被看作等熵过程。对于气体，其等熵体积弹性模量 $E_\mathrm{v} = \gamma p$，因此可得

$$c = \sqrt{\gamma \frac{p}{\rho}} \tag{8-5}$$

对于完全气体，其状态方程为 $P=\rho RT$，将其代入式（8-5）可得

$$c = \sqrt{\gamma RT} \tag{8-6}$$

由式（8-5）及式（8-6）可知，气体中的声速与状态参数有关，它随流体状态的变化而变化。流动中各点的状态若不同，各点的声速亦不同。我们把与某一时刻某一空间位置的状态相对应的声速称为当地声速。

前面讨论的是微弱压缩波的情形。如果活塞以微小的速度 dV 向左运动，则紧贴活塞的气体填补活塞运动后所腾出的空间必然会受到膨胀并产生向左的扰动速度 dV，同时，压强下降 dp，密度下降 $d\rho$，这样又促使临近的气体发生膨胀。但经过膨胀的气体在压强下降 dp 并产生向左的运动速度 dV 后，它们不再受到活塞的扰动，故其状态会维持不变。膨胀过程逐层进行下去会产生向右传播的扰动波，这种扰动波称为膨胀波。膨胀波与微弱的压缩波都是微弱扰动波，都以声速传播，它们的区别在于：膨胀波经过之后，流体的压强下降 dp，密度下降 $d\rho$，温度下降 dT，流体质点的运动方向与波的传播方向相反；而微弱压缩波经过之后，流体的压强上升 dp，密度上升 $d\rho$，温度上升 dT，流体质点的运动方向与波的传播方向相同。

在流动问题中，某点的流动速度与当地声速之比称为流动马赫（Mach）数，记为

$$Ma = \frac{V}{c}$$

马赫数是判断流体压缩性影响的重要依据，也是高速流动问题重要的相似准数。通常，按照流动马赫数小于 1，等于 1 或大于 1 可把流动分为亚声速流动、声速流动或超声速流动。

8.1.2　微弱扰动传播的区域

在此要讨论的是在流场中微弱扰动波的传播有无界限的问题。假定扰动源静止，而气流以某个速度流动，现在分四种情况进行分析：

（1）流速 $c = 0$；

（2）流速小于声速，即 $V<c$；

（3）流速等于声速，即 $V = c$；

（4）流速大于声速，即 $V>c$。

如前所述，任何弹性介质中的微弱扰动波，都会以声速从扰动源向四面八方传播开去。为了分析清楚，假设扰动源为一点且每隔一秒发出一次微弱扰动波。图 8-2（a）表示 4 秒钟末的一瞬间微弱扰动波的 4 个波面位置。这是 4 个同心球面，最大的球面半径为 $4c$，它是初始时刻产生的扰动波经历 4 秒后所到达的位置；最小的球面半径是 $1c$，它是第 3 秒末产生的扰动波经 1 秒钟后所到达的位置，以此类推。在气流速度为零的静止气体中，微弱扰动波以同心球面波的形式，从扰动源向各个方向传播，可见只要时间足够长，扰动波就会波及全流场。图 8-2（b）表示向右运动的气流速度小于声速的情况，这时，扰动源每次发出的扰动波在气流中以声速向各个方向传播的同时，还会随同气流一同向右运动。例如，初始时刻发生的微弱扰动波，4 秒末时其球面半径为 $4c$，同时也向右平移了 $4V$，气流运动相当于牵连运动，扰动波在气流中以声速向四周推进相当于相对运动。从绝对坐标系来观察，微弱扰动波向下

游（流动方向）传播的速度为 $V+c$，向上游（逆流动方向）传播的速度为 $V-c$。因为气流速度 V 小于声速 c，所以扰动波能够逆流上传，只要时间足够长，扰动波仍然可以波及全流场。图 8-2（c）表示向右运动的气流速度等于声速的情况，这时，虽然扰动源每次发出的微弱扰动仍以声速向四周传播，但此时向右运动的气流速度恰好等于声速，所有的扰动波都在扰动源所在点 O 处相互作用，所以无论时间长短，微弱扰动波所波及的范围仅在过 O 点且垂直于来流的平面的右半空间，该半空间称为扰动区。扰动不能逆流向上传，其左半空间称为未扰动区（或寂静区、禁讯区）。可见，声速流动与亚声速流动相比有本质的区别：亚声速流动时，微弱扰动波可以传遍全流场；而声速流动时存在扰动不能逾越的界限，全流场可划分为扰动区和未扰动区。图 8-2（d）表示了向右运动的气流速度大于声速的情况，图中画出了扰动源在初始时刻、1 秒末、2 秒末和 3 秒末发出的扰动波，分别经历了 4 秒钟、3 秒钟、2 秒钟和 1 秒钟后到达位置，这些球面和公切面（包络面）是一个以 OA 为母线的圆锥面，各扰动波面的公切圆锥称为马赫锥，母线 OA 称为马赫线。扰动只能波及该锥面以内的区域，以扰动源为顶点的马赫锥是扰动区，马赫锥以外的区域是未扰动区。母线 OA 与来流速度的夹角 μ 称为马赫角，即为马赫锥的半顶角。

$$\mu = \arcsin\left(\frac{c}{V}\right) = \arcsin\left(\frac{1}{Ma}\right) \tag{8-7}$$

由上式可见，流动马赫锥越大，马赫角越小。当流动马赫数 Ma 减小到 1 时，马赫角 $\mu=\frac{\pi}{2}$；当 $Ma<1$ 时不存在马赫角，马赫锥的概念只在超声速（包括声速）的流场中才存在。

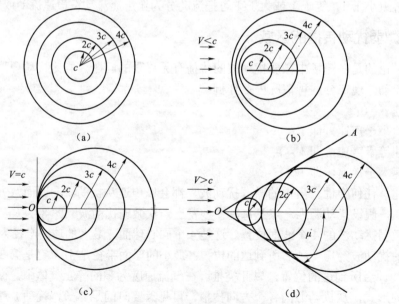

图 8-2 微弱扰动波的传播

如果扰动源以速度 V 在静止的空气中运动，静止气体中的声速为 c，同样可以依据 $V=0$，$V<c$ 和 $V>c$ 的情况来区分微弱扰动波所能传播的范围。对于 $V=0$ 的情况，与图 8-2（a）所示情况完全相同。对于扰动源运动速度 $V<c$ 的情况，其产生的扰动波永远在扰动源之前到达，

所以经过一定的时间，整个空间的静止气体都可以被扰动。对于扰动源以超声速（包括声速）运动的情况，扰动源产生的扰动波局限在它的马赫锥内，这时，马赫锥随同扰动源一起运动，在马赫锥之外的静止气体仍保持静止，为未扰动区。

例 8–1　已知某离心式压缩机第一级工作轮出口气流的绝对速度 V_2=183 m/s，出口温度 t_2=50.8 ℃，气体常数 R=288 J/（kg·K），比热比 γ=1.4，试求出口气流的马赫数 Ma_2 为多大？

解：因为速度 V_2 已知，故求 Ma_2 只需求得当地声速 c_2 即可。

$$T_2 = t_2 + 273$$
$$= 50.8 + 273$$
$$= 323.8\text{K}$$

$$c_2 = \sqrt{\gamma R T}$$
$$= \sqrt{1.4 \times 288 \times 323.8}$$
$$= 361\text{m/s}$$

$$Ma_2 = \frac{V_2}{c_2}$$
$$= \frac{183}{361}$$
$$\approx 0.506$$

8.2　定常一维可压缩气流的基本方程组

对于管道中的定常可压缩气流，如果管道中心线的曲率不大，横截面的形状和面积沿中心线无急剧变化，则可认为界面上各点的流动参数相等，或者可用截面上的平均流动参数代替截面上各点的流动参数，即流动可按一维流动来处理，这样既反映了问题的本质，同时又使研究大大简化了。

1. 连续方程

在管道中取一微元控制体，控制面由相距 $\mathrm{d}x$ 的两个截面和管壁组成，如图 8–3 所示。

连续方程的一般形式为

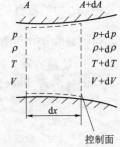

控制面

$$\frac{\partial}{\partial t}\int_{CV}\rho\mathrm{d}\Omega + \int_{CS}\rho V \cdot \mathrm{d}A = 0$$

因对于定常流动，上式左端第一项为零，且采用一维流动模型时控制面上的流动参数是均匀的，故上式可变为

图 8–3　控制体

$$-\rho VA + (\rho + \mathrm{d}\rho)(V + \mathrm{d}V)(A + \mathrm{d}A) = 0$$

忽略高阶小量并作整理，得

$$\mathrm{d}(\rho VA) = 0 \qquad\qquad （8–8）$$

或

$$\frac{\mathrm{d}\rho}{\rho} + \frac{\mathrm{d}V}{V} + \frac{\mathrm{d}A}{A} = 0 \tag{8-9}$$

对式（8-8）积分，得

$$\rho VA = C(常数) = \dot{m} \tag{8-10}$$

该式说明，定常一维可压缩气流单位时间流过任一截面的质量都相等。

2. 运动方程

动量方程的一般形式为

$$\frac{\partial}{\partial t} \int_{CV} \boldsymbol{V} \rho \mathrm{d}\Omega + \int_{CS} \rho \boldsymbol{V}(V_n \mathrm{d}A) = \int_{Cf} \rho \boldsymbol{f} \mathrm{d}\Omega + \int_{CS} \boldsymbol{P}_n \mathrm{d}A$$

定常流动情况下，式中左端第一项为零，对于气流而言，质量力可以忽略不计，右端第一项可略去。作用于控制面的表面力有垂直于表面的压力和与表面相切的摩擦力。在按一维流动模型处理时，仅需考虑流动方向（x 方向）上动量的变化率和各种外力。所取的任意形状管壁微段上作用的摩擦力在 x 方向的分量可表示为 $-\tau_w \chi \mathrm{d}x$，式中 τ_w 为壁面摩擦应力，χ 为湿周。管壁上的压力取两个流动截面压力的平均值，壁面作用的压力在 x 方向的分量为 $\left(p + \dfrac{\mathrm{d}p}{2}\right)\mathrm{d}A$，因此上式成为

$$\rho VA[(V + \mathrm{d}V) - V] = -(p + \mathrm{d}p)(A + \mathrm{d}A) + pA - \tau_w \chi \mathrm{d}x + \left(p + \frac{\mathrm{d}p}{2}\right)\mathrm{d}A$$

整理上式并略去高阶微量，得

$$V\mathrm{d}V = -\frac{\mathrm{d}p}{\rho} - \frac{4\tau_w}{\rho d_e}\mathrm{d}x \tag{8-11}$$

式中，d_e 为当量直径，$d_e = \dfrac{4A}{\chi}$，式（8-11）是定常一维可压缩气流运动微分方程的一般形式，在一些特定的流动条件下，可对该式积分。

3. 能量方程

能量方程的一般形式为

$$\frac{\partial}{\partial t} \int_{CV} \left(\breve{u} + \frac{V^2}{2}\right)\rho \mathrm{d}\Omega + \int_{CV} \left(\breve{u} + \frac{V^2}{2}\right)\rho V_n \mathrm{d}A$$

$$= \int_{CV} \rho \boldsymbol{f} \cdot \boldsymbol{V} \mathrm{d}\Omega + \int_{CS} \boldsymbol{P}_n \cdot \boldsymbol{V} \mathrm{d}A + \int_{CS} K \frac{\partial T}{\partial n}\mathrm{d}A + \int_{CV} q\rho \mathrm{d}\Omega$$

在定常流动条件下，式中左端第一项为零，假定气流场中无热源，气流内部通过流动截面的热传导可以忽略不计，并且不计质量力所做的功，则式中右端第一项和第四项均会略去。设单位时间通过管壁面传给控制体中流体的热量为 Q，管壁面部分外力的做功率可以分两种情况来考虑：一种是气体的黏性可以忽略。这时气流沿管壁滑移，壁面不存在切向摩擦力，而壁面上法向的压力与气流速度垂直，因此，做功率为零；另一种是需要计及气体的黏性。这时紧贴管壁面的气体速度为零，因此虽有切向力和法向力的作用，但做功率依然为零。若

采用一维流动模型，则上式变为

$$\rho VA\left\{\left[\left(\breve{u}+\frac{V^2}{2}\right)+\mathrm{d}\left(\breve{u}+\frac{V^2}{2}\right)\right]-\left(\breve{u}+\frac{V^2}{2}\right)\right\}$$

$$=-(A+\mathrm{d}A)(V+\mathrm{d}V)(p+\mathrm{d}p)+pAV+\dot{Q}$$

整理上式并忽略高阶微量，得

$$\rho VA\mathrm{d}\left(\breve{u}+\frac{V^2}{2}\right)=-\mathrm{d}(ApV)+\dot{Q}$$

注意到质量流量 $m=A\rho V=C$（常数），$\mathrm{d}(ApV)=\mathrm{d}\left(A\rho V\frac{p}{\rho}\right)=A\rho V\mathrm{d}\left(\frac{p}{\rho}\right)$，因此，上式可表示为

$$d(\breve{u}+\frac{p}{\rho}+\frac{V^2}{2})=\frac{\dot{Q}}{\dot{m}}=q_H \tag{8-12}$$

式中，$\breve{u}+\dfrac{p}{\rho}=h$ 表示单位质量流体的焓，q_H 表示管壁传给单位质量流体的热量，式（8-12）也可表示为

$$\mathrm{d}\left(h+\frac{V^2}{2}\right)=q_H \tag{8-13}$$

该式表明，加给单位质量气体的热量等于单位质量气体焓和动能的增量，无论是否计及气体的黏性均适用。

4. 状态方程

如果气体与液化或离解、电离状态不是很接近，也就是说，气体的压强和温度不是太高或太低，气体分子间的吸引力及分子自身的体积效应可以忽略不计，则可以把气体近似看作完全气体（热力学中称为理想气体，因为"理想"这一术语已用于无黏性流体，故在此称为完全气体）。完全气体的状态方程为

$$p=R\rho T \tag{8-14}$$

式中，R 表示气体常数，其单位为 J/（kg·K）；T 为气体的绝对温度；p 为气体的绝对压强；ρ 为气体的密度。

对空气而言，在下列温度和压强范围内可以用完全气体假设，即

$$240\,\mathrm{K}<T<2\,000\,\mathrm{K},\ p<9.8\times10^5\,\mathrm{Pa}$$

在完全气体假设成立的范围内，如果温度不是很高，定压比热 C_p 和定容比热 C_v 随温度的变化很微小，则比热容可以近似地当作常数来处理。例如，空气在 $T<1\,000\,\mathrm{K}$ 时，$\dfrac{C_p}{R}$ 和 $\gamma=\dfrac{C_p}{C_v}$ 随温度的变化情形见表 8-1。

表 8-1　空气的比热随温度变化的情况

T/K	100	500	700	900	1 000
$\dfrac{C_p}{R}$	3.505 9	3.588 2	3.744 5	3.906	3.970
$\gamma = \dfrac{C_p}{C_v}$	1.401 7	1.387 1	1.364 6	1.345	1.336

在一般的计算中，这样的变化可以忽略不计。本章所涉及的气体流动问题均按比热容为常数的完全气体来考虑。

8.3　定常一维等熵流动

在一些流动问题中，由于气流速度较快，气流与外界来不及进行热交换，或不能充分进行热交换，因此流动过程可以近似地看作绝热过程。在流动过程中气流的各参数变化较为连续，黏性的影响较小，同时，由于流道较短，摩擦的累积效应亦较小，因此可以忽略气体的黏性，把流体的热力学过程近似地看作可逆过程。可逆的绝热过程便是等熵过程。例如，研究气体在喷管或喷气发动机进气道中的流动时，便可将其近似地看作等熵流动过程。本节讨论定常一维等熵流动。

8.3.1　方程组

连续方程反映流动过程中质量守恒的普遍规律以及流动须满足的连续性条件，它与流动的热力学过程无关。因此，定常一维等熵流动的连续方程仍为式（8-10）。

因在绝热流动条件下，$q_H=0$，故能量方程式（8-13）变为

$$\mathrm{d}\left(h+\frac{V^2}{2}\right)=0$$

对上式积分得

$$h+\frac{V^2}{2}=C（常数）\tag{8-15}$$

该式不但适用于等熵流动，同样也适用于绝热但非等熵过程的流动。

可逆过程流动意味着不存在气体微团之间的内摩擦以及气流与管壁之间的摩擦，即流动是理想流体的流动，这时，一般形式的运动方程式（8-11）成为

$$V\mathrm{d}V+\frac{\mathrm{d}p}{\rho}=0\tag{8-16}$$

对上式积分可得

$$\frac{V^2}{2}+\int\frac{\mathrm{d}p}{\rho}=C（常数）\tag{8-17}$$

由热力学可知等熵过程的方程为

$$\frac{p}{\rho^k} = C(常数) \tag{8-18}$$

因等熵气流仍按完全气体处理，故状态方程为式（8-14）。

在运动方程式（8-17）中，积分 $\int \frac{\mathrm{d}p}{\rho}$ 有赖于确定 ρ 与 p 的关系，即确定流动的热力学过程。如果流动是等熵的，那么将式（8-18）代入式（8-17）得出的积分形式的运动方程是与能量方程完全相同的。因此，选用连续方程、能量方程、等熵方程和状态方程可构成定常一维等熵气流的基本方程组，即

$$\left.\begin{array}{l} \rho V A = \dot{m} = C(常数) \\[2mm] h + \dfrac{V^2}{2} = C(常数) \\[2mm] \dfrac{p}{\rho^\gamma} = C(常数) \\[2mm] p = R\rho T \end{array}\right\} \tag{8-19}$$

下面利用热力学关系式推导能量方程的一些有用的其他形式，这将为求解定常一维等熵流动问题带来诸多方便。由热力学可知，$h = C_p T$，$R = C_p - C_v$，结合式（8-14）和式（8-15）可得

$$h = C_p T = \frac{\gamma R}{\gamma - 1} T = \frac{\gamma}{\gamma - 1} \frac{p}{\rho} = \frac{a^2}{\gamma - 1}$$

因此，能量方程还可写成下列形式，即

$$C_p T + \frac{V^2}{2} = C(常数) \tag{8-20}$$

$$\frac{\lambda}{\gamma - 1} R T + \frac{V^2}{2} = C(常数) \tag{8-21}$$

$$\frac{\gamma}{\gamma - 1} \frac{p}{\rho} + \frac{V^2}{2} = C(常数) \tag{8-22}$$

$$\frac{c^2}{\gamma - 1} + \frac{V^2}{2} = C(常数) \tag{8-23}$$

例 8-2 已知管道中的定常等熵空气流在截面 1 处的下列参数：$t_1 = 62\ ℃$，$p_1 = 650\ \text{kPa}$，$A_1 = 0.001\ \text{m}^2$，及截面 2 的参数：$A_2 = 5.12 \times 10^{-4}\ \text{m}^2$，$p_2 = 452\ \text{kPa}$。空气的 $R = 287\ \text{J/(kg·K)}$，$\gamma = 1.4$，试求：

（1）V_1 和 Ma_1；

（2）V_2 和 Ma_2，ρ_2，T_2。

解：利用定常一维等熵气流的基本方程组，对截面 1、截面 2 的流动参数可列出下列方程式，即

$$A_1 \rho_1 V_1 = A_2 \rho_2 V_2 \tag{①}$$

$$\frac{\gamma}{\gamma - 1} \frac{p_1}{\rho_1} + \frac{V_1^2}{2} = \frac{\gamma}{\gamma - 1} \frac{p_2}{\rho_2} + \frac{V_2^2}{2} \tag{②}$$

$$\frac{p_1}{\rho_1^{\gamma}} = \frac{p_2}{\rho_2^{\gamma}} \qquad ③$$

$$p_1 = R\rho_1 T_1 \qquad ④$$

$$p_2 = R\rho_2 T_2 \qquad ⑤$$

因为几何参数 A_1，A_2 及物性参数 R，γ 均已知，且以上方程组中包含的两个截面上的运动参数 V_1，V_2 和状态参数 p_1，ρ_1，T_1 及 p_2，ρ_2，T_2 共 8 个量中，已知 t_1，p_1 和 p_2，其余 5 个为未知量，而未知量的个数又恰好等于方程的个数，所以方程组是封闭的。先由式④得

$$\rho_1 = \frac{p_1}{RT_1} = \frac{650 \times 10^3}{287 \times (273 + 62)} = 6.76 \left(\text{kg/m}^3\right)$$

利用式③得

$$\rho_2 = \rho_1 \left(\frac{p_2}{p_1}\right)^{\frac{1}{\gamma}} = 6.76 \times \left(\frac{4.52 \times 10^3}{650 \times 10^3}\right)^{\frac{1}{1.4}} = 5.21 \left(\text{kg/m}^3\right)$$

将 ρ_1，ρ_2，A_1，A_2 代入式①，得

$$\frac{V_1}{V_2} = \frac{A_2 \rho_2}{A_1 \rho_1} = \frac{5.12 \times 10^{-6} \times 5.21}{1 \times 10^{-3} \times 6.76} = 0.395$$

由式②得

$$\frac{V_2^2}{2}\left(1 - \frac{V_1^2}{V_2^2}\right) = \frac{\gamma}{\gamma - 1}\left(\frac{p_1}{\rho_1} - \frac{p_2}{\rho_1}\right)$$

$$V_2 = \sqrt{\frac{\dfrac{2\gamma}{\gamma - 1}\left(\dfrac{p_1}{\rho_1} - \dfrac{p_2}{\rho_1}\right)}{1 - \left(\dfrac{V_1}{V_2}\right)^2}}$$

代入有关数据得

$$V_2 = \sqrt{\frac{\dfrac{2 \times 1.4}{1.4 - 1} \times \left(\dfrac{650 \times 10^3}{6.70} - \dfrac{452 \times 10^3}{5.21}\right)}{1 - 0.395^2}}$$

$$= 279 \,(\text{m/s})$$

故有
$$V_1 = 0.395 V_2 = 0.395 \times 279 = 110 \,(\text{m/s})$$

由声速公式（8-6）得

$$c_1 = \sqrt{\gamma R T_1} = \sqrt{1.4 \times 287 \times (62 + 273)} = 367 \,(\text{m/s})$$

$$Ma_1 = \frac{V_1}{c_1} = \frac{110}{367} = 0.300$$

由式⑤得

$$T_2 = \frac{p_2}{R\rho_2} = \frac{452 \times 10^3}{287 \times 5.21} = 302 \,(\text{K})$$

故有

$$c_2 = \sqrt{\gamma R T_2} = \sqrt{1.4 \times 287 \times 302} = 348\,(\text{m/s})$$

$$Ma_2 = \frac{V_2}{c_2} = \frac{279}{348} = 0.802$$

综上可知，所要求的参数为

（1）$V_1 = 110$ m/s，$Ma_1 = 0.300$

（2）$V_2 = 279$ m/s，$Ma_2 = 0.802$，$\rho_2 = 5.2$ kg/m³，$T_2 = 302$ K

8.3.2　参考状态

为了进一步说明定常一维等熵气流的流动特征，下面分析气流的三种特定状态，我们称之为参考状态。

1. 等熵滞止状态

流动中速度为零的点称为滞止点（或驻点），该点的状态称为滞止状态，所对应的流动参数称为滞止参数或总参数。在提及滞止状态或滞止参数时，我们需要知道流速滞止为零所经历的热力学过程，因为不同的过程对应的滞止参数亦不同。例如，从能量方程式（8-13）可知，流动按绝热过程滞止下来所对应的滞止参数与流动有热量交换过程滞止下来所对应的滞止参数显然不同。本节所述的滞止状态是流动等熵地滞止为零时所对应的状态。在研究某一具体流动问题时，流场中可能没有速度为零的滞止点，可以先设某点（或截面）的流速为 V，压强为 p，密度为 ρ，温度为 T，再设想让该点（或截面）的流速等熵地降低至零时所达到的状态，即滞止状态，所对应的压强为滞止压强（或总压），表示为 p_0，对应的温度称为滞止温度（或总温），表示为 T_0，等等。这些滞止参数有时称作当地滞止参数，它们可以反映出该点（或截面）的流动特征。于是，此时的能量方程又可表示为

$$h + \frac{V^2}{2} = h_0 \tag{8-24}$$

$$C_p T + \frac{V^2}{2} = C_p T_0 \tag{8-25}$$

$$\frac{\gamma}{\gamma-1} R T + \frac{V^2}{2} = \frac{\gamma}{\gamma-1} R T_0 \tag{8-26}$$

$$\frac{\gamma}{\gamma-1} \frac{p}{\rho} + \frac{V^2}{2} = \frac{\gamma}{\gamma-1} \frac{p_0}{\rho_0} \tag{8-27}$$

$$\frac{a^2}{\gamma-1} + \frac{V^2}{2} = \frac{a_0^2}{\gamma-1} \tag{8-28}$$

显然，在定常一维等熵气流中，h_0，T_0，p_0，ρ_0，a_0 都等于常量，因此它们可以作为参考状态。

与滞止参数相对的是流动过程中任一点（或截面）处的当地流动参数 h，p，ρ，T 等，这些参数称为静参数。在定常一维等熵气流中，取滞止参数作为参考值来表示静参数比较方便，如式（8-25）可写成

$$\frac{T}{T_0} = 1 - \frac{V^2}{2C_pT_0} \tag{8-29}$$

另外，由状态方程 $p_0 = R\rho_0T_0$，$p = R\rho T$ 和等熵过程 $\frac{p}{\rho^\gamma} = \frac{p_0}{\rho_0^\gamma}$ 还可导出

$$\frac{p}{p_0} = \left(\frac{T}{T_0}\right)^{\frac{\gamma}{\gamma-1}} = \left(1 - \frac{V^2}{2C_pT_0}\right)^{\frac{\gamma}{\gamma-1}} \tag{8-30}$$

$$\frac{\rho}{\rho_0} = \left(\frac{T}{T_0}\right)^{\frac{1}{\gamma-1}} = \left(1 - \frac{V^2}{2C_pT_0}\right)^{\frac{1}{\gamma-1}} \tag{8-31}$$

以上式（8-29），式（8-30）和式（8-31）反映出静参数 p，ρ，T 随速度 V 的变化关系，这种变化的依赖关系称为定常一维等熵气流的基本特征。图 8-4 所示为定常一维等熵气流基本特征的关系曲线。由该变化关系的公式或曲线可以看出，当速度 V 减小时，T，ρ，p 均增大，即减速使气流压缩；反之，当速度 V 增大时，T，ρ，p 均减小，即加速使气流膨胀。

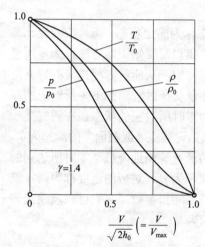

图 8-4　定常一维等熵气流的基本特征

例 8-3　已知定常一维等熵气流某一截面上的速度为 142 m/s，温度为 17 ℃，压强为 1.3×10^5 Pa。求气流的滞止温度、滞止压强和滞止密度。[空气的 $\gamma = 1.4$，$R = 287$ J/(kg·K)]

解：由能量方程式（8-26）得

$$T_0 = T + \frac{V^2}{2R\frac{\gamma}{\gamma-1}} = (17 + 273) + \frac{142^2}{2 \times 287 \times \frac{1.4}{1.4-1}} = 300\,(\text{K})$$

由式（8-30）得

$$p_0 = p\left(\frac{T_0}{T}\right)^{\frac{\gamma}{\gamma-1}} = 1.3 \times 10^5 \times \left(\frac{300}{17+273}\right)^{3.5} = 1.46 \times 10^5\,(\text{Pa})$$

于是由状态方程可得

$$\rho_0 = \frac{p_0}{RT_0} = \frac{1.46 \times 10^5}{287 \times 300} = 1.70\,(\text{kg/m}^3)$$

2. 临界状态

当流速等于当地声速时，或者流动马赫数等于 1 时，该状态称为临界状态，对应的参数称为临界参数，通常用加下标"cr"表示，如 p_{cr}，ρ_{cr}，T_{cr} 等。由能量方程 $\frac{c^2}{\gamma-1} + \frac{V^2}{2} = h_0$ 可知，流速增大时，当地声速减小，在临界状态下 $V = c$，记为 c_{cr}，得

$$\frac{c_{\text{cr}}^2}{\gamma-1} + \frac{c_{\text{cr}}^2}{2} = h_0$$

因此

$$c_{cr}^2 = \frac{2(\gamma-1)}{\gamma+1} h_0 = \frac{2(\gamma-1)}{\gamma+1} \frac{\gamma R}{\gamma-1} T_0 = \frac{2}{\gamma+1} c_0^2 \qquad (8-32)$$

在定常一维等熵流动中，滞止参数为不变的常量，因此 c_{cr} 也是不变的常量，类似地可推知其他临界参数 p_{cr}，ρ_{cr} 等在流动过程中也为常量。

由式（8-32）直接可得

$$\frac{T_{cr}}{T_0} = \frac{2}{\gamma+1} \qquad (8-33)$$

再由式（8-30）和式（8-31）可得

$$\frac{\rho_{cr}}{\rho_0} = \left(\frac{T_{cr}}{T_0}\right)^{\frac{1}{\gamma-1}} = \left(\frac{2}{\gamma+1}\right)^{\frac{1}{\gamma-1}} \qquad (8-34)$$

$$\frac{p_{cr}}{\rho_0} = \left(\frac{T_{cr}}{T_0}\right)^{\frac{\gamma}{\gamma-1}} = \left(\frac{2}{\gamma+1}\right)^{\frac{\gamma}{\gamma-1}} \qquad (8-35)$$

当 $\gamma=1.4$ 时，可得

$$\left.\begin{array}{l} \dfrac{T_{cr}}{T_0} = 0.833 \\[2mm] \dfrac{\rho_{cr}}{\rho_0} = 0.634 \\[2mm] \dfrac{p_{cr}}{p_0} = 0.528 \end{array}\right\} \qquad (8-36)$$

由定常一维等熵气流的基本特征可知，若流速增大，p，ρ，T 及 c 均减小，因此式（8-36）可用作判断气流是超声速流动还是亚声速流动的准则。对于空气等双原子气体的流动，$\gamma=1.4$，当 $T/T_0 < 0.833$，$\rho/\rho_0 < 0.634$，$p/p_0 < 0.528$ 时为超声速流动；当 $T/T_0 > 0.833$，$\rho/\rho_0 > 0.634$，$p/p_0 > 0.528$ 时为亚声速流动。

3. 极限状态（最大速度状态）

当 $T=0$ 时，由式（8-24）可知速度会达到最大值，即

$$V_{max} = \sqrt{2h_0} = \sqrt{2C_p T_0} = \sqrt{\frac{2\gamma}{\gamma-1} \frac{p_0}{\rho_0}} \qquad (8-37)$$

这种状态称为极限状态或最大速度状态。它是一种假想的状态，其含义是：气流的总能量全部转化为宏观动能，分子的热运动停止，p，ρ，c 等参数均为零。极限状态参数只有一个，即最大（极限）速度 V_{max}。由于 V_{max} 在定常一维等熵气流中为不变量，故可作为一种参考状态参数。

8.3.3　用马赫数或速度系数表示的气流参数关系式

气流参数随速度的变化关系还可以表示为无量纲数 Ma 的关系式，以使计算更为方便。

式（8-29）可以改写为

$$\frac{T}{T_0} = 1 - \frac{V^2}{2C_p T_0}$$

$$= 1 - \frac{V^2}{2\left(\frac{V^2}{2} + C_p T\right)}$$

$$= 1 - \frac{V^2}{2\left(\frac{V^2}{2} + \frac{\gamma RT}{\gamma - 1}\right)}$$

$$= \frac{2\dfrac{c^2}{\gamma - 1}}{V^2 + 2\dfrac{c^2}{\gamma - 1}}$$

$$= \frac{1}{1 + \dfrac{\gamma - 1}{2} Ma^2} \tag{8-38}$$

于是有

$$\frac{\rho}{\rho_0} = \left(\frac{T}{T_0}\right)^{\frac{1}{\gamma - 1}} = \left(1 + \frac{\gamma - 1}{2} Ma^2\right)^{-\frac{1}{\gamma - 1}} \tag{8-39}$$

$$\frac{p}{p_0} = \left(\frac{T}{T_0}\right)^{\frac{\gamma}{\gamma - 1}} = \left(1 + \frac{\gamma - 1}{2} Ma^2\right)^{-\frac{\gamma}{\gamma - 1}} \tag{8-40}$$

在有些问题中，使用无量纲速度系数 λ 会比使用马赫数 Ma 更方便些。速度系数定义为

$$\lambda = \frac{V}{c_{cr}}$$

它与 Ma 不同之点在于：其分母 c_{cr} 对于确定的定常一维等熵气流为常量；在极限状态下 λ 为有限值，而 Ma 趋于无穷大。

速度系数 λ 与马赫数 Ma 的关系可推导如下

$$Ma^2 = \frac{V^2}{c^2} = \frac{V^2}{c_{cr}^2} \frac{c_{cr}^2}{c_0^2} \frac{c_0^2}{c^2}$$

$$= \lambda^2 \frac{T_{cr}}{T_0} \frac{T_0}{T}$$

利用式（8-33）和式（8-37）得

$$Ma^2 = \lambda^2 \left(\frac{2}{\gamma + 1}\right)\left(1 + \frac{\gamma - 1}{2} Ma^2\right) \tag{8-41}$$

整理上式，可得

$$\lambda^2 = \frac{\dfrac{\gamma + 1}{2} Ma^2}{1 + \dfrac{\gamma - 1}{2} Ma^2} \tag{8-42}$$

或

$$Ma^2 = \frac{\dfrac{2}{\gamma+1}\lambda^2}{1-\dfrac{\gamma-1}{\gamma+1}\lambda^2} \tag{8-43}$$

由式（8-42）可以看出，在极限状态下，$Ma \to \infty$，但 λ 趋于有限值 $\lambda_{\max}$，即

$$\lambda_{\max} = \sqrt{\frac{\gamma+1}{\gamma-1}} \tag{8-44}$$

将式（8-43）分别代入式（8-38）、式（8-39）和式（8-40），得

$$\frac{T}{T_0} = 1 - \frac{\gamma-1}{\gamma+1}\lambda^2 \tag{8-45}$$

$$\frac{\rho}{\rho_0} = \left(1 - \frac{\gamma-1}{\gamma+1}\lambda^2\right)^{\frac{1}{\gamma-1}} \tag{8-46}$$

$$\frac{p}{p_0} = \left(1 - \frac{\gamma-1}{\gamma+1}\lambda^2\right)^{\frac{\gamma}{\gamma-1}} \tag{8-47}$$

为了计算方便，可以把上述气流参数的关系式对一定的 γ 值按 Ma 或 λ 预先算好，制成表格，此表称为气体动力函数表。利用这些表可以便捷地进行定常一维等熵气流的计算。

8.3.4　气流参数与通道面积的关系

在定常一维等熵气流情况下，微分形式的连续方程和运动方程分别为

$$\frac{\mathrm{d}\rho}{\rho} + \frac{\mathrm{d}V}{V} + \frac{\mathrm{d}A}{A} = 0$$

$$V\mathrm{d}V + \frac{1}{\rho}\mathrm{d}p = 0$$

运动方程可改写为

$$V\mathrm{d}V = -\frac{1}{\rho}\mathrm{d}p = -\frac{\mathrm{d}p}{\mathrm{d}\rho}\frac{\mathrm{d}\rho}{\rho} = -c^2\frac{\mathrm{d}\rho}{\rho}$$

由此得

$$\frac{\mathrm{d}\rho}{\rho} = -\frac{V^2}{c^2}\frac{\mathrm{d}V}{V} = -Ma^2\frac{\mathrm{d}V}{V} \tag{8-48}$$

将上式代入连续方程，得

$$(Ma^2 - 1)\frac{\mathrm{d}V}{V} = \frac{\mathrm{d}A}{A} \tag{8-49}$$

上式即为定常一维等熵气流通道面积与气流速度变化的关系式。下面分三种情况进行讨论。

（1）若 $Ma < 1$，即亚声速流动，$(Ma^2-1) < 0$，则 $\mathrm{d}V$ 与 $\mathrm{d}A$ 符号相反，说明通道面积减小时速度增大；反之，通道面积增大时速度减小。定性地看，亚声速流动的这一特征与不可

压缩流动的规律相一致。

（2）若 $Ma>1$，即超声速流动，（Ma^2-1）>0，则 dV 与 dA 符号相同，说明通道面积减小时速度减小；反之，通道面积增大时速度增大。这一特性恰恰与亚声速流动相反。通过分析式（8-48）可以认识产生这种现象的原因。在 $Ma>1$ 时，密度的下降率大于速度的上升率，这就导致在气流速度增大时通过相同的质量流量（ρVA）需要更大的截面面积 A。

（3）若 $Ma=1$，即声速流动，由式（8-49）可见

$$\frac{\mathrm{d}A}{A}=0$$

从数学概念来说，$\mathrm{d}A=0$ 对应截面面积的极值，它可能是最大截面，也可能是最小截面。下面来说明声速流动不可能在最大截面上出现。假如气流以超声速流入管道的扩张段，因气流速度会随着截面面积的增大而增大，到最大截面处达到最大值，故流速不会在最大截面处等于声速；假如气流以亚声速流入管道的扩张段，由于气流速度随着截面面积的增大而变得越来越小，这样速度只能保持为亚声速，即永远达不到声速。因此，声速流动不可能发生在管道的最大截面处；当亚声速气流流入收缩管道时，随截面面积的减小流速将增大，在最小截面处流速达到最大值，在一定的条件下该最大值可以达到声速；当超声速气流流入管道的收缩段时，流速会随截面面积减小而减小，且在最小截面处有可能减小到声速。因此，声速流只可能在最小截面处出现。如前所述，$Ma=1$ 的状态称为临界状态，$Ma=1$ 的截面称为临界截面，且只有在最小截面处才可能成为临界截面。图 8-5 概括了定常一维等熵气流的流动参数随面积变化的关系。

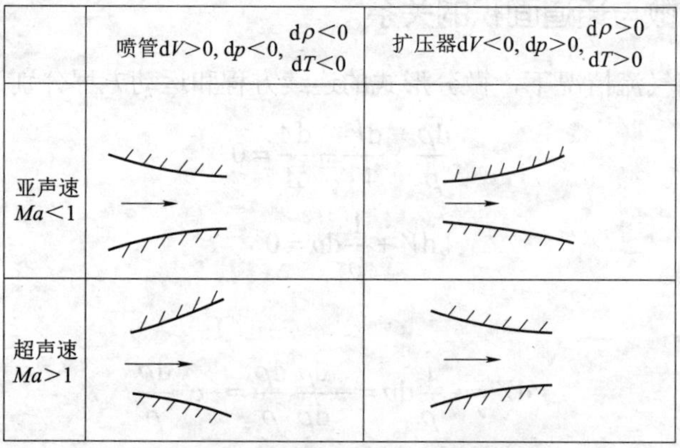

喷管$\mathrm{d}V>0$, $\mathrm{d}p<0$, $\begin{matrix}\mathrm{d}\rho<0\\\mathrm{d}T<0\end{matrix}$	扩压器$\mathrm{d}V<0$, $\mathrm{d}p>0$, $\begin{matrix}\mathrm{d}\rho>0\\\mathrm{d}T>0\end{matrix}$
亚声速 $Ma<1$	
超声速 $Ma>1$	

图 8-5　气流参数与通道面积的关系

由以上讨论可知，入口为亚声速的气流流过收缩形管道时，在出口截面上流速最大，但只可能达到声速。所以若要获得超声速气流，则应使亚声速气流先流经收缩形管道，使其在最小截面处达到声速，然后再进入扩张形管道使气流继续膨胀加速，从而获得超声速气流。先收缩后扩张形的管道是产生超声速气流的必要条件。

前面定性地讨论了流动通道面积对气流参数的影响，下面进一步考虑其定量关系。已知连续方程

$$\rho VA=\rho_{\mathrm{cr}}c_{\mathrm{cr}}A_{\mathrm{cr}}$$

式中，A_{cr} 是临界面积。如果管道内是纯亚声速流动，则 A_{cr} 表示假想流动达到临界状态时对

应的截面面积。此时，上式可改写为

$$\frac{A}{A_{cr}} = \frac{\rho_{cr}}{\rho} \frac{c_{cr}}{V} = \frac{\rho_{cr}}{\rho_0} \frac{\rho_0}{\rho} \frac{c_{cr}}{c} \frac{c}{V}$$

将下列关系式

$$\frac{\rho_{cr}}{\rho} = \left(\frac{2}{\gamma+1}\right)^{\frac{1}{\gamma-1}}$$

$$\frac{\rho_0}{\rho} = \left(1 + \frac{\gamma-1}{2}Ma^2\right)^{\frac{1}{\gamma-1}}$$

$$\frac{c_{cr}}{c} = \left(\frac{T_{cr}}{T}\right)^{\frac{1}{2}} = \left(\frac{T_{cr}}{T_0}\frac{T_0}{T}\right)^{\frac{1}{2}} = \left[\frac{2}{\gamma+1}\left(1 + \frac{\gamma-1}{2}Ma^2\right)\right]^{\frac{1}{2}}$$

$$\frac{c}{V} = \frac{1}{Ma}$$

代入连续方程式中，经整理后得

$$\frac{A}{A_{cr}} = \frac{1}{Ma}\left[\frac{2}{\gamma+1}\left(1 + \frac{\gamma-1}{2}Ma^2\right)\right]^{\frac{\gamma+1}{2(\gamma-1)}} \tag{8-50}$$

上式为面积比与流动马赫数的关系式。由截面面积与临界面积的比值可以确定出该截面上的流动马赫数，从而确定其他流动参数。

当 $\gamma = 1.4$ 时，式（8-50）简化为

$$\frac{A}{A_{cr}} = \frac{(1 + 0.2Ma^2)^3}{1.728Ma} \tag{8-51}$$

图 8-6 所示为面积比随气流马赫数变化的关系。从图中可见，对于某一给定的 A/A_{cr}，对应着两个 Ma 值，截面 A 上的流速可能是亚声速，也可能是超声速，具体属哪种流动情况，需视该截面所处的位置及管道上下游的压强比来确定。

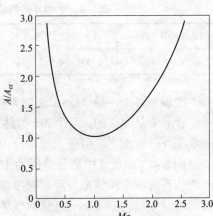

图 8-6　面积比与马赫数的关系

*8.3.5　气流按不可压缩流体处理的限度

对于 $Ma > 0$ 的不同速度的流动情况，气体都具有不同程度的压缩比。以下讨论马赫数在什么范围内可以忽略气体的压缩性影响。

由定常一维等熵气流流动参数与马赫数的关系可得

$$\frac{p_0}{p} = \left(1 + \frac{\gamma-1}{2}Ma^2\right)^{\frac{\gamma}{\gamma-1}}$$

当 $\frac{\gamma-1}{2}Ma^2 < 1$ 时，上式右端可按牛顿二项式定理展开为一无穷收敛级数，即

$$\frac{p_0}{p} = 1 + \frac{\gamma}{\gamma-1}\left(\frac{\gamma-1}{2}Ma^2\right) + \frac{\frac{\gamma}{\gamma-1}\left(\frac{\gamma}{\gamma-1}-1\right)}{2!}\left[\frac{\gamma-1}{2}Ma^2\right]^2 +$$

$$\frac{\frac{\gamma}{\gamma-1}\left(\frac{\gamma}{\gamma-1}-1\right)\left(\frac{\gamma}{\gamma-1}-2\right)}{3!}\left[\frac{\gamma-1}{2}Ma^2\right]^3 + \cdots$$

$$= 1 + \frac{\gamma}{2}Ma^2 + \frac{\gamma}{8}Ma^4 + \frac{\gamma(2-\gamma)}{48}Ma^6 + \cdots$$

将上式改写为

$$p_0 - p = \frac{\gamma p}{2}Ma^2 + \frac{\gamma p}{8}Ma^4 + \frac{\gamma(2-\gamma)p}{48}Ma^6 + \cdots = \frac{\gamma p}{2}Ma^2\left(1 + \frac{1}{4}Ma^2 + \frac{2-\gamma}{24}Ma^4 + \cdots\right)$$

由于注意到 $\frac{\gamma p}{2}Ma^2 = \frac{\gamma p}{2}\frac{V^2}{p} = \frac{1}{2}\rho V^2$，因此有

$$\frac{p_0 - p}{\frac{1}{2}\rho V^2} = 1 + \frac{1}{4}Ma^2 + \frac{2-\gamma}{24}Ma^4 + \cdots \tag{8-52}$$

当不考虑压缩性影响时，上式变为 $p_0 = p + \frac{1}{2}\rho V^2$，即理想不可压缩流体的伯努利方程。可见，气流按不可压缩流体处理时，计算的误差为

$$\delta = \frac{1}{4}Ma^2 + \frac{2-\gamma}{24}Ma^4 + \cdots$$

现将 $\gamma = 1.4$ 的气流在不同的 Ma 下按不可压缩流体处理时的误差情况列于表 8-2。

表 8-2　$\gamma = 1.4$ 的气流在不同 Ma 下按不可压缩流体处理时的误差

Ma	0.1	0.2	0.3	0.4	0.5	0.6	0.7	0.8	0.9	1.0
$\delta/\%$	0.25	1.00	2.27	4.06	6.41	9.32	12.90	17.00	21.90	27.60

由该表可知，当 $Ma = 0.3$ 时，按不可压缩流体处理所带来的误差为 2%稍多，这在一般工程计算中是允许的。至于 Ma 数达多大时要考虑压缩性影响，则决定于计算所要求的精度，一般不作硬性规定。但在工程计算中，当 $Ma > 0.3$ 时，一般应考虑压缩性的影响。

例 8-4　氩气流中测得总压为 158 kPa，静压为 104 kPa，静温为 293 K，试求流速。假若气流按不可压缩流体来处理，密度取未受扰动气流的密度，以不可压缩流体的伯努利方程计算速度时误差为多大？（氩气的气体常数 $R=209$ J/（kg·K），$\gamma=1.68$）

解： 由 $\frac{p_0}{p} = \left(1 + \frac{\gamma-1}{2}Ma^2\right)^{\frac{\gamma}{\gamma-1}}$ 得

$$Ma = \sqrt{\frac{2}{\kappa-1}\left[\left(\frac{p_0}{p}\right)^{\frac{\gamma-1}{\gamma}} - 1\right]}$$

$$= \sqrt{\frac{2}{1.68-1} \times \left[\left(\frac{158\times10^3}{104\times10^3}\right)^{\frac{1.68-1}{1.68}} -1\right]}$$

$$= 0.737$$

$$a = \sqrt{\gamma RT}$$

$$= \sqrt{1.68\times209\times293}$$

$$= 321\,(\text{m/s})$$

$$V = Ma \cdot c = 0.737\times321$$

$$= 237\,(\text{m/s})$$

氩气流速度为 237 m/s。若按不可压缩流体处理，由伯努利方程得

$$V = \sqrt{\frac{2(p_0 - p)}{\rho}}$$

式中密度可由状态方程求得，即

$$\rho = \frac{p}{RT}$$

故方得

$$V = \sqrt{\frac{2RT(p_0 - p)}{p}}$$

$$= \sqrt{2RT\left(\frac{p_0}{p} -1\right)}$$

$$= \sqrt{1\times209\times293\times\left(\frac{158\times10^3}{104\times10^3} -1\right)}$$

$$= 252\,(\text{m/s})$$

所以误差为

$$\frac{|252-237|}{237} = 6.33\%$$

8.4　正激波

激波是一种集中的有一定强度的压强波。在绕物体或管道内的超声速流动以及爆炸等问题中都会出现激波现象。激波分为三种类型：第一种是正激波，激波面与气流方向垂直，气流经过激波后不改变流动方向；第二种是斜激波，激波面与气流方向不垂直，气流经过斜激波后改变流动方向；第三种是曲面激波，激波面为曲面形状，它是由正激波与斜激波系组成的。本节主要讨论正激波。

8.4.1　正激波的形成

下面以活塞在等截面的长直管中压缩气体的例子来说明正激波的形成过程。图 8-7 所示

为一等截面的长直管，管内充满静止气体，其状态参数为 p_1、ρ_1、T_1。现推动左侧的活塞向右做加速运动，经过短暂的时间 Δt 后活塞的速度达到 V_p，然后向右做等速运动。为了便于分析，现将活塞连续加速的过程分解为逐步加速的过程。假设将 Δt 分为一系列无穷小的时间间隔 dt，每一 dt 时间内活塞速度增加 dV_p。在活塞第一次以微小加速（$0 \to dV_p$）向右运动时，紧贴活塞的气体受到压缩，气体伴随活塞以 dV_p 向右运动，压强、密度、温度分别提高了 dp、$d\rho$、dT，产生的第一个微弱压缩波以未扰动气体的当地声速 c_1 向右传播；活塞第二次微小加速后速度变为 $2dV_p$，且就在第一个微弱压缩波后的气流中产生了第二个微弱压缩波，并以当地声速 $\sqrt{\gamma R(T_1 + dT)}$ 在已扰动过的气流中向右传播。由于扰动气流以 dV_p 向右运动，因此第二个微弱压缩波向右传播的绝对速度为 $dV_p + \sqrt{\gamma R(T_1 + dT)}$；而且，第二个微弱压缩波后的气流以 $2dV_p$ 的速度向右运动，压强、密度、温度都进一步增加了一个微量，分别为 $dp \to 2dp$，$d\rho \to 2d\rho$，$dT \to dT_2$。可以类推，活塞做第三次、第四次……的微小加速后速度的变化，直至达到速度 V_p，如图 8-7（a）所示。在活塞的加速过程中，越是后面产生的微弱压缩波，其当地声速和受扰动气流向右运动的速度就越大。因此，后面的微弱压缩波向右推进的绝对速度都大于前面的微弱压缩波的推进速度，最终，使所有的微弱压缩波都集中到一起，行成一个有一定强度的突跃压缩波并以大于当地声速的速度 V_s 向右传播，如图 8-7（b）所示。这种集中的压缩波称为激波，激波经过之后，气流状态参数由 p_1、ρ_1、T_1 立即变为 p_2、ρ_2、T_2，速度由零变为 V_p。一旦激波形成后，微弱扰动波的传播规律就不再适用。

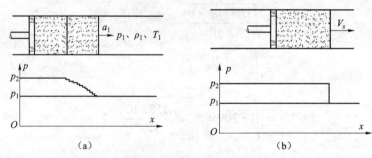

图 8-7　正激波的形成过程

在以上讨论中，我们将激波看作没有厚度的间断面，经过激波后流动参数会发生突跃变化。但事实上激波是有厚度的，它的厚度与气体分子的平均自由程具有同一数量级，故在激波内连续介质模型不再适用，激波内的物理现象非常复杂。在实际问题中，人们感兴趣的不是在极薄的激波内流动参数怎样变化，而是经过激波后流动参数变化的结果。因此，只要不是在非常稀薄的气流中，激波的厚度常常可以忽略不计。采用简化的理论模型，将激波看作数学上的间断面。激波前和激波后仍然是比热容为常数的完全气体的等熵流动，经过激波的突跃压缩是不可逆的绝热过程。

8.4.2　正激波前后气流参数的关系

为了使流动成为定常流动，选取固定在正激面上的相对坐标系，在该坐标系内激波是静止的，设波前气流相对激波的速度为 V_1，压强、密度、温度分别为 p_1、ρ_1、T_1；薄（或厚）气流相对激波的速度为 V_2，压强、密度和温度分别为 p_2、ρ_2、T_2。取紧贴激波面的控制体，如图 8-8 虚线部分所示，因面 1-2 和面 3-4 均与激波面平行且面积相等，所以连续方程可以

简化为

$$V_1\rho_1 = V_2\rho_2 \qquad (8-53)$$

在所取的控制体上应用动量定理，得

$$p_1 - p_2 = \rho_2 V_2^2 - \rho_1 V_1^2 \qquad (8-54)$$

气流经过正激波，其压缩过程是绝热的，因此能量方程为

$$\frac{V_1^2}{2} + \frac{\gamma}{\gamma-1}\frac{p_1}{\rho_1} = \frac{V_2^2}{2} + \frac{\gamma}{\gamma-1}\frac{p_2}{\rho_2} = \frac{\gamma+1}{2(\gamma-1)}c_{\mathrm{cr}}^2 \qquad (8-55)$$

或

$$T_{01} = T_{02} \qquad (8-56)$$

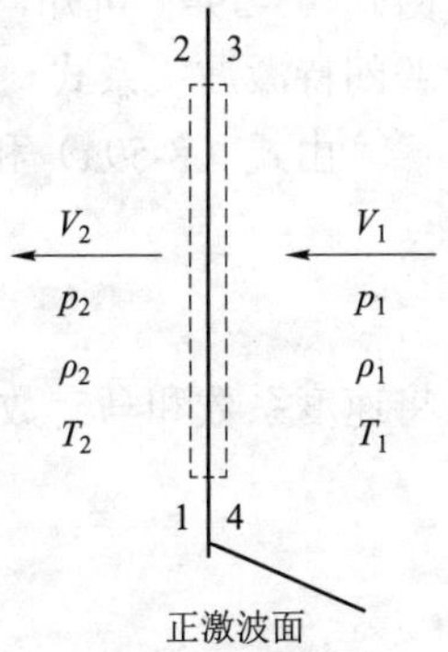

图 8-8　正激波

假定气流为完全气体，由状态方程得

$$\frac{p_1}{\rho_1 T_1} = \frac{p_2}{\rho_2 T_2} \qquad (8-57)$$

若激波前的气流参数均已知，可由式（8-53）、式（8-54）、式（8-55）和式（8-57）4个方程求出激波后气流的诸参数。

用式（8-54）除以式（8-53），得

$$\frac{p_1}{\rho_1 T_1} - \frac{p_2}{\rho_2 T_2} = V_2 - V_1 \qquad (8-58)$$

由能量方程式（8-55）得

$$\frac{p_1}{\rho_1} = \frac{\gamma-1}{\gamma}\left[\frac{\gamma+1}{2(\gamma-1)}c_{\mathrm{cr}}^2 - \frac{V_1^2}{2}\right]$$

$$\frac{p_2}{\rho_2} = \frac{\gamma-1}{\gamma}\left[\frac{\gamma+1}{2(\gamma-1)}c_{\mathrm{cr}}^2 - \frac{V_2^2}{2}\right]$$

将以上两式代入式（8-58），得

$$V_2 - V_1 = \frac{\gamma+1}{2\gamma}\frac{c_{\mathrm{cr}}^2}{V_1} - \frac{\gamma-1}{2\gamma}V_1 - \frac{\gamma+1}{2\gamma}\frac{c_{\mathrm{cr}}^2}{V_2} + \frac{\gamma-1}{2\gamma}V_2 = \frac{\gamma+1}{2\gamma}c_{\mathrm{cr}}^2\left(\frac{1}{V_1} - \frac{1}{V_2}\right) - \frac{\gamma-1}{2\gamma}(V_1 - V_2)$$

移项并整理，得

$$(V_2 - V_1)\frac{\gamma+1}{2\gamma}\left(1 - \frac{c_{\mathrm{cr}}^2}{V_1 V_2}\right) = 0$$

因为 $V_2 \neq V_1$，故由上式可得

$$1 - \frac{c_{\mathrm{cr}}^2}{V_1 V_2} = 0$$

即

$$V_1 V_2 = c_{\mathrm{cr}}^2 \qquad (8-59a)$$

或用速度系数表示为

$$\lambda_1 \lambda_2 = 1 \qquad (8-59b)$$

由式（8-59a）可知，正激波前后速度的乘积为定值，等于临界声速的平方。式（8-59）称为普朗特激波关系式。

由式（8-59a）和式（8-59b）可得激波前后的速度比值为

$$\frac{V_2}{V_1} = \frac{V_2 V_1}{V_1^2} = \frac{c_{cr}^2}{V_1^2} = \frac{1}{\lambda_1^2}$$

将速度系数和马赫数的关系式（8-42）代入上式，得

$$\frac{V_2}{V_1} = \frac{1 + \dfrac{\gamma - 1}{2} Ma_1^2}{\dfrac{\gamma + 1}{2} Ma_1^2} \tag{8-60}$$

由连续方程和上式可得激波前后的密度比，即

$$\frac{\rho_2}{\rho_1} = \frac{V_1}{V_2} = \frac{\dfrac{\gamma + 1}{2} Ma_1^2}{1 + \dfrac{\gamma - 1}{2} Ma_1^2} \tag{8-61}$$

由动量方程式（8-54）和连续方程式（8-53）得

$$p_2 - p_1 = \rho_1 V_1^2 - \rho_2 V_2^2$$
$$= \rho_1 V_1^2 \left(1 - \frac{V_2}{V_1} \right)$$

上式两端除以 p_1，得

$$\frac{p_2 - p_1}{p_1} = \frac{\rho_1 V_1^2}{p_1} \left(1 - \frac{V_2}{V_1} \right)$$
$$= \frac{\gamma V_1^2}{a_1^2} \left(1 - \frac{V_2}{V_1} \right)$$
$$= \gamma Ma_1^2 \left(1 - \frac{V_2}{V_1} \right)$$

将式（8-60）代入上式，得

$$\frac{p_2 - p_1}{p_1} = \frac{\Delta p}{p_1} = \frac{2\gamma}{\gamma + 1} (Ma_1^2 - 1)$$

激波前后的压强比为

$$\frac{p_2}{p_1} = 1 + \frac{2\gamma}{\gamma + 1} (Ma_1^2 - 1) = \frac{2\gamma}{\gamma + 1} Ma_1^2 - \frac{\gamma - 1}{\gamma + 1} \tag{8-62}$$

由式（8-57）得

$$\frac{T_2}{T_1} = \frac{p_2}{p_1} \frac{\rho_1}{\rho_2}$$

将式（8-61）和式（8-62）代入上式，得激波前后的温度比，即

$$\frac{T_2}{T_1} = \frac{2\gamma Ma_1^2 - \gamma + 1}{\gamma + 1} \cdot \frac{(\gamma-1)Ma_1^2 + 2}{(\gamma+1)Ma_1^2} = \frac{c_2^2}{c_1^2} \tag{8-63}$$

将速度系数和马赫数之间关系式（8-42）代入普朗特激波关系式，还可得到激波前后气流马赫数之间的关系，即

$$\frac{Ma_2^2}{Ma_1^2} = \frac{(\gamma-1)Ma_1^2 + 2}{Ma_1^2(2\gamma Ma_1^2 - \gamma + 1)} \tag{8-64a}$$

或

$$Ma_2^2 = \frac{1 + \dfrac{\gamma-1}{2}Ma_1^2}{\gamma Ma_1^2 - \dfrac{\gamma-1}{2}} \tag{8-64b}$$

图 8-9～图 8-13 所示为 $\dfrac{V_2}{V_1}$、$\dfrac{p_2}{p_1}$、$\dfrac{\rho_2}{\rho_1}$、$\dfrac{T_2}{T_1}$ 以及 Ma_2 随激波前气流马赫数 Ma_1 的变化曲线。对于 $\gamma = 1.4$ 的气体，按不同 Ma_1 计算的各种参数的比值可制作成表待查。

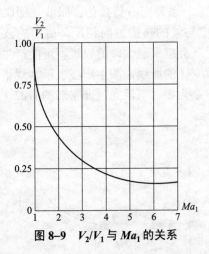

图 8-9　V_2/V_1 与 Ma_1 的关系

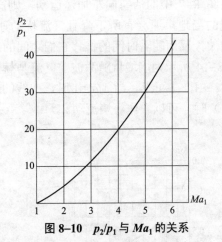

图 8-10　p_2/p_1 与 Ma_1 的关系

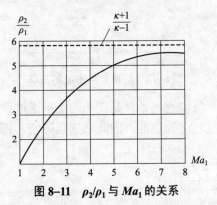

图 8-11　ρ_2/ρ_1 与 Ma_1 的关系

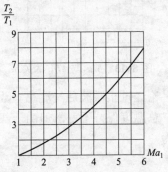

图 8-12　T_2/T_1 与 Ma_1 的关系

在以上的推导过程中，对激波前的气流马赫数 Ma_1（或 λ_1）并未加以限制，故由式（8-59）或式（8-64）可以看出，超声速气流（$\lambda_1 > 1$ 或 $Ma_1 > 1$）在通过激波后变为亚声速气流（$\lambda_2 < 1$

或 $Ma_2 < 1$）；亚声速气流（$\lambda_1 < 1$ 或 $Ma_1 < 1$）在通过激波后变为超声速气流（$\lambda_2 > 1$ 或 $Ma_2 > 1$）。下面来考虑通过激波熵的变化。由热力学可知

$$s_2 - s_1 = c_v \ln \frac{T_2}{T_1} - R \ln \frac{\rho_2}{\rho_1} = c_v \ln \left[\frac{T_2}{T_1} \left(\frac{\rho_1}{\rho_2} \right)^{\gamma-1} \right]$$

代入 $\dfrac{T_2}{T_1}$ 和 $\dfrac{\rho_2}{\rho_1}$ 与 Ma_1 的关系式，得

$$s_2 - s_1 = c_v \ln \left\{ \frac{2\gamma Ma_1^2 - \gamma + 1}{\gamma + 1} \left(\frac{2 + (\gamma-1)Ma_1^2}{(\gamma+1)Ma_1^2} \right)^{\gamma} \right\} \tag{8-65}$$

由上式可以算出，当 $Ma_1 > 1$ 时，$s_2 - s_1 > 0$，说明超声速气流经过激波后熵增加，这与客观实际相符。在激波层内存在着很大的速度梯度和温度梯度，因此黏性与热传导的作用不能忽略，摩擦使气流的机械能耗散并转化为热能，同时伴有不可逆的传热过程。当 $Ma_1 < 1$ 时 $s_2 - s_1 < 0$，这与热力学第二定律相违背，而且是不可能发生的。从另一方面来说，由前述的正激波的形成过程可知，之所以能形成突跃压缩波，是因为微弱压缩波能赶上前面压缩波的先决条件。如果图 8-7 中的活塞向左加速运动，则产生一系列向右传播的膨胀波，膨胀波经过之后，气流的当地声速会有所下降且气流扰动速度与波的传播方向相反，后面的波不但赶不上前面的波，反而随着时间的推移它们之间的距离会越来越大，所以说不可能产生"膨胀激波"。图 8-14 所示为熵增量随激波前气流马赫数变化的曲线，图中虚线表示客观不存在的突跃膨胀波。由图中可见，当 $Ma_1 = 1$ 时，曲线的斜率为零，气流通过非常弱的激波（退化为微弱压缩波）时，可以看作等熵流动。

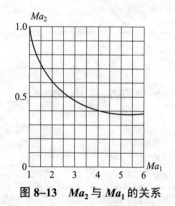

图 8-13　Ma_2 与 Ma_1 的关系　　　　图 8-14　熵增量与 Ma_1 的关系

下面讨论经过正激波后气流总参数的变化。气流通过激波是绝热的不可逆过程，总能量没有损失，总温度保持不变，但由于部分机械能转化为热能，因此总压强降低。正激波前后的压强比为

$$\frac{p_{02}}{p_{01}} = \frac{p_{02}}{p_2} \frac{p_2}{p_1} \frac{p_1}{p_{01}}$$

激波前的气流与激波后的气流分别为等熵流动，由等熵流动参数与马赫数的关系及正激波前后的压强比可得

$$\frac{p_{02}}{p_{01}} = \left(1 + \frac{\gamma-1}{2}Ma_2^2\right)^{\frac{\gamma}{\gamma-1}} \left(\frac{2\gamma}{\gamma+1}Ma_1^2 - \frac{\gamma-1}{\gamma+1}\right) \left(1 + \frac{\gamma-1}{2}Ma_1^2\right)^{-\frac{\gamma}{\gamma-1}}$$

(8–66)

$$= \left(\frac{(\gamma+1)Ma_1^2}{2+(\gamma-1)Ma_1^2}\right)^{\frac{\gamma}{\gamma-1}} \left(\frac{\gamma+1}{2\gamma Ma_1^2-(\gamma-1)}\right)^{\frac{1}{\gamma-1}}$$

由 $T_{01} = T_{02}$ 及状态方程式可得正激波前后的总密度之比为

$$\frac{\rho_{02}}{\rho_{01}} = \frac{p_{02}}{p_{01}}$$

(8–67)

图 8–15 所示为 $\frac{p_{02}}{p_{01}}$ 随 Ma_1 变化的曲线。对于 $\gamma=1.4$ 的气体，按不同的 Ma_1 计算的 $\frac{p_{02}}{p_{01}}$ 亦可以制作在正激波表中待查。

由压强比与激波前后气流马赫数的关系式（8–62）和密度比与激波前气流马赫数的关系式（8–61）消去 Ma_1^2，整理后得

$$\frac{\rho_2}{\rho_1} = \frac{1 + \dfrac{\gamma+1}{\gamma-1}\dfrac{p_2}{p_1}}{\dfrac{\gamma+1}{\gamma-1} + \dfrac{p_2}{p_1}}$$

(8–68)

该式称为金兰–雨果纽（Rankine-Hugoniot）关系式，它表示经过正激波后压强突跃与密度突跃的一一对应关系。经过正激波的突跃压缩与等熵压缩的变化不同，对等熵压缩

$$\frac{\rho_2}{\rho_1} = \left(\frac{p_2}{p_1}\right)^{\frac{1}{\gamma}}$$

(8–69)

图 8–16 所示为这两种不同压缩过程的差异。从等熵压缩曲线可以看出，当 $\frac{p_2}{p_1} \to \infty$ 时，$\frac{\rho_2}{\rho_1} \to \infty$。对于突跃压缩，当 $\frac{p_2}{p_1} \to \infty$ 时，$\frac{\rho_2}{\rho_1}$ 有一极限值 $\frac{\gamma+1}{\gamma-1}$；当压强比接近于 1 时，二者几乎一

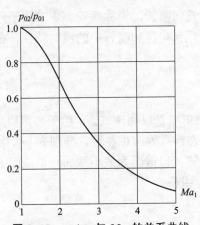

图 8–15　p_{02}/p_{01} 与 Ma_1 的关系曲线

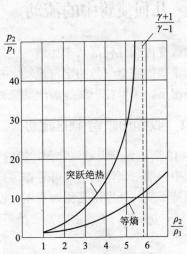

图 8–16　突跃压缩与等熵压缩的比较

致，这也说明非常弱的激波相当于等熵情况的压缩波。

由压强比与激波前气流马赫数的关系式（8-62）可解出以压强比表示的激波前的气流速度，即

$$V_1 = c_1 \left(\frac{\gamma-1}{2\gamma} + \frac{\gamma+1}{2\gamma} \frac{p_2}{p_1} \right)^{\frac{1}{2}} \tag{8-70}$$

该速度表示气流相对于激波的速度，因此该速度也表示激波在静止气体中的传播速度，例如爆炸产生的激波在大气中传播，因为 $p_2/p_1 > 1$，所以激波传播的速度比当地声速大。

例 8-5　如图 8-17 所示，在来流马赫数为 1.5 的超声速空气流中放置一皮托管（总压管），皮托管前产生脱体的曲面激波，正对测压孔的中心部分可看作正激波。由皮托管测出的总压为 150 kPa，试求来流的静压 p_1。

解：　由题意，已知 $Ma_1 = 1.5$，$p_{02} = 150 \times 10^3$ Pa，$\gamma = 1.4$。据式（8-66）得

$$p_{01} = p_{02} \left[\frac{2 + (\gamma-1)Ma_1^2}{(\gamma+1)Ma_1^2} \right]^{\frac{\gamma}{\gamma-1}} \left[\frac{2\gamma Ma_1^2 - \gamma + 1}{\gamma+1} \right]^{\frac{1}{\gamma-1}}$$

$$= 150 \times 10^3 \left[\frac{2 + (1.4-1) \times 1.5^2}{(1.4+1) \times 1.5^2} \right]^{\frac{1.4}{1.4-1}} \times \left[\frac{2 \times 1.4 \times 1.5^2 - 1.4 + 1}{1.4+1} \right]^{\frac{1}{1.4-1}}$$

$$= 161.3 \times 10^3 \,(\text{Pa})$$

由式（8-40）得

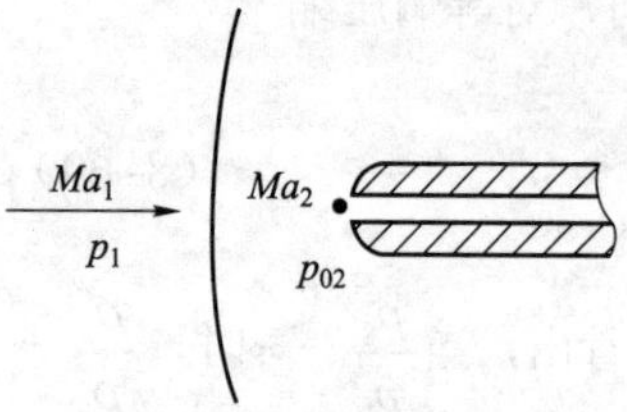

图 8-17　皮托管前的激波

$$p_1 = p_{01} \left(1 + \frac{\gamma-1}{2} Ma_1^2 \right)^{\frac{-\gamma}{\gamma-1}}$$

$$= \frac{161.3 \times 10^3}{(1 + 0.2 \times 1.5^2)^{3.5}}$$

$$= 43.94 \times 10^3 \,(\text{Pa})$$

8.5　几何喷管中的流动

依靠改变内壁几何形状来加速气流的管道称为几何喷管，简称喷管。本节限于讨论比热容可看作常数的完全气体的定常流动。根据喷管的几何特征和喷管中的流动特征，在不出现激波的情况下，可以按一维等熵流动来处理。

8.5.1　收缩形喷管中的流动

图 8-18 所示为一大贮气容器，管壁上连接收缩形喷管以加速气流。由于容器很大，故在流动过程中容器中气体的速度可看作零，相应的状态参数为滞止参数，分别为 p_0、ρ_0、T_0，并假设保持不变。外界压强称为背压，设为 p_B。喷管出口截面为最小截面，该截面上的参数设为 V_e、p_e、ρ_e、T_e、A_e。由定常一维等熵气流方程组得

$$V_e \rho_e A_e = \dot{m}$$

$$\frac{\gamma}{\gamma-1}\frac{p_e}{\rho_e} + \frac{V_e^2}{2} = \frac{\gamma}{\gamma-1}\frac{p_0}{\rho_0}$$

$$p_e = R\rho_e T_e$$

$$\frac{p_e}{\rho_e^\gamma} = \frac{p_0}{\rho_0^\gamma}$$

联立求解以上方程组，可得

$$V_e = \sqrt{\frac{2\gamma}{\gamma-1}\frac{p_0}{\rho_0}\left[1-\left(\frac{p_e}{p_0}\right)^{\frac{\gamma-1}{\gamma}}\right]} \tag{8-71}$$

$$\rho_e = \rho_0\left(\frac{p_e}{p_0}\right)^{\frac{1}{\gamma}} \tag{8-72}$$

$$T_e = \frac{p_e}{R\rho_e} = \frac{p_0^{\frac{1}{\gamma}}p_e^{\frac{\gamma-1}{\gamma}}}{R\rho_0} \tag{8-73}$$

$$\dot{m} = \rho_e V_e A_e = A_e\rho_0\sqrt{\frac{2\gamma}{\gamma-1}\frac{p_0}{\rho_0}\left[\left(\frac{p_e}{p_0}\right)^{\frac{2}{\gamma}} - \left(\frac{p_e}{p_0}\right)^{\frac{\gamma+1}{\gamma}}\right]} \tag{8-74}$$

在喷管流动计算问题中，因一般喷管的几何形状是已知的，故出口截面的面积 A_e 已知，气体的性质，如气体常数 R、比热容比 γ，亦已知。若气流的滞止参数已知，那么只需知道出口截面的一个参数，如压强 p_e，就可通过以上诸式求得喷管出口处的流速 V_e、密度 ρ_e、温度 T_e 以及质量 m。

下面分析在不同的背压情况下如何确定出口压强 p_e。

（1）若 $p_B = p_0$ 时，喷管中不产生流动，则沿喷管轴线压强分布为一水平直线，均等于滞止压强，如图 8-18（a）中情况（1）所示。

（2）当背压 p_B 稍小于 p_0 时，喷管中就会产生流动，由于沿轴线 x 方向截面面积逐渐变小，因此速度逐渐增加，气流加速对应膨胀过程，故压强沿轴线方向逐渐变小。这时喷管中的流动均为亚声速流动，在亚声速气流中扰动可以逆流向上传播。因此，背压 p_B 下降的扰动信息可以传至上游，流动便能自动地调节各个参数以达到出口处与外界压强平衡的状态，即 $p_e = p_B$。如图 8-18（a）中情况（2）和情况（3）所示。

（3）当背压继续降低至临界压强时，出口压强仍等于背压，即 $p_e = p_B = p_{cr}$。这时在出口截面达到临界状态，$Ma_e = 1$。如图 8-18（a）中情况（4）所示。

（4）当背压等于临界压强后，如果继续降低背压，这时出口截面上的扰动波向管内流入的流体的传播速度 c 恰好等于流体向管外流出的速度 V，压强降低产生的扰动波（膨胀波）已不能传入管内，管内和出口截面的流动状态不再受背压降低的影响，仍有 $p_e = p_{cr}$。如前所述，膨胀波不能形成突跃激波，它在管口外会形成发散的扇形波系，气流在管外经过膨胀波系连续地膨胀后达到与背压平衡的状态，如图 8-18（a）中情况（5）所示。管外的膨胀波系不能用一维流动模型来处理。

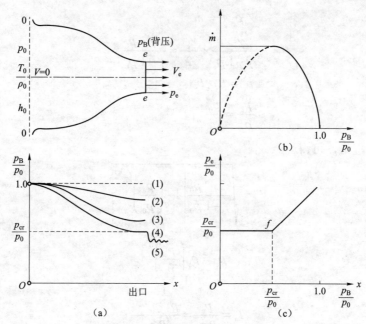

图 8-18　收缩形喷管中的流动

综上所述，根据背压确定出口压强可归纳为：

当 $p_B > p_{cr}$，$p_e = p_B$；

当 $p_B \leqslant p_{cr}$，$p_e = p_{cr}$。

图 8-18（c）中表示压强 p_e 与背压 p_B 的关系。

由 8.3 节中的分析可知，对于收缩形管道，气流的最大速度只可能等于声速，故

$$(V_e)_{max} = c_{cr} = \sqrt{\frac{2\gamma}{\gamma-1}\frac{p_0}{\rho_0}\left[1-\left(\frac{p_{cr}}{p_0}\right)^{\frac{\gamma-1}{\lambda}}\right]} = \sqrt{\frac{2\gamma}{\gamma+1}\frac{p_0}{\rho_0}} \qquad (8-75)$$

在具体的喷管流动中，气体性质、滞止参数和出口截面面积 A_e 均确定，由（8-74）式可见，喷管的质量流量仅取决于 $\left[\left(\dfrac{p_e}{p_0}\right)^{\frac{2}{\gamma}} - \left(\dfrac{p}{p_0}\right)^{\frac{\gamma+1}{\gamma}}\right]$ 的值，由数学中的极值条件

$$\frac{d}{dp_e}\left[\left(\frac{p_e}{p_0}\right)^{\frac{2}{\gamma}} - \left(\frac{p_e}{p_0}\right)^{\frac{\gamma+1}{\gamma}}\right] = 0$$

可解得 $p_e = p_{cr}$ 时，$\left[\left(\dfrac{p_e}{p_0}\right)^{\frac{2}{\gamma}} - \left(\dfrac{p_e}{p_0}\right)^{\frac{\gamma+1}{\gamma}}\right]$ 取极值，又因

$$\frac{d^2}{dp_e^2}\left[\left(\frac{p_e}{p_0}\right)^{\frac{2}{\gamma}} - \left(\frac{p_e}{p_0}\right)^{\frac{\gamma+1}{\gamma}}\right] = \left(\frac{\gamma+1}{p_0\gamma}\right)^2\frac{1-\gamma}{2} < 0$$

故当出口压强 $p_e = p_{cr}$ 时，质量流量达到最大值，即

$$\dot{m}_{max} = \rho_{cr} c_{cr} A_{cr}$$

$$= \left(\frac{2}{\gamma+1}\right)^{\frac{\gamma+1}{2(\gamma-1)}} \rho_0 c_0 A_{cr}$$

$$= \left(\frac{2}{\gamma+1}\right)^{\frac{\gamma+1}{2(\gamma-1)}} \sqrt{\gamma p_0 \rho_0} A_{cr} \qquad (8\text{-}76)$$

$$= \left(\frac{2}{\gamma+1}\right)^{\frac{\gamma+1}{2(\gamma-1)}} p_0 \sqrt{\frac{\gamma}{RT_0}} A_{cr}$$

由上式可见，最大质量流量仅与气体的性质、滞止参数和临界面积有关，而与背压无关。上式中给出了用不同滞止参数计算的表达式，以便在不同的已知条件下应用。

当 $p_e = p_{cr}$ 时，喷管内的流动称为阻塞（壅塞）流动，此时即使再降低背压也无法使质量流量增大。图 8-18（b）表示了质量流量与背压的关系。

对于面积为 A 的任意截面上的流动参数 V、p、ρ、T 可采用以下步骤求解。先根据面积比 $\frac{A}{A_{cr}}$ 与 Ma 的关系式（8-50），求出该截面的 Ma（取 $Ma<1$ 的解），然后利用 $\frac{p}{p_0}$、$\frac{\rho}{\rho_0}$、$\frac{T}{T_0}$ 与 Ma 的关系式及 $V=Ma \cdot c$ 求出该截面的流动参数。值得注意的是，收缩形喷管的出口截面虽是最小截面，但不一定是临界截面。对于出口截面尚未达到临界状态的情况，应首先由出口截面的流动马赫数 Ma_e 和 A_e 求出假想的临界面积 A_{cr}，再按前述步骤求解其他截面的流动参数。

例 8-6 已知容器中空气的压强 $p_0=1.6\times10^5$ Pa，$T_0=330$ K，器壁上连一收缩形喷管，出口面积 $A_e=19.6$ cm²，环境压强，即背压，$p_B=10^5$ Pa，求：

（1）喷管出口流速 V_e 和通过喷管的质量流量；

（2）若容器中的 $p_0=2.5\times10^5$ Pa，$T_0=330$ K，则 V_e 及 $\dot{m}$ 各等于多少？ [$\gamma=1.4$，$R=287$ J/（kg·K）]

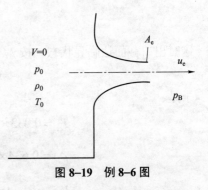

图 8-19 例 8-6 图

解：（1）首先判断 p_B 与 p_{cr} 的关系。对于空气，$\gamma=1.4$，$p_{cr}/p_0=0.528$。由已知条件，得

$$\frac{p_B}{p_0} = \frac{10^5}{1.6\times10^5} = 0.625 > 0.528$$

故出口压强等于背压，管内为亚声速流动。按式（8-71）和式（8-74）计算，注意到 $\rho_0 = \dfrac{p_0}{RT_0}$，算得 V_e 和 $\dot{m}$ 如下

$$V_e = \sqrt{\frac{2\gamma}{\gamma-1} RT_0 \left(1-\left(\frac{p_B}{p_0}\right)^{\frac{\gamma-1}{\gamma}}\right)}$$

$$= \sqrt{\frac{2\times1.4}{1.4-1}\times287\times330\times\left[1-\left(\frac{10^5}{1.6\times10^5}\right)^{\frac{1.4-1}{1.4}}\right]}$$

$$= 289 \, (\text{m/s})$$

$$\dot{m} = \frac{p_0}{RT_0} A_e \sqrt{\frac{2\gamma}{\gamma-1} RT_0 \left[\left(\frac{p_B}{p_0}\right)^{\frac{2}{\gamma}} - \left(\frac{p_B}{p_0}\right)^{\frac{\gamma+1}{\gamma}} \right]}$$

$$= \frac{1.6\times10^5}{287\times330}\times19.6\times10^{-4}\times\sqrt{\frac{2\times1.4}{1.4-1}\times287\times330\times\left[\left(\frac{10^5}{1.6\times10^5}\right)^{\frac{2}{1.4}} - \left(\frac{10^5}{1.6\times10^5}\right)^{\frac{1.4+1}{1.4}}\right]}$$

$$= 0.683\,(\text{kg/s})$$

以上是利用公式计算的。该问题也可以利用气体动力函数表进行计算。

根据 $p_e/p_0 = 0.625$ 查所制作的气体动力函数表，可得

$$Ma_e \approx 0.85 \qquad T_e/T_0 \approx 0.874 \qquad \rho_e/\rho_0 \approx 0.714$$

于是求得

$$T_e = 0.874\times330 = 288\,(\text{K})$$

$$\rho_e = 0.714\times\frac{p_0}{RT_0} = 0.714\times\frac{1.6\times10^5}{287\times330} = 1.21\,(\text{kg/m}^3)$$

$$V_e = c_e \cdot Ma_e = \sqrt{\gamma RT_e}\,Ma_e = \sqrt{1.4\times287\times288}\times0.85 = 289\,(\text{m/s})$$

$$\dot{m} = \rho_e V_e A_e = 1.21\times289\times19.6\times10^{-4} = 0.685\,(\text{kg/s})$$

（2）当容器中空气压强 $p_0 = 2.5\times10^5$ Pa 时

$$\frac{p_B}{p_0} = \frac{10^5}{2.5\times10^5} = 0.4 < 0.528$$

这时出口截面达临界状态。按 $Ma_e = 1$ 查表计算，由表得

$$T_{cr}/T_0 = 0.833, \quad \rho_{cr}/\rho_0 = 0.634$$

于是

$$T_{cr} = 0.833\times330 = 275\,(\text{K})$$

$$\rho_{cr} = 0.634\times\frac{p_0}{RT_0} = 0.634\times\frac{2.5\times10^5}{287\times330} = 1.67\,(\text{kg/m}^3)$$

$$V_e = c_{cr} = \sqrt{\gamma RT_{cr}} = \sqrt{1.4\times287\times275} = 332\,(\text{m/s})$$

$$\dot{m} = \rho_{cr} c_{cr} A_{cr} = 1.67\times332\times19.6\times10^{-4} = 1.09\,(\text{kg/s})$$

例 8-7 空气等熵地流过一收缩形喷管，在某一截面面积为 12.1×10^{-4} m^2 处，当地流动参数分别为 $p=210$ kPa，$T=277$ K，$Ma=0.52$。若背压等于 100 kPa，试求出口截面的流动马赫数、质量流量和出口截面积。

解： 由定常一维等熵气流的关系式

$$\frac{p_0}{p} = \left(1 + \frac{\gamma-1}{2} Ma^2\right)^{\frac{\gamma}{\gamma-1}}$$

得

$$p_0 = p\left(1 + \frac{\gamma-1}{2}Ma^2\right)^{\frac{\gamma}{\gamma-1}} = 210 \times 10^3 \times \left(1 + \frac{1.4-1}{2} \times 0.52^2\right)^{\frac{1.4}{1.4-1}} = 252.5 \times 10^3 \,(\text{Pa})$$

那么，背压与总压之比为

$$\frac{p_B}{p_0} = \frac{100 \times 10^3}{252.5 \times 10^3} = 0.396 < 0.528$$

故在出口截面达到临界状态。质量流量可由某该截面的有关参数确定

$$V = Ma \cdot c = 0.52 \times \sqrt{1.4 \times 287 \times 277} = 173.5 \,(\text{m/s})$$

$$\rho = \frac{p}{RT} = \frac{210 \times 10^3}{287 \times 277} = 2.642 \,(\text{kg/m}^3)$$

$$\dot{m} = \rho V A = 2.642 \times 173.5 \times 12.1 \times 10^{-4} = 0.554\,6 \,(\text{kg/s})$$

在出口截面

$$T_e = T_{cr} = T_0\left(\frac{2}{\lambda+1}\right) = T\left(1 + \frac{\gamma-1}{2}Ma^2\right)\left(\frac{2}{\gamma+1}\right)$$

代入数据得

$$T_{cr} = 277 \times \left(1 + \frac{1.4-1}{2} \times 0.52^2\right) \times \left(\frac{2}{1.4+1}\right)$$
$$= 243.3 \,(\text{K})$$

$$c_{cr} = \sqrt{\gamma R T_{cr}}$$
$$= \sqrt{1.4 \times 287 \times 243.3}$$
$$= 312.7 \,(\text{m/s})$$

$$\rho_{cr} = \rho_0\left(\frac{2}{\kappa+1}\right)^{\frac{1}{\gamma-1}}$$

$$= \rho\left(1 + \frac{\kappa-1}{2}Ma^2\right)^{\frac{1}{\gamma-1}}\left(\frac{2}{\kappa+1}\right)^{\frac{1}{\gamma-1}}$$

$$= 2.642 \times \left(1 + \frac{1.4-1}{2} \times 0.52^2\right)^{\frac{1}{1.4-1}}\left(\frac{2}{1.4+1}\right)^{\frac{1}{1.4-1}}$$

$$= 1.911 \,(\text{kg/m}^3)$$

由连续方程 $\dot{m} = \rho V A = \rho_{cr} c_{cr} A_{cr}$，得

$$A_{cr} = \frac{\dot{m}}{\rho_{cr} c_{cr}} = \frac{0.554\,6}{1.911 \times 312.7} = 9.281 \times 10^{-4} \,(\text{m}^2)$$

出口截面面积也可由面积比与马赫数的关系式（8–51）算出，即

$$A_{cr} = \frac{1.728 Ma}{(1 + 0.2Ma^2)^3}A = \frac{1.728 \times 0.52}{(1 + 0.2 \times 0.52^2)^3} \times 12.1 \times 10^{-4} = 9.283 \times 10^{-4} \,(\text{m}^2)$$

8.5.2　缩放形喷管中的流动

前已述及，必须使亚声速气流先经过收缩形管道加速，使最小截面处流动达到当地声速，再经过扩张形管道继续加速，才能得到超声速气流。这种先逐渐收缩而后又逐渐扩大式的喷管称为缩放形喷管，亦称为拉瓦尔（Laval）喷管。喷管的最小截面称为喉部。缩放形喷管是产生超声速气流的必要条件，除了喷管面积比 A/A_{cr} 应符合预期的马赫数要求外，还需要喷管上、下游的压强比相配合，即总压与背压之比的配合。对于一给定的缩放形喷管，喷管的截面变化规律已知，即当改变上下游压强比时，喷管内的流动也会发生相应的变化。改变压强比常用两种方式：一是上游（贮气大容器）总压不变，改变背压；二是背压不变，改变总压。

现分析气流总压不变改变背压时喷管内的流动情况。

（1）当 $p_B = p_0$ 时，喷管内无流动，喷管中各界面压强均等于总压，如图 8–20（a）中直线 OA 所示。

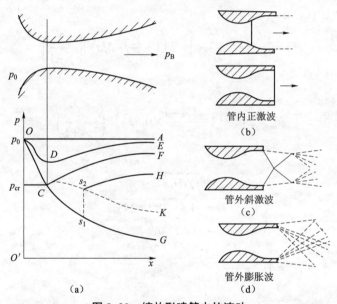

图 8–20　缩放形喷管中的流动

（2）当背压 p_B 降低至稍小于 p_0 时，喷管中便会产生流动，这时的流动为亚声速流动，由于外界压强降低的扰动波可以逆流向上传播，故管内的流动发生相应的变化，使压强在出口截面与外界背压达到平衡，管内压强分布如图 8–20（a）中曲线 ODE 所示。

（3）进一步降低背压至图 8–20（a）中的 F 点，这时流动在喷管的收缩段加速膨胀，在喉部达到临界状态。喉部达到临界状态后，喉部面积 A_t 等于临界面积 A_{cr}，质量流量达到最大，这时喷管处于阻塞流动状态。在喉部下游的扩张段可能出现两种连续的等熵流动。出口截面面积 A_e 与临界面积 A_{cr}（此时等于 A_t）已知，利用下式

$$\frac{A_e}{A_{cr}} = \frac{1}{Ma_e}\left[\frac{2}{\gamma+1}\left(1+\frac{\gamma-1}{2}Ma_e^2\right)\right]^{\frac{\gamma+1}{2(\gamma-1)}}$$

可以解出大于 1 和小于 1 的两个出口流动马赫数 Ma_e。本情况对应于亚声速解，在喉部下游的扩张段全部为亚声速流动，流动在扩张段内减速增压，直至出口截面与外界背压相平衡。

管中压强分布如图 8–20（a）中曲线 OCF 所示。

（4）若背压较 F 点压强略微低一些，如图 8–20（a）中的 H 点，这时在喉部稍靠下游的某一截面就会形成弱的正激波，经过激波后流动由超声速变为亚声速，压强发生突跃变化，在激波之前与激波之后，定常一维等熵流动关系式依然成立，其压强分布如图 8–20（a）中的曲线 OCS_1 和 S_2H 所示。随着背压继续下降，扩张段中正激波的强度逐渐增加并向喷管出口移动，直至背压降到 K 点时，正激波强度达到最大并位于出口截面，S_1 点移至 G 点，S_2 点移至 K 点，这时扩张段中全部为超声速流动，经过出口截面后的正激波压强与背压相平衡。

当背压处于图 8–20（a）中 F 与 K 两点之间时，喷管扩张段中产生正激波，如图 8–20（b）所示，对应的截面位置和截面面积均可由背压来确定。设在 A_x 截面产生正激波，则由连续方程得

$$
\begin{aligned}
\dot{m} &= \rho_e V_e A_e \\
&= \frac{p_e}{RT_e} V_e A_e = \frac{p_e}{\sqrt{\gamma RT_e}} \sqrt{\frac{\gamma}{R}} \sqrt{\frac{T_0}{T_e}} \frac{1}{\sqrt{T_0}} V_e A_e \\
&= \frac{p_e A_e}{\sqrt{T_0}} \sqrt{\frac{\gamma}{R}} Ma_e \sqrt{\left(1 + \frac{\gamma-1}{2} Ma_e^2\right)}
\end{aligned} \tag{8–77}
$$

上式中代入 $p_e = p_B$，由此解出出口截面的马赫数 Ma_e。利用下式

$$
\frac{p_{0e}}{p_e} = \left(1 + \frac{\gamma-1}{2} Ma_e^2\right)^{\frac{\gamma}{\gamma-1}}
$$

解得出口截面的总压 p_{0e}，这是经过正激波之后的总压。由激波前的总压 p_0 与激波后的总压 p_{0e} 之比式（8–66）解得正激波前的气流马赫数 Ma_x，再通过面积比 A_x/A_{cr} 与马赫数 Ma_x 的关系，就能定出 A_x。

（5）当背压处于图 8–20（a）中 K 与 G 两点之间时，喷管扩张段内的流动仍为超声速，其压强分布曲线为图 8–20（a）中的 CG，但超声速气流流出管外后要经过斜激波的突跃压缩才能使压强与外界背压相平衡，如图 8–20（c）所示。有关斜激波的内容已超出本书范围，另外涉及斜激波的流动情况已不能采用一维流动模型。

（6）当背压等于图 8–20（a）中的 G 点的压强值时，喷管扩张段内超声速气流连续地等熵膨胀，出口截面压强与背压相等。喷管内压强分布如图 8–20（a）中曲线 OCG 所示，这种情况是用来产生超声速气流的缩放形喷管的理想情况，称为设计工况，p_0/p_G 称为喷管的设计压比。

（7）当背压降得比 G 点的压强更低时，喷管内的流动与设计工况下的流动情况完全相同，但在管外，气流需经一系列的膨胀波进行膨胀，才能达到与背压平衡。如图 8–20（d）所示。

例 8–8　一大容器内的空气经缩放形喷管流出，喷管出口面积为 $0.001\ \text{m}^2$，设容器内空气的滞止参数为 $p_0 = 1.0\ \text{MPa}, T_0 = 350\ \text{K}$，该喷管的设计背压为 72.8 kPa，现外界压强为 50.0 kPa。假定喷管内的流动定常等熵，试确定出口流动马赫数及质量流量。

解：　由于工作背压小于设计背压，故喷管内的流动与设计工况相同，管外气流需经膨胀波后由设计背压降至工作背压。在这种情况下出口马赫数按设计压比计算，即有

$$\frac{p_0}{p_e} = \left(1 + \frac{\gamma-1}{2} Ma_e^2\right)^{\frac{\gamma}{\gamma-1}}$$

由此得

$$Ma_e = \left\{\left[\left(\frac{p_0}{p_e}\right)^{\frac{\gamma-1}{\gamma}} - 1\right]\frac{2}{\gamma-1}\right\}^{\frac{1}{2}} = \sqrt{\left[\left(\frac{1.0\times10^6}{72.8\times10^3}\right)^{\frac{1.4-1}{1.4}} - 1\right]\times\frac{2}{1.4-1}} = 2.36$$

且

$$T_e = \frac{T_0}{\left(1 + \frac{\gamma-1}{2} Ma_e^2\right)} = \frac{350}{\left(1 + \frac{1.4-1}{2}\times2.36^2\right)} = 166（\text{K}）$$

质量流量

$$\dot{m} = \rho_e V_e A_e = \frac{p_e}{RT_e} Ma_e c_e A_e = \frac{p_e}{RT_e} Ma_e \sqrt{\gamma RT_e} A_e = p_e Ma_e A_e \sqrt{\frac{\gamma}{RT_e}}$$

代入有关数据得

$$\dot{m} = 72.8\times10^3\times2.36\times0.001\times\sqrt{\frac{1.4}{287\times166}} = 0.931（\text{kg/s}）$$

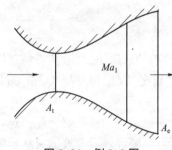

图 8-21　例 8-9 图

例 8-9　如图 8-21 所示，缩放形喷管的出口面积与喉部面积之比为 $A_e/A_t = 12$，流入空气的滞止压强 $p_0 = 650$ kPa，滞止温度 $T_0 = 450$ K，在喷管扩张段气流马赫数为 2.8 处产生了正激波。试确定出口截面的气流马赫数 Ma_e 和温度 T_e。

解：喷管中激波前、后的流动可分别按定常一维等熵流动处理。因空气在喷管扩张段产生正激波，故喉部达到临界状态，即 $A_{cr} = A_t$。设激波前、后的流动参数分别用下标 1 和 2 来表示。由式（8-51）得

$$\frac{A_1}{A_t} = \frac{(1 + 0.2 Ma_1^2)^3}{1.728 Ma_1}$$

$$= \frac{(1 + 0.2\times2.8^2)^3}{1.728\times2.8}$$

$$= 3.50$$

利用正激波关系式 [8-64（b）]，可解出激波后的流动马赫数

$$Ma_2 = \left(\frac{1 + \frac{\gamma-1}{2} Ma_1^2}{\gamma Ma_1^2 - \frac{\gamma-1}{2}}\right)^{\frac{1}{2}} = \left(\frac{1 + \frac{1.4-1}{2}\times2.8^2}{1.4\times2.8^2 - \frac{1.4-1}{2}}\right)^{\frac{1}{2}} = 0.488\,2$$

激波后为亚声速气流，设其假想的临界面积为 A_{cr}，则

$$\frac{A_2}{A'_{cr}} = \frac{(1+0.2Ma_2^2)^3}{1.728Ma_2} = \frac{(1+0.2\times0.488\ 2^2)^3}{1.728\times0.488\ 2} = 1.363$$

激波可看作一几何面，故 $A_1 = A_2$，于是

$$\frac{A_e}{A'_{cr}} = \frac{A_e}{A_t}\frac{A_t}{A_1}\frac{A_2}{A'_{cr}}$$

$$= 12\times\frac{1}{3.50}\times1.363$$

$$= 4.673$$

由此得

$$4.673 = \frac{(1+0.2Ma_e^2)^3}{1.728Ma_e}$$

以上关于出口马赫数 Ma_e 的方程为高次方程，用常规方法难以求解，除了查气体动力函数表外，还可采用迭代法求解。求亚声速解的迭代格式为

$$Ma_e = \frac{(1+0.2Ma'^2_e)^3}{4.673\times1.728}$$

　　具体步骤为：先给 Ma'_e 赋一个初值（例如 $Ma'_e = 1.0$），则可通过上式解得一个 Ma'_e。比较二者，若 Ma'_e 与 Ma_e 相差太大，则把解得的 Ma_e 再赋给 Ma'_e，重新解出一个 Ma_e，再比较，直至二者达到满意的精度。经迭代计算，得

$$Ma_e = 0.125$$

　　流动经过激波，滞止温度不变即，$T_{02} = T_{01}$，故

$$T_e = \frac{T_0}{\left(1+\dfrac{\gamma-1}{2}Ma_e^2\right)}$$

$$= \frac{450}{1+0.2\times0.125^2}$$

$$= 448.6\,(K)$$

习　题

　　8.1　空气的压强为 101.3 kPa，温度为 15 ℃。请问通过某装置将其等熵地加速至 $Ma=1$ 时，气流的速度和密度分别为多少？理论上所能达到的最大速度为多少？

　　8.2　等熵流动的氮气流中某点的速度和温度分别为 90 m/s 和 90 ℃，在同一流线的另一点处的速度为 180 m/s，这两点压强比值为多大？

　　8.3　绝热流动的氮气流中某点的速度为 200 m/s，测得与该点在同一流线上的另一点处的温度升为 10 ℃，试求另一点处的速度。

　　8.4　子弹以 300 m/s 的速度在空气中飞行，空气的压强为 1.013×10^5 Pa，温度为 15 ℃，试求子弹前端的压强。

　　8.5　喷管中空气流的速度为 500 m/s，温度为 300 ℃，密度为 2 kg/m³。若要进一步加速

气流，喷管面积应如何变化？

8.6 管道中空气流在某截面上 $Ma = 2$，要使速度下降 20%，管道截面面积变化的百分比为多少？若 $Ma = 0.5$，情况又如何？

8.7 一真空箱通过收缩形喷管从大气中吸气，喷管最小截面直径为 38 mm，若大气压强为 101.3 kPa，温度为 15 ℃，要使喷管出口为声速流动，真空箱的压强应保持为多大？这时质量流量为多少？若真空箱内压强为 254 mmHg[①]，质量流量为多少？

8.8 气罐中的氧气从收缩形喷管流出，出口处射流的温度为 –20 ℃，速度为 270 m/s，罐中氧气温度为多少？

8.9 气罐中的二氧化碳气体通过收缩形喷管向大气中排放，大气压强为 101.3 kPa，罐中气体的温度和压强分别为 38 ℃ 和 140 kPa，气体射流的温度、压强、速度为多大？

8.10 二氧化碳气体通过收缩形喷管从一大箱体流入另一大箱体，已知两箱体内压强分别为 450 kPa 和 210 kPa，若喷管出口气体射流的温度为 10 ℃，上游箱体内气体的温度为多少？

8.11 直径为 150 mm 管道中的空气流通过收缩形喷管流入大气，大气压强为 101.3 kPa，管道出口直径为 25 mm，若出口处气体射流压强为 138 kPa，管道中的压强为多大？

8.12 氮气从直径为 100 mm 的管道通过出口管径为 50 mm 的喷口流入大气，大气压强为 101.3 kPa，管道进口气流的表压强为 0.3 m 水柱，温度为 15 ℃，试计算通过管道的质量流量。

8.13 大箱体中的二氧化碳气体通过缩放形喷管流动，喷管喉部直径为 25 mm，出口截面直径为 50 mm，箱体内气体的压强和温度为 241.5 kPa 和 37.8 ℃，试计算当背压为：

（1）172.5 kPa；

（2）221 kPa 时通过喷管的质量流量。

8.14 大箱体中的空气通过缩放形喷管流入大气，喷管出口直径为 50 mm，大气压强为 103.2 kPa，箱体中空气的压强和温度保持为 690 kPa 和 37.8 ℃。该喷管可以通过的最大质量流量为多少？通过最大质量流量时喷管喉部直径为多大？

8.15 真空箱通过缩放形喷管从大气中吸气，大气的压强和温度分别为 89.5 kPa 和 20 ℃，喷管喉部和出口直径分别为 50 mm 和 75 mm，试计算这种情况下通过喷管的最大质量流量。

8.16 缩放形喷管的出口截面用作超声速风洞的实验截面，在实验截面的压强为 140 kPa，马赫数达到 $Ma = 5$，气流温度为 –20 ℃时，上游气源的压强和温度需为多大？满足上述要求时，喉部面积与实验截面的比值为多大？

8.17 管内定常一维等熵空气流中某截曲（其面积为 A）上的速度 $V = 150$ m/s，压强 $p = 70$ kPa，温度 $t = 4$ ℃。

（1）计算出上述速度加速到声速时，管截面面积减小的相对百分数（即求 $1 - A_{cr}/A$），并计算滞止压强、滞止温度，以及临界截面上的压强、温度和速度；

（2）计算面积为 $0.85A$ 的截面上的压强、速度和 Ma 数。

8.18 空气流过一缩放形管道，进口直径为 75 mm，喉部直径为 25 mm，进口和喉部的压强分别为 125 kN/m² 和 104 kN/m²，进口处气流密度为 1.5 kg/m³，求通过此管道的质量流量。

---

① 1 mmHg = 0.133 kPa。

8.19 温度为 15 ℃、压强为 101 kN/m²、速度为 105 m/s 的空气流，由于冲击在固体障碍物上而滞止。计算：

（1）所产生的压强升高值；

（2）温度变化量。

8.20 一收缩喷管用来使容器内空气等熵地膨胀到大气压。容器内的压强和温度分别为 147 kN/m² 和 5 ℃，且保持为定值。若要求得到的质量流量为 0.5 kg/s，求喷管出口面积为多大？（设大气压为 101 kN/m²）

8.21 空气流等熵地通过收缩形喷管进入压强为 124 kN/m² 的容器。假设空气进入喷管时的速度可忽略，其压强和温度分别为 200 kN/m² 和 20 ℃，喷管出口面积为 78.5 cm²，求通过喷管的质量流量。

8.22 一喷管用来将质量流量为 4.5 kg/s 的空气流从初压 500 kN/m² 膨胀到终压 152 kN/m²（设计工况），设初温为 65.6 ℃，初速可忽略不计。求喷管中压强降低 50 kN/m² 处的温度和速度，以及喷管出口处速度和喉部面积。

8.23 设空气流在拉瓦尔喷管的出口截面温度为 -10 ℃，上游气源压强为 300 kN/m²，温度为 60 ℃，求出口处流动马赫数。又若喷管喉部面积为 10 cm²，通过的质量流量为多少？

8.24 直径为 200 mm 的水平管道在压强为 825 kN/m² 下输送空气，最大流量为 11 kg/s。若将文丘里流量计装入管路以测量流量，空气进入流量计的温度为 20 ℃，如果喉部压强不小于 745 kN/m²，求喉部直径最小能为多少？

8.25 风洞实验段中，测得静压读数为 40.7 kPa，总压读数为 980 kPa，总温为 90 ℃，试计算实验段空气流的速度。

8.26 大容器内空气压强为 700 kPa，温度为 40 ℃，通过收缩形喷管流出。喷管出口面积为 650 mm²，当环境压强分别为

（1）400 kPa；

（2）100 kPa 时，分别计算出口截面的压强、温度以及质量流量。

8.27 大容器内温度为 20 ℃的空气以 1.2 kg/s 的流量通过缩放形喷管，喷管出口截面压强与马赫数分别为 14 kPa 和 2.8，试确定管喉部和出口面积、喉部的压强、出口气流的速度。

8.28 一喷管设计用于将大气罐内的空气等熵地膨胀到 $p = 1.013 \times 10^5$ Pa。罐内空气压强为 304 kPa 和 5 ℃，设计流量为 1 kg/s。试确定喷管出口面积。

8.29 空气流以 100 kg/s 定常等熵地进入喷气发动机的进气道。在截面面积为 0.464 m² 处，$Ma = 3$，$T = -60$ ℃，$p = 15.0$ kPa，试确定下游 $T = 138$ ℃处对应的截面面积和流动速度。

8.30 在 $T_1 = 0$ ℃，$p_1 = 60.0$ kPa，$V_1 = 497$ m/s 的空气流中产生正激波，试确定激波后气流的马赫数、速度和滞止压强。

8.31 正激波前气流马赫数 $Ma = 2.0$，气流的总温 $T_{01} = 333$ K，总压 $p_{01} = 600$ kPa，试确定激波后的静压。

8.32 当压强为 1.013×10^5 Pa、温度为 20 ℃的空气流通过正激波后，其密度为激波前密度的 2.1 倍。试分别用激波表和公式计算

（1）空气来流的速度；

（2）压强的升高率。

8.33 风洞实验段中空气流的压强和温度分别为 101.3 kPa 和 10 ℃，炮弹模型的纹影图

片显示气流的马赫角为 40°，试计算在炮弹模型前端处气流的温度和压强。

8.34 在超声速空气流中，一钝头物体前方形成正激波，物体前端的压强为激波前来流压强的 3 倍，来流温度为 10 ℃。试确定来流马赫数、通过激波的密度比、激波后气流的速度。若激波后的空气流又等熵地膨胀至原先的压强值，气流的温度为多少？

8.35 空气流在缩放形喷管中某截面产生正激波，通过正激波压强由 69 kPa 突跃至 207 kPa，试计算喷管喉部和上游气源箱体中压强各为多少？

8.36 大容器内压强为 1 MPa 的过热水蒸汽绝热地流过一缩放形喷管，在扩张段产生一正激波，喷管出口面积为喉部面积的 2 倍，环境压强为 70 kPa，试确定在出口截面上的流动马赫数、喷管中正激波所在截面的面积、激波之前的流动马赫数。若要产生无激波的超声速等熵气流，环境压强为多大？（假定摩擦影响可以忽略不计，流动过程保持过热状态，γ 取 1.4）

8.37 空气以 2.7 kg/s 的流量流过内径为 100 mm 的水平管道。假定管道的平均摩擦系数 $\bar{f}$ = 0.006，管道进口处压强和温度分别为 180 kPa 和 50 ℃，管道不发生摩擦阻塞的最大长度是多少？这时在管道出口截面以及 1/2 管长处气流的温度和压强各为多少？

8.38 空气以 p =730 kPa、T=30 ℃ 的状态进入直径 d=150 mm 的管道，管道的平均摩擦系数 $\bar{f}$ = 0.006，当流动绝热且流量为 2.3 kg/s 时，距进口 2 km 处的压强为多大？

8.39 空气绝热地流过直径 d=0.1 m 的圆管，管道进口气流的温度为 300 K，压强为 $3.0×10^5$ Pa，马赫数 Ma =0.4，平均摩擦系数 $\bar{f}$ =0.005，试求：

（1）管道的临界长度；

（2）临界截面上的温度、压强和滞止压强。

8.40 上题中，进口状态参数不变，若马赫数 Ma = 0.8，试求临界管长。

8.41 空气流过一喉部直径 d_t =0.012 5 m 的拉瓦尔喷管后，进入直径 d = 0.025 m 的绝热管道。喷管入口的滞止压强为 p_0 = 7×10^5 N/m²，滞止温度 T_0 = 300 K，喷管内流动不计摩擦，支管道内平均摩擦系数 $\bar{f}$ = 0.002 5，试求：

（1）管道进口处的压强、温度；

（2）临界长度 L_{cr}。

8.42 空气以马赫数 Ma_1= 3.0 进入 d = 0.025 m 的直管道，平均摩擦系数 $\bar{f}$ = 0.002 5，当出口马赫数 Ma_2= 2.0 时，管道为多长？

第九章
量纲分析与相似原理

利用连续方程和运动方程求解流体流动问题的理论方法，只能得到一些简单流动问题的解析解。实际上能够求得解析解的问题非常少，工程中遇到的绝大多数流体力学问题仍然需要实验和理论相结合的方法去寻求流动过程的规律。进行实验研究需要解决两个问题：一个是如何通过一定量的实验得出某一流动现象的基本规律；另一个是如何把特定条件下的实验结果推广到类似的流体流动过程中去。处理这些问题的理论基础就是量纲分析和相似原理。

9.1　量纲与单位

在流体力学中经常会出现需要处理的与流体流动有关的物理量，可以用量纲来定性地描述这些物理量的种类和性质，如长度、时间、应力和速度等，而定量地描述物理量则需要一个数量和一个公认的测量单位，如长度的单位用 m、mm、ft[①]，时间的单位用 h、min 和 s 等。离开了单位，仅给出某个物理量的数值是没有意义的，因为采用的单位不同，表示该物理量的数值大小也就不同，但是所有同类物理量均具有相同的量纲。量纲是物理量"质"的表征，而单位是物理量"量"的表征。

基本量纲和导出量纲　量纲分为基本量纲和导出量纲。基本量纲，如质量、长度、时间和温度，彼此相互独立，不能用来相互测量；导出量纲则可以用基本量纲的组合来表示，如密度的量纲可表示为质量除以长度的立方。在流体力学中采用的基本量纲是质量、长度、时间和温度，分别表示为 M、L、T 和 Θ，对于绝大多数流体力学问题，只涉及 M、L 和 T 3 个基本量纲，称 MLT 制。一个量的量纲，可在表示这一物理量的文字或符号前加 "dim" 来表示，如密度的量纲可写为 $\dim \rho$，用基本量纲表示为：

$$\dim \rho = MLT^{-3} \tag{9-1}$$

20 世纪 80 年代以前习惯用长度、时间和力作为基本量纲，简称 FLT 制（F 表示力的量纲），而将质量作为导出量纲。依据牛顿第二定律，力等于质量乘以加速度，因此

$$\dim F = MLT^{-2} \tag{9-2}$$

$$\dim m = ML^{-1}T^2 \tag{9-3}$$

FLT 制现已被 MLT 制所取代。

---

① 1 ft = 0.304 8 m。

国际单位制　在实际使用上有很多种单位制，本书采用的是国际单位制（International System of Units），简称 SI 制。在国际单位制中，质量的单位是 kg（千克），长度的单位是 m（米），时间的单位是 s（秒），温度的单位是 K（开尔文）。需特别说明的是，虽然摄氏温度本身不在国际单位制中，但书中在使用温度的单位时仍然常用摄氏温度，摄氏温度与开尔文温度的关系为

$$T = t + 273.15 \tag{9-4}$$

式中，T 表示开尔文温度，t 表示摄氏温度。

导出量纲的单位可以由上述基本单位推出。力的单位是牛顿，用字母 N 表示，它由牛顿第二定律来定义，即

$$1\,\text{N} = (1\,\text{kg}) \cdot (1\,\text{m/s}^2) \tag{9-5}$$

1 N 的力作用在 1 kg 质量的物体上产生 1 m/s^{-2} 的加速度。在 SI 制下重力加速度等于 9.807 m/s^{-2}，通常取 9.81 m/s^{-2}。功的单位是焦耳，以 J 表示，它代表 1 N 的力沿作用方向移动 1 m 距离所做的功，即

$$1\,\text{J} = 1\,\text{N} \cdot \text{m} \tag{9-6}$$

功率的单位是瓦，以 W 表示，即

$$1\,\text{W} = 1\,\text{J/s} = 1\,\text{N} \cdot \text{m/s} \tag{9-7}$$

一些流体力学中的常用物理量中 MLT 制下的量纲和 SI 单位制下的单位在表 9-1 中给出。

由于历史的原因，西方国家推行国际单位制的同时仍然在使用英制单位，所以在阅读一些科技文献或是教科书时可能会遇到 ft（英尺）、lb[①]（磅）、°F[②]（华氏度）等单位，通常英文的流体力学教科书都会有这些单位与国际单位制的换算表供参阅。例如：

$$°\text{F（华氏度）} = 32 + \text{（摄氏度）（℃）} \times 1.8 \tag{9-8}$$

量纲一致性原理　一个正确和完整地描述物理规律的方程式，其左右两侧的量纲必须一致，而且所有相加的项的量纲也必须相同，否则就意味着让不同的物理量相等或相加，这样的方程是毫无意义的。

表 9-1　流体力学中常用物理量的量纲与单位

物理量	量纲	单位
质量	M	千克，kg
长度	L	米，m
时间	T	秒，s
温度	Θ	开（尔文），K
面积	L^2	平方米，m^2
体积	L^3	立方米，m^3
线速度	LT^{-1}	米/秒，m/s

---

① 1 lb = 0.453 59 kg。

② 1℉ = −17.22 ℃。

物理量	量纲	单　位
角速度	T^{-1}	弧度/秒，rad/s
加速度	LT^{-2}	米/秒^2，m/s^2
体积流量	L^3T^{-1}	米^3/秒，m^3/s
力	MLT^{-2}	牛（顿），N 或 kg·m/s^2
力矩	ML^2T^{-2}	牛顿·米或焦耳，N·m 或 J
密度	ML^{-3}	千克/米^3，kg/m^3
压强、应力	$ML^{-1}T^{-2}$	牛顿/米^{2}或帕，N/m^2 或 Pa
体积弹性模量	$ML^{-1}T^{-2}$	牛顿/米^{2}或帕，N/m^2 或 Pa
动量	MLT^{-1}	千克·米/秒，kg·m/s
动量矩	ML^2T^{-1}	千克·米^2/秒，kg·m^2/s
功、能量、热	ML^2T^{-2}	焦（耳），J
功率	ML^2T^{-3}	瓦（特），W
动力黏度	$ML^{-1}T^{-1}$	帕·秒，Pa·s
运动黏度	L^2T^{-1}	米^2/秒，m^2/s
表面张力系数	MT^{-2}	牛顿/米，N/s
气体常数（R）、比热容	$L^2T^{-2}\Theta^{-1}$	焦耳/（千克·开），J/(kg·K)

比如伯努利方程

$$\frac{p_1}{\rho} + \frac{1}{2}\frac{v_1^2}{g} + z_1 = \frac{p_2}{\rho g} + \frac{1}{2}\frac{v_2^2}{g} + z_2 \tag{9-9}$$

式中，z 是高度，量纲为 L；p 是压强，量纲为 $ML^{-1}T^{-2}$；V 是速度，量纲是 LT^{-1}；ρ 和 g 分别是密度和重力加速度，它们的量纲分别是 ML^{-3} 和 LT^{-2}。读者容易验证方程左右两侧及每一项的量纲都是 L。

有时方程中会出现常数，如自由落体运动方程可表示为

$$h = 4.904t^2 \tag{9-10}$$

对上式做量纲检查可知，若要满足量纲一致性原理，则式中的常数 4.904 的量纲必须是 LT^{-2}。通常自由落体运动方程写为

$$h = \frac{1}{2}t^2 \tag{9-11}$$

将重力加速度 $g = 9.807 \text{ m/s}^2$ 代入，即得式（9-10）。式（9-11）对任意单位制都成立，而式（9-10）只适用于 m 和 s 的单位制。

虽然一个量纲一致的方程不一定是正确的方程，但一个量纲不一致的方程则一定是错误的方程。因此检查量纲常常可以帮助我们发现运算结果的错误，或者检查一个方程是否书写正确。量纲一致性原理是量纲分析的基础，量纲分析将在第 9.2 节讨论。

例 9.1 明渠均匀流速度 V 可采用曼宁（Manning）公式计算，即

$$V = \frac{1.0}{n} R^{2/3} J^{1/2}$$

式中，R 是渠道的水力半径，J 是渠道的坡度，即渠道底面与水平面的正切；n 是渠道的曼宁粗糙因数，对于给定的渠道壁面和底面表面状况 n 为常数。试确定系数 1.0 的量纲。

解： 速度和水利半径的量纲分别为

$$\dim V = LT^{-1}, \dim R = L$$

渠道坡度是量纲为 1 的量，即

$$\dim J = 1$$

因此有

$$\dim(1.0 / n) = L^{1/3} / T^{-1}$$

通常教科书和文献中都不注出 n 的量纲，对于不同的单位制 n 取同一数值，这相当于曼宁粗糙因数 n 为量纲为 1 的量，即 $\dim n = 1$。综上可知为使曼宁公式的量纲一致，系数 1.0 的量纲应该是 $L^{1/3} / T^{-1}$。

上述曼宁公式适用于具有一定粗糙度的明渠水流，式中速度单位是 m/s，水利半径的单位是 m，水的密度和黏性的影响都包含在系数 1.0 之中。对于英制单位，这一系数则取 1.49。对于数字常数，具有量纲的公式应特别注意其适应的单位制和工质种类，否则会导致错误。

9.2 量纲分析

在前面一节讨论了量纲一致性原理，或量纲齐次性原理、量纲和谐原理。量纲一致性原理要求，凡是正确反映客观规律的物理方程，其各项的量纲必须是一致的。从量纲一致性原理可以得到一个重要推论：一个正确反映客观规律的物理方程必然可以写成量纲为 1 的形式。

在前面一节中讨论过自由落体运动，现在假设我们并不清楚物体在自由降落过程中距离与落地速度及重力加速度之间的函数关系。设物体的释放高度为 h，物体落地速度为 V，从物理常识出发，V 应该与物体的质量 m、重力加速度 g 和 h 有关，即

$$V = f(m, g, h) \tag{9-12}$$

由量纲一致性原理可知，上式两侧的量纲是相同的，即

$$\dim V = \dim f(m, g, h) = LT^{-1}$$

由伯努利方程可知，gh 与 $V^2/2$ 有相同的量纲，于是给式（9-12）两侧同除以 $\sqrt{gh}$，得

$$\frac{V}{\sqrt{gh}} = \frac{f(m, g, h)}{\sqrt{gh}}$$

则上式两侧都应该是量纲为 1 的。等式右侧的 m 的量纲 M 在变量 g 和 h 中都未出现（g 和 h 的量纲只包含 L 和 T），因此 m 不可能与 g 和 h 组成一个量纲为 1 的组合量，应从右侧的变量中删去；欲使组合 $f(m, g, h) / \sqrt{gh}$ 量纲为 1，必然有 $f(m, g, h) = c\sqrt{gh}$，即函数 f 应等于 $\sqrt{gh}$ 与一个常数的乘积，于是

$$\frac{V}{\sqrt{gh}} = c\ （常数） \tag{9-13}$$

上文中，仅利用量纲一致性原理就确定了式（9-12）的具体函数关系；同时式（9-12）改写为式（9-13）后，变量数由 4 减少为 1。

这种根据量纲一致性原理，通过合理地组合物理量使其成为量纲为 1 的组合量，从而减少与一个物理现象有关的变量数目的分析方法称为量纲分析。由上述事例还可以看出，有时仅依据对相关变量量纲的分析便可确定物理量之间的函数关系，特别是当涉及的变量较少时。

通过量纲分析方法来减少一个物理方程的变量数目对于流体力学实验研究具有重要意义。考虑一个半径为 a 的圆球在密度和黏度分别为 ρ 和 μ 的流体中以速度 U 运动时所受到的阻力 F_D。当雷诺数远小于 1 时可以忽略惯性力的作用；又由于惯性力与流体密度 ρ 成正比，故 F_D 与 ρ 无关，仅是 a、μ 和 U 的函数，即

$$F_D = f(a, \mu, U) \tag{9-14}$$

考虑到上式有 3 个独立变量 a、μ 和 U，如果要通过实验来确定每一个独立变量对阻力 F_D 的影响，则需保持其中两个不变，只改变其中的一个：首先保持 a 和 μ 不变，在不同的速度 U 测量圆球阻力 F_D，以确定速度 U 对 F_D 的影响；然后保持 μ 和 U 不变，采用具有不同直径的圆球进行实验以确定 F_D 随 a 的变化规律；最后保持 U 和 a 不变，采用具有不同 μ 的流体进行实验以确定 F_D 与 μ 的函数关系。这是一件耗费资金，也耗时耗力的工作。利用量纲分析的方法，式（9-14）可以得到简化，考虑到

$$\dim(\mu U a) = (ML^{-1}T^{-1})(LT^{-1})(L) = MLT^{-2}$$

与阻力 F_D 的量纲一致，式（9-14）两侧同时除以 $\mu U a$ 使等式量纲为一化，即

$$\frac{F_D}{\mu U a} = \frac{f(a, \mu, U)}{\mu U a}$$

使上式右侧成为一个量纲为 1 的组合量的唯一可能是使函数 $f(a, \mu, U)$ 等于 $\mu U a$ 与一个常数的乘积，于是

$$\frac{F_D}{\mu U a} = c_1\ （常数） \tag{9-15}$$

式（9-15）只含一个量纲为 1 的组合量，且该量纲为一个组合量等于一个量纲为 1 的常数。为了确定这一常数，不再需要分别改变流体种类、流动速度和圆球半径，只需要采用同一圆球和同一种流体，改变圆球运动速度（即改变量纲为 1 的组合量 $F_D / \mu U a$ 的数值）以测量阻力即可确定等式右侧常数 c_1 的数值。由理论分析我们知道式（9-15）中的常数等于6。

这里需要特别指出两点：一是当把物理方程式（9-14）改写为量纲为 1 的形式式（9-15）后，变量数目由 4 减少为 1，为此，确定式（9-15）所需的实验次数，以及相应的资金和人力的投入也都大大减少；二是式（9-15）与式（9-14）相比具有通用性的特点，即式（9-15）可用来预测不同半径圆球在不同流体中以不同速度运动时的阻力。虽然 F_D、a、μ 和 U 可取不同的数值，但它们的组合必须满足式（9-15）。

从上述两个实例可以看出量纲分析方法在流体力学实验研究中的重要指导作用：将物理量组成量纲为 1 的组合式的形式，可以减少与流动问题相关的变量数目，即量纲分析方法不但能最终给出变量间的具体函数形式，还可以提供该函数形式的重要信息，从而使实验工作

大为简化。对于一个具体的流动问题，可以减少的变量数则由 Π 定理确定。

9.3　泊金汉 Π 定理

设一个流动过程涉及 n 个变量 v_1，v_2，v_3，$\cdots$，v_n，其中 v_2，v_3，$\cdots$，v_n 是相互独立的自变量，它们是实验中可以控制的量，实验目的是依次改变其中的一个变量而保持其他变量不变，从而确定它们各自对变量 v_1 的影响；v_1 是实验中待确定或测量的量，它是自变量的函数，称为因变量。如在上节提到的圆球在黏性流体内运动的例子中，阻力 F_D 是实验中要确定的因变量，a、μ 和 U 则是相互独立的自变量。这里说 a、μ 和 U 相互独立，是指它们之间不能用任意一个或两个来表示另外一个。不是所有的变量都相互独立，比如 ρ、μ 和 v 三个量中只有 2 个独立，因为 $v = \dfrac{\mu}{\rho}$。实验最终目的是寻求关系式

$$v_1 = f(v_2, v_3, \cdots, v_n) \tag{9–16}$$

依据量纲一致性原理，上式一定可以表示成量纲为 1 的形式，量纲为 1 的关系式中量纲为 1 的组合量数将少于原式中的变量数。

泊金汉 Π 定理　将式（9–16）改变为量纲为 1 的形式的方法有多种，这里介绍 1914 年由泊金汉（E. Buckingham）提出的方法，称为泊金汉 Π 定理。在数学上，大写希腊字母 Π 表示变量的乘积，由于量纲为 1 的组合量总是以物理量的幂次乘积形式出现，所以习惯上将量纲为 1 的组合量表示为 Π^1，Π^2，Π^3，$\cdots$。泊金汉 Π 定理可表述如下：如果一个量纲一致的方程中包含 n 个变量，则这一方程可以表示成 k 个量纲为 1 的组合量或 Π 之间的关系式，变量数的减少数 $j = n - k$ 是相互不能组合成量纲为 1 的组合量或 Π 的最大变量个数的，j 总是等于或小于描述这些变量所需的最小基本量纲数。

在上节提到的圆球运动的例子中包含 F_D、a、μ 和 U 4 个变量，即 $n = 4$；描述这 4 个变量时基本量纲有 3 个，即 M、L 和 T，于是 $j \leqslant 3$。依据 Π 定理，$j = n - k \geqslant 1$，这与我们在上节的推理结果是一致的。

泊金汉 Π 定理的第二部分告诉我们如何确定这 k 个量纲为 1 的组合量：首先确定 j，然后选取 j 个相互不能组成 Π 的变量，每一个 Π 都可以用这 j 个变量与另外一个变量的幂次乘积组成，如此得出的每一个 Π 都是独立的。

以式（9–16）为例，假设基本量纲数为 3，即 M、L 和 T；经过观察，n 个变量中相互不能形成 Π 的最大变量个数也是 3，即 $j = 3$；依据 Π 定理，n 个变量可以组成而且只能组成 $n - j$ 个 Π。选取 3 个不能形成 Π 的变量，如 v_1、v_2 和 v_3，于是可以用这 3 个变量与另外一个变量的幂次乘积组成一个 Π，则 $n - 3$ 个 Π 可以分别表示为

$$\Pi^1 = v_1^a v_2^b v_3^c v_4, \quad \Pi^2 = v_1^a v_2^b v_3^c v_5, \quad \Pi^{n-3} = v_1^a v_2^b v_3^c v_n$$

以上各式中，添加的变量的幂指数都随意写为 1，实际上也可选用其他非零指数。令等式两侧的幂指数相等，即可求出使每一个 Π 成为量纲为 1 的组合量的 a、b、c。这样确定的 Π 是相对独立的，因为只有 Π^1 包含 v_4，只有 Π^2 包含 v_5，等等。通常称上述确定 Π 的方法为重复变量法。

采用重复变量法确定 Π 的步骤如下：

（1）列出所研究流动问题涉及的 n 个变量。正确地选择相关变量在很大程度上依赖于研究人员的流体力学知识和对所研究问题物理本质的理解，如果遗漏了重要的变量，便不能得到正确反映流动过程的量纲为 1 的关系式。

（2）写出每个相关变量的基本量纲，流体力学常用变量的量纲可参阅表 9–1。

（3）确定 j，则 Π 的个数为 $k = n - j$。

（4）选择 j 个变量，这 j 个变量应包含所有的基本量纲，同时它们相互之间又不能组成一个量纲为 1 的量，如可选取密度、速度或长度等。由于选取的这 j 个变量将出现在每一个 Π 中，所以我们称它们为重复变量。若我们希望因变量 v_1 只出现在一个 Π 中，则不要选取 v_1 作为重复变量。

（5）用选择的 j 个变量依次和剩余的（$n - j$）个变量中的每一个组合成幂次乘积形式，求解其幂指数，使每个组合量纲为一化。

（6）写出最终的量纲为 1 的组合量关系式

$$\Pi^1 = F(\Pi^2,\ \Pi^3,\ \cdots,\ \Pi^{n-j}) \tag{9–17}$$

式中，F 表示与 f 不同的函数形式。注意到只有 Π^1 包含因变量 v_1，式（9–16）对于待定或测量的量 v_1 来说为显式。

例 9.2 均直管中黏性定常不可压缩流动的压降 ΔP 与管段长度 l、管径 D、管壁粗糙度 ε、管截面平均流速 V、流体密度 ρ 及黏度 μ 等有关。试确定压降的量纲为 1 的表达式。

解： 依据题意，压降与相关变量的函数关系式可表示为

$$\Delta P = f(l, D, \varepsilon, V, \rho, \mu) \tag{a}$$

依次写出相关变量的量纲，有

$$\dim \Delta P = ML^1T^{-2},\ \dim V = LT^{-1},\ \dim \rho = ML^{-3},\ \dim D = L,$$

$$\dim l = L,\ \dim \varepsilon = L,\ \dim \mu = ML^{-1}T^{-1}$$

总变量数 $n = 7$，描述这些变量的基本量纲有 3 个，即 M、L 和 T，故 $j \leqslant 3$；经观察知，直径 D、流体密度 ρ 和速度 V 不可能组成一个 Π，因为只有 ρ 含有质量，只有 V 含有时间，因此 $j = 3$。于是方程（a）可改写为 $k = 7 - 3 = 4$ 个量纲为 1 的组合量之间的关系式。取 D、ρ 和 V 为重复变量。利用选定的重复变量与第一个非重复变量 ΔP 组成一个量纲为 1 的组合量，则有

$$\Pi^1 = \Delta P D^\alpha \rho^\beta V^\gamma$$

注意到上述公式两侧量纲均为 1，则有

$$M^0L^0T^0 = (ML^{-1}T^{-2})L^\alpha(M^\beta L^{-3\beta})(L^\gamma T^{-\gamma})$$

令等式两侧幂指数分别相等，得指数方程组

$$1 + \beta = 0;\ -1 + \alpha - 3\beta + \gamma = 0;\ -2 - \gamma = 0$$

解上述方程组，得 $a = 0$，$\beta = -1$，$\gamma = -2$，于是

$$\Pi_1 = \frac{\Delta P}{\rho V^2} \tag{b}$$

对第二个非重复变量 l 重复上述过程，则有

$$\Pi_2 = l D^\alpha \rho^\beta V^\gamma$$

$$M^0L^0T^0 = (L)L^\alpha(M^\beta L^{-3\beta})(L^\gamma T^{-\gamma})$$

故其幂指数方程组及解分别为

$$\beta=0;\ 1+\alpha-3\beta+\gamma=0;\ \gamma=0$$
$$a=-1,\ \beta=0,\ \gamma=0$$

于是第二个量纲为 1 的组合量为

$$\Pi_2=\frac{1}{D} \tag{c}$$

让重复变量与第三个非重复变量 ε 组成量纲为 1 的组合量，由于 ε 与 l 量纲相同，可知第三个量纲为 1 的组合量形式上应与第二个量纲为 1 的组合量相似，故有

$$\Pi_3=\frac{\varepsilon}{D} \tag{d}$$

对第四个非重复变量 μ 重复上述过程，有

$$\Pi_2=\mu D^\alpha \rho^\beta V^\gamma$$
$$M^0L^0T^0 = (ML^{-1}T^{-2})L^\alpha(M^\beta L^{-3\beta})(L^\gamma T^{-\gamma})$$

故其幂指数方程组及解分别为

$$1+\beta=0;\ -1+\alpha-3\beta+\gamma=0;\ -1-\gamma=0$$
$$a=-1,\ \beta=-1,\ \gamma=-1$$

即第四个量纲为 1 的组合量为

$$\Pi_2=\frac{1}{D}$$
$$\Pi_4=\frac{\mu}{\rho VD} \tag{e}$$

于是，原来由 7 个物理量表示的函数式（a）可改写为 4 个量纲为 1 的组合量的函数式

$$\Pi_1=\tilde{F}(\Pi_2,\Pi_3,\Pi_4)$$

即

$$\frac{\Delta p}{\rho V^2}=\tilde{F}\left(\frac{1}{D},\frac{\varepsilon}{D},\frac{\mu}{\rho VD}\right)$$

由于 $\tilde{F}$ 仍是一个未知数，它的具体形式需要通过实验确定，故上式亦可表示为

$$\frac{\Delta p}{\rho V^2/2}=F\left(\frac{1}{D},\frac{\varepsilon}{D},\frac{\rho VD}{\mu}\right) \tag{f}$$

说明：上式左侧分母写为单位体积流体的动能 $\rho V^2/2$，形式上更符合习惯，ρV^2 除以 2 后仍为量纲为 1 的组合量；注意等式右侧括号内第三个量纲为 1 的组合量是雷诺数。因为均直管中压强随管长线性变化，所以上式中量纲为 1 的组合量 $1/D$ 可移出到括号外，写为

$$\Delta p=f\frac{1}{D}\times\frac{1}{2}\rho V^2 \tag{g}$$

式中，$f=f(\varepsilon/D,\rho VD/\mu)$，即达西摩擦因数。这里我们运用量纲分析的方法得出了魏斯巴

赫公式。

例 9.3　设一宽 w、高 h 的矩形平板垂直于来流放置，流体作用在平板上的气动力 F_D 是 w、h 以及流体密度 ρ、黏度 μ 和速度 V 的函数。试确定与流动有关的量纲为 1 的组合量及相应的量纲为 1 的表示式。

解：依据题意，平板阻力与相关变量间的函数关系式可表示为

$$F_D = f(w, h, \mu, \rho, V) \tag{a}$$

依次写出相关变量的量纲，为

$$\dim F_D = \mathrm{MLT}^{-2}, \quad \dim w = \mathrm{L}, \quad \dim h = \mathrm{L}, \quad \dim \mu = \mathrm{ML}^{-1}\mathrm{T}^{-1}$$

$$\dim \rho = \mathrm{ML}^{-3}, \quad \dim V = \mathrm{LT}^{-1}$$

本题总变量数 $n=6$，描述这些变量的基本量纲有 3 个，即 M、L 和 T，$j \leqslant 3$；平板宽 w、流动速度 V 和流体密度 ρ 是相互独立的变量，它们不可能组成一个量纲为 1 的组合量，因此 $j=3$。于是方程（a）可改写为 $k=7-3=4$ 个量纲为 1 的组合量的关系式。选取平板宽度 w、流动速度 V 和流体密度 ρ 为重复变量，与非重复变量 F_D 组成第一个量纲为 1 的组合量，即

$$\Pi_1 = F_D w^\alpha V^\beta \rho^\gamma$$

注意到上式两侧量纲均为 1，故有

$$\mathrm{M}^0\mathrm{L}^0\mathrm{T}^0 = (\mathrm{ML}^2\mathrm{T})\mathrm{L}^\alpha(\mathrm{LT}^1)^\beta(\mathrm{ML}^3)^\gamma$$

令等式两侧幂指数分别相等，得指数方程组

$$1+\gamma=0; \quad -1+\alpha+\beta-3\gamma=0; \quad -2-\beta=0$$

解上述方程组，得 $\alpha=-2$，$\beta=-2$，$\gamma=-1$。于是有

$$\Pi_1 = \frac{F_D}{w^2 V^2 \rho} \tag{b}$$

重复变量与 h 组成第二个量纲为 1 的组合量，即

$$\Pi_2 = h w^\alpha V^\beta \rho^\gamma$$

观察知，3 个重复变量中 V 和 ρ 分别包含有时间和密度的量纲，不可能与 h 组成量纲为 1 的组合量，而 w 与 h 量纲相同，于是有

$$\Pi_2 = \frac{h}{w} \tag{c}$$

重复变量与 μ 组成第三个量纲为 1 的组合量，即

$$\Pi_3 = \mu w^\alpha V^\beta \rho^\gamma$$

$$\mathrm{M}^0\mathrm{L}^0\mathrm{T}^0 = (\mathrm{ML}^{-1}\mathrm{T}^{-1})\mathrm{L}^\alpha(\mathrm{LT}^{-1})^\beta(\mathrm{ML}^{-3})^\gamma$$

同理可得，幂指数方程组及解分别为

$$1+\gamma=0; \quad -1+\alpha+\beta-3\gamma=0; \quad -1-\beta=0$$

$$\alpha=-1, \quad \beta=-1, \quad \gamma=-1$$

即第三个量纲为 1 的组合量为

$$\Pi_3 = \frac{\mu}{wV_\rho} \tag{d}$$

于是，方程（a）可改写为

$$\frac{F_D}{w^2V^2\rho} = \tilde{F}\left(\frac{h}{w}, \frac{\mu}{wV\rho}\right)$$

上式又可依照习惯写为

$$\frac{F_D}{w^2V^2\rho} = F\left(\frac{w}{h}, \frac{wV\rho}{\mu}\right) \tag{e}$$

式中，w/h 称为宽高比，$\rho wV/\mu$ 是雷诺数。

例 9.4 一玻璃管插入液体中，由于表面张力的作用，管中液柱可能上升或下降一个高度 Δh（图 9–1），已知 Δh 是管径 D、液体单位体积重量 $\gamma = \rho g$ 和表面张力系数 σ 的函数。试确定有关的量纲为 1 的组合量及相应的量纲为 1 的表示式。

解： 依题意，液柱高与相关变量的函数关系式为

$$\Delta h = f(D, \gamma, \sigma) \tag{a}$$

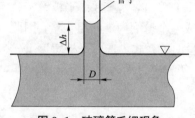

图 9–1 玻璃管毛细现象

总变量数 $n=4$。写出所有变量的量纲，即

$$\dim \Delta h = \mathrm{L}, \quad \dim D = \mathrm{L}, \quad \dim \gamma = \mathrm{ML}^2\mathrm{T}^2, \quad \dim \sigma = \mathrm{MT}^2$$

注意，单位体积重量的量纲等于密度与重力加速度量纲之乘积。表面上看上述变量中包含 3 个基本量纲 L、M 和 T，其实 γ 和 σ 中都含有 MT^2，故可将 MT^2 视为一个量纲，因此基本量纲数应为 2。在 FLT 制中，各变量的量纲为

$$\dim \Delta h = \mathrm{L}, \quad \dim D = \mathrm{L}, \quad \dim \gamma = \mathrm{FL}^3, \quad \dim \sigma = \mathrm{FL}^1$$

基本量纲数为 2，与上述分析一致。D 和 σ 不可能组成一个量纲为1的组合量，于是 $j=2$，量纲为1的组合量数目 $k = 4-2=2$。

选 D 和 σ 为重复变量，与 Δh 组成第一个量纲为 1 的组合量，即

$$\Pi_1 = \Delta h D^\alpha \sigma^\beta$$

由于 D 与 Δh 量纲相同，观察可知

$$\Pi_1 = \frac{\Delta h}{D} \tag{b}$$

重复变量与 γ 组成第二个量纲为 1 的组合量，即

$$\Pi_2 = \gamma D^\alpha \sigma^\beta$$

$$\mathrm{M}^0\mathrm{L}^0\mathrm{T}^0 = (\mathrm{ML}^2\mathrm{T}^{-2})(\mathrm{L}^\alpha)(\mathrm{MT}^2)^\beta$$

幂指数方程及解为

$$1+\beta = 0; \quad -2+\alpha = 0$$

$$\alpha = 2, \quad \beta = -1$$

于是可得，$\Pi_2 = \gamma D^2 / \sigma$，习惯上将其写为

$$\Pi_2' = 1/\Pi_2 = \frac{\sigma}{\gamma D^2} \tag{c}$$

则式（a）可以量纲为1的形式写为

$$\frac{\Delta h}{D} = F\left(\frac{\sigma}{\gamma D^2}\right) \tag{d}$$

9.4　相似原理

9.4.1　力学相似的基本概念

工程上经常遇到的流体力学问题，比如飞机的升力、地面车辆和船舶的运动阻力、大坝泄洪道的设计等，现在还不能单纯依赖理论分析或数值计算来解决。为了寻求具体流动的规律，给设备设计积累数据，或者为了验证理论和数值计算结果，往往先需要使用缩小的模型。即使用几何相似但尺寸较小的模型在实验室进行测试，比如用缩小的飞机模型在风洞内吹风以测量升力和阻力。如果模型流动与实物流动不同，比如模型流动是层流，而实物流动是湍流，或者两者都是层流但流线形状完全不同，则模型实验的结果是无用的。只有当模型实验的流动与实物流动保持力学相似时，在模型实验中获得的升力数据才可以推广应用于实际飞行器。偶尔也可能采用放大的模型，如为了清楚地显示可植入人体的微型血液泵内的流动情况，需要采用放大的模型在实验室内作观察和测量。

所谓力学相似是指实物流动与模型流动在对应点上对应物理量都应该有一定的比例关系，具体地说，力学相似应该包括几何相似、运动相似和动力相似。

为了确定船只运动时受到的阻力，常常利用缩小的模型在水池中进行模型实验（图9-2）。实物流动与模型流动的动力相似首先要求两个流动的边界几何相似，即要求模型流动与实物流动有相似的边界形状，即一切对应的线性尺寸成比例。如图9-2中所有的对应几何特征长度要成比例，即在图示的两个流动中$d/l = d_1/l_1$。

力学相似还要求运动相似，即实物流动与模型流动的流线应该几何相似，这意味着在相应的空间位置上的速度成比例。如果在图9-2（a）中的P点速度为$U/2$，那么在图9-2（b）中的对应点P_1速度应为$U_1/2$。如：选取沿吃水线的船长l作为特征长度，上游的来流速度U为特征速度，分别将空间坐标和速度矢量量纲为一化，运动相似意味着当两个流动的量纲为1的空间位置

$$x' = \frac{x}{1}, \quad y' = \frac{y}{1}, \quad z' = \frac{z}{1}$$

相同时，量纲为1的速度

$$u' = \frac{u}{U}, \quad v' = \frac{v}{U}, \quad w' = \frac{w}{U}$$

相等，即两个流动在几何相似点上的流动速度与特征速度的比值相同。

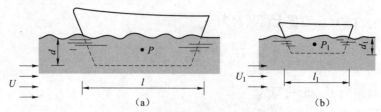

图 9-2　船舶的实物流动与模型流动

要使两个流动完全满足力学相似，除了几何相似和运动相似外，实物流动与模型流动还应该受同种外力作用，而且对应点上的对应力成比例，即满足动力相似。

9.4.2　相似准则

模型流动与实物流动如果力学相似，则必然存在着许多比例尺，但是我们不可能也不必要用一一检查比例尺的方法去判断两个流动是否力学相似，因为这样会觉得不胜其烦。判断相似的标准是相似准则。

让我们从流动的基本方程出发来考察这一问题。为简化问题，本节仅限于讨论黏性不可压缩流动，即流体密度和黏度在全流场保持为常数，所得结论则可以推广到其他场合。黏性不可压缩流动的连续方程和 N-S 方程分别为

$$\nabla \cdot V = 0 \tag{9-18a}$$

$$\frac{\partial V}{\partial t} + (V \cdot \nabla)V = \frac{1}{\rho}\nabla p + \nu \nabla^2 V \tag{9-18b}$$

N-S 方程中的 $\overset{*}{p}$ 是广义压强，当取 z 轴铅垂向上时，$\overset{*}{p} = p + \rho g z$。引入一个特征长度 L 和一个特征速度 U 来使上述方程组量纲为 1。对于图 9-2 中的流动，如上文所述，可以选取沿吃水线的船长 l 作为特征长度，上游的来流速度 U 作为特征速度，等等。压强通常随速度场的变化而变化，这里可用 ρU^2 作为压强的参考量。没有引入特征时间尺度，因为这里只限于讨论外加条件为定常的情形；N-S 方程中之所以保留时间导数项，是因为虽然外加条件定常，但非定常的脉动仍然可能自发地出现（如卡门涡街）。而此种非定常脉动的频率和幅度等只与上述特征长度 L 和特征速度 U 有关。利用 L 和 U 将方程中相关变量量纲为一化，则它们的量纲为 1 的形式分别为

$$\nabla' = L\nabla, \ x' = \frac{x}{1}, \ y' = \frac{y}{1}, \ z' = \frac{z}{1}$$

$$t' = \frac{tU}{L}, \ V' = \frac{V}{U}, \ (p)' = \frac{p}{\rho U^2}$$

在以上格式中上标 " $'$ " 表示量纲为 1 的量，代入连续方程和 N-S 方程，得

$$\frac{U}{L}\nabla' \, V' = 0$$

$$\frac{U^2}{L}\frac{\partial V'}{\partial t'} + \frac{U^2}{L}(V' \ \nabla')V' = \frac{U^2}{L}\nabla'(p) + \frac{U\nu}{L^2}\nabla'^2 V'$$

对上两式进一步简化，得

$$\nabla' \cdot V' = 0 \tag{9-19a}$$

$$\frac{\partial V'}{\partial t'}+(V'\cdot\nabla')V'=-\nabla'(\overset{*}{p}\,)+\frac{1}{Re}\nabla'^2V' \qquad (9\text{-}19b)$$

式（9-19a）中出现了量纲为 1 的组合量雷诺数 $Re=\rho UL/\mu$，在对边界条件做量纲为一化处理过程中还可能出现其他的量纲为 1 的组合量（关于边界条件的量纲为一化将在下文中进一步讨论）。

由于式（9-19a）和式（9-19b）中只显含量纲为 1 的组合量 Re，因此满足量纲为 1 的边界条件的解，故速度 V' 和压强 $(\overset{*}{p}\,)'$ 只可能是下列变量和函数：

（1）量纲为 1 的坐标 x'、y'、z' 与时间 t'；

（2）雷诺数 Re；

（3）满足量纲为 1 的边界条件所需的量纲为 1 的组合量。

将基本方程的量纲为一化，表面上看只是形式上的变化，但它清楚地提示我们，如果两个流动满足相同的量纲为 1 的边界条件，则无论这两个流动的 ρ、L、U 和 μ 如何不同，只要它们的组合 $\rho UL/\mu$ 相同，这两个流动就可以用唯一相同的量纲为 1 的形式的解来描述，即两个流动的几何尺寸大小、流体种类和速度可能不同，但只要雷诺数相同，它们就有相同的量纲为 1 的时刻位于相同量纲为 1 的空间位置的流体质点受到的所有力成同一比例。

雷诺数可视为对作用在单位体积流体上的非黏性力与黏性力的相对重要性的一个度量。对于沿 x 方向的流动，单位体积流体的惯性力为 $\rho Du/Dt$，如果为定常流动，则为 $\rho u du/\partial x$；单位体积流体的黏性力为 $\mu\partial^2 u/\partial x^2$，压力为 $-\partial\overset{*}{p}/\partial x$。这些力总体上处于平衡状态，它们的相对大小可用任意两个力的比值来表示，但压力通常是被动力，取决于流场的速度分布，因此可用惯性力与黏性力的比值作为流动中受力平衡的标志。在空间任意点惯性力与黏性力的比值为

$$\frac{\rho u du/\partial x}{u\partial^2 u/\partial x^2}$$

设流场的特征量是密度 ρ、黏度 μ 以及上文提到的特征长度 L 和特征速度 U。由于流场内任意点的速度都与特征速度 U 成比例，因此 $u du/\partial x\propto U^2/L$，$\partial^2 u/\partial x^2\propto U/L^2$，于是

$$\frac{\rho u du/\partial x}{u\partial^2 u/\partial x^2}\propto\frac{\rho U^2/L}{\mu U/L^2}=\frac{\rho UL}{\mu}$$

可见雷诺数是惯性力与黏性力相对大小的一个度量，对于给定的边界条件，改变雷诺数相当于改变了惯性力与黏性力的相对大小。两个流动的雷诺数 $Re=\rho UL/\mu$ 相同，就表示对应空间点和对应时刻的流体所受到的非黏性力与黏性力成比例，即两个流动动力相似。

量纲为 1 的因数 除了速度场和压强场外，我们也关心流体对物体的作用力。物体表面的法向和切向应力 p 和 τ 可以用 ρU^2 量纲为一化为 $p/(\rho U^2)$ 和 $\tau/(\rho U^2)$，这些量纲为 1 的组合量与量纲为 1 的速度一样也是量纲为 1 的空间坐标和雷诺数的函数，即

$$\frac{p}{\rho U^2}=f'(x',y',z',Re),\quad \frac{\tau}{\rho U^2}=f''(x',y',z',Re) \qquad (9\text{-}20)$$

物体受到的总作用力沿来流方向的分量称为阻力，以 F_D 表示，垂直于来流方向的分量称为升力，以 F_L 表示。通常将阻力和升力写成如下量纲为 1 的形式，即

$$C_D = \frac{F_D}{\frac{1}{2}\rho U^2 A}, \quad C_L = \frac{F_L}{\frac{1}{2}\rho U^2 A} \tag{9-21}$$

分别称 C_D 和 C_L 为阻力因数和升力因数，式中 A 是物面在来流方向的投影面积（对于圆球为 $\pi d^2/4$，d 表示圆球直径）。由于 C_D 和 C_L 是 $p/(\rho U^2)$ 和 $\tau/(\rho U^2)$ 在物体表面作积分的结果，因此它们都只是雷诺数的函数，即

$$C_D = f_1(Re), \quad C_L = f_2(Re) \tag{9-22}$$

式（9-22）表示的是相似律得到了无数实验结果的验证。图 9-3 给出长圆柱与圆球的阻力因数与雷诺数的关系曲线。不同流体、不同尺寸圆柱和圆球的实测数据点落在同一条曲线上，印证了式（9-22）表示的雷诺数相似律的客观存在。

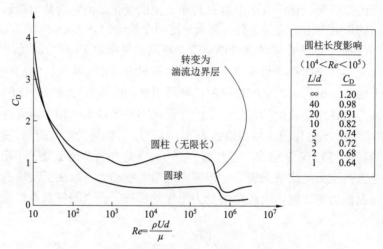

图 9-3　长圆柱与圆球的阻力因数与雷诺数的函数关系

其他量纲为 1 的组合量　除雷诺数外，有时我们还需要考虑其他量纲为 1 的组合量对流动的影响。如在对流动的边界条件实施量纲为一化的过程中，还会出现其他量纲为 1 的变量。

如果不可压缩流体有弯曲界面，比如水与空气的弯曲自由面，则界面上的流体压强与大气压强之间存在差值，这一差值与表面张力系数 σ 成正比，由 $p_a - p = \sigma\left(\dfrac{1}{r_1} - \dfrac{1}{r_2}\right)$，式中 r_1 和 r_2 是弯曲自由面的主曲率半径，曲率中心位于大气一侧，则广义压强可写为

$$\overset{*}{p} = p + \rho g z = p_a + \rho g z - \sigma\left(\frac{1}{r_1} + \frac{1}{r_2}\right)$$

上式两侧同除以 ρU^2 使其量纲为一化，并以流场某一特征长度 L 使 r_1 和 r_2 量纲为一化，则有

$$(\overset{*}{p})' = \frac{p_2}{\rho U^2} + \frac{gL}{U^2}z' - \frac{\sigma}{\rho U^2 L}\left(\frac{1}{r_1'} + \frac{1}{r_2'}\right) \tag{9-23}$$

上式中出现了 3 个新的量纲为 1 的组合量，$Eu = p_a/\rho U^2$，$Fr = U/\sqrt{gl}$，$We = \rho U^2 L/\sigma$，其依次称为欧拉数、弗劳德数和韦伯数。

弗劳德数，$Fr = U/\sqrt{gl}$，可被看作流动惯性力与重力的比值。在存在自由面的流动中，它是起主导作用的量纲为 1 的组合量；而当没有自由面时，它则完全不重要。在式（9-19）

中由于将重力项吸收进广义压强中，方程中不再出现重力项，因此对于无自由面的流动分析可不考虑重力影响。

韦伯数，$We = \rho U^2 L / \sigma$，可解释为惯性力与表面张力系数的比值。在韦伯数等于或小于1，如液滴、毛细管内流动、非常小的水力模型、细小的表面波等情形下，韦伯数是重要的影响参数；在其他场合，韦伯数的影响可以忽略。

欧拉数，通常以压强差的形式写为 $Eu = \Delta p / \rho U^2$，$\Delta p = p - p_{\text{ref}}$，$p_{\text{ref}}$ 为参考压强。在大多数场合，都可忽略欧拉数的影响。在某些流动中，比如在水泵和船舶的螺旋桨推进器中，当流体压强降低到饱和蒸汽压强 p_v 以下时，会出现闪蒸而产生气泡，称为气穴现象，而当压强再次升高时，因气泡的突然破裂伴随有巨大的压强冲击，会在螺旋桨或叶轮表面发生气蚀。选取液体饱和压强做参考压强，欧拉数可写为

$$Ca = \frac{p - p_v}{\rho U^2} \tag{9-24}$$

也称为气穴数。

对于高速的可压缩流动，式（9-18）和式（9-19）不再适用，因为流体密度不再为常数，描写可压缩流动，除了可压缩流动的 N-S 方程和连续方程外，还需要能量方程以及 p、ρ、和 h 之间的热力学关系式。这些关于可压缩流动的方程将会引入新的量纲为 1 的组合量，其中一个重要的量纲为 1 的组合量是马赫数，即

$$Ma = \frac{U}{a} \tag{9-25}$$

式中，a 是当地声速，即所考虑点的声速。

当存在外加条件导致的脉动流动时，如果管道进口速度为

$$u = U \cos \omega t$$

那么，以特征速度 U 和特征时间 L/U 分别使速度和脉动角频率 ω 量纲为一化，得

$$u' = \frac{u}{U} = \cos\left(\frac{\omega L}{U} t'\right)$$

由上式可知，余弦函数的自变量中包含一个新的量纲为 1 的组合量，即

$$Sr = \frac{\omega L}{U} \tag{9-26}$$

称为斯特劳哈尔数。

式（9-22）仅适用于流动中起主导作用的力为惯性力和黏性力的情形。如果流场中存在自由面时，则重力的影响变得重要起来，此时，弗劳德数 Fr 应该进入式（9-22）；对于可压缩流动，还需考虑马赫数的影响，等等。在上述情形下式（9-22）可改写为

$$C_D = f_1(Re, Fr, Ma), \quad C_L = f_2(Re, Fr, Ma) \tag{9-27}$$

此时为了使两个流动动力相似，除了雷诺数外，还要求弗劳德数和马赫数相等。在另外一些场合，则可能还需考虑其他量纲为 1 的组合量的影响。

一些与本课程有关的量纲为 1 的组合量在表 9-2 中列出。

表 9–2 流体力学常用量纲为 1 的组合量

名称	定义式	物理意义	应用场合
雷诺数	$Re = \rho UL / \mu$	惯性力/黏性力	几乎适用于所有场合
马赫数	$Ma = U / a$	流动速度/当地声速	可压缩流动
弗劳德数	$Fr = U / \sqrt{gl}$	惯性力/重力	具有自由面的流动
韦伯数	$We = \rho U^2 L / \sigma$	惯性力/表面张力系数	具有自由面的流动
气穴（欧拉）数	$Ca = (p - p_v) / \rho U^2$	压强差/惯性力	气蚀
斯特劳哈尔数	$Sr = \omega L / U$	脉动/平均速度	脉动流动，非定常流动
比热容比	$\gamma = C_p / C_v$	焓/内能	可压缩流动
相对粗糙度	ε / L	表面粗糙度/管径	湍流，粗糙管壁
温度比	T / T_0	温度/滞止温度	可压缩流动
压强因数	$C_p = (p - p_\infty) / (\rho U^2 / 2)$	静压/动压	空气动力学、水力学
升力因数	$C_L = F_L / \frac{1}{2} \rho U^2 A$	升力/动压	空气动力学、水力学
阻力因数	$C_D = F_D / \frac{1}{2} \rho U^2 A$	阻力/动压	空气动力学、水力学
摩擦因数	$f = h_f / (v^2 / 2g)(L / D)$	水力损失/速度头	管流
表面摩擦因数	$C_f = \tau_w / (\rho U^2 / 2)$	壁面切应力/动压	边界层流动

如果两个流动完全成力学相似，则它们的弗劳德数、欧拉数、雷诺数等无量纲参数必须各自相等。但这是有困难的，因为模型和实物大多是处于同样的地心引力范围，故单位质量重力（或重力加速度）g 的比例尺一般都是等于 1 的；而且一般情况下，模型与实物流动中的流体往往就是同一种介质（例如，航空器械往往在风洞中实验，水工模型往往用水做实验，液压元件往往用工作油液做实验），流体运动黏度比例尺往往也是 1（工程上固然有办法配制各种运动黏度的流体（如用不同百分比的甘油水溶液等），但用这种化学性质不稳定而又昂贵的流体作为模型流体并不合适）；由于比例尺制约关系的限制，同时满足弗劳德和雷诺准则是困难的，因而一般模型实验难于实现全面的力学相似。欧拉准则与上述两个准则并无矛盾，因此如果放弃弗劳德和雷诺准则，或者放弃其一，那么选择基本比例尺就不会遇到困难。这种不能保证全面力学相似的模型设计方法叫作近似模型法，下文将进一步对此进行详细解释。

9.5 模型实验

进行模型实验的目的是为原型设备的设计提供客观依据，只有模型流动与实物流动之间存在动力相似，模型实验中测量的数据才能推广应用于实物流动。为了保证两个几何相似的设备内的流动动力相似，如式（9-22）和（9-27）所示，流动的雷诺数、弗劳德数以及马赫数等必须保持相等。因为这些量纲为 1 的组合量与利用量纲分析方法得出的∏数组是相同的，故可以将式（9-22）和式（9-27）写为更一般的形式

$$\Pi_1 = f(\Pi_2, \Pi_3, \cdots, \Pi_n) \qquad (9\text{-}28)$$

在相似理论中量纲为 1 的组合量也称相似准则，或相似准则数。式中 Π_1 包含实验中的待测量，或因变量，称为"非定性准则"或"非独立准则""非决定性准则"；$\Pi_2, \Pi_3, \cdots, \Pi_n$ 中只包含相互独立的自变量，即实验中可以控制的量，称为"定性准则"或"独立准则""决定性准则"。对于具有几何相似边界的模型和实物流动，只要定性准则数分别相等，即

$$\Pi_{2m} = \Pi_{2p}, \Pi_{3m} = \Pi_{3p}, \ldots, \Pi_{nm} = \Pi_{np} \qquad (9\text{-}29)$$

它们便动力相似，于是非定性准则数也相等，即

$$\Pi_{1m} = \Pi_{1p} \qquad (9\text{-}30)$$

式中，下标"m"是英文 model 的第一个字母，表示模型；"p"是英文 prototype 的第一个字母，表示原型。式（9-29）是模型设计必须满足的条件，式（9-30）则用来将模型实验中的测量数据转换为实物流动的相应数据。

以例 9.3 中讨论的矩形平板阻力为例来说明模型设计和实物流动变量计算的过程。例 9.3 中假设

$$F_D = f(w, h, \mu, \rho, U)$$

则应用 ∏ 定理得到

$$\frac{F_D}{w^2 \rho U^2} = \Phi\left(\frac{w}{h}, \frac{\rho U w}{\mu}\right)$$

在这个例子中模型设计就是确定模型平板的尺寸和模型实验中的气流速度。要保证模型与实物流动动力相似，必须满足定性准则数分别相等，即

$$\left(\frac{w}{h}\right)_m = \left(\frac{w}{h}\right)_p, \left(\frac{\rho U w}{\mu}\right)_m = \left(\frac{\rho U w}{\mu}\right)_p$$

由上式中的第一式得

$$w_m = \frac{h_m}{h_p} w_p$$

即如果 h_m / h_p 自由选定，则模型平板的宽度 w_m 需由上式确定，以满足几何相似条件。模型流动速度则由雷诺数相等确定，即

$$U_m = \frac{\mu_m}{\mu_p} \frac{\rho_p}{\rho_m} \frac{w_p}{w_m} U$$

模型设计对几何尺寸和流动速度都提出了约束条件。满足动力相似条件后，有

$$\left(\frac{F_D}{w^2 \rho U^2}\right)_p = \left(\frac{F_D}{w^2 \rho U^2}\right)_m$$

于是

$$F_{D,\,p} = \left(\frac{w_p}{w_m}\right)^2 \left(\frac{\rho_p}{\rho_m}\right) \left(\frac{U_p}{U_m}\right)^2 F_{D,\,m}$$

即原型平板所受阻力可由模型实验中所测阻力通过上式计算。

模型比例 几何相似是动力相似的必要条件。定义线性比例因素

$$\lambda_l = l_m / l_p \tag{9-31}$$

请注意线性比例因数是模型与实物长度之比，而非实物与模型长度比，通常写为 1:10 或 1/10，表示模型的线性尺寸是实物的十分之一。模型与实物的所有对应线性尺寸应成同一比例，以保证几何相似。严格讲，完全的几何相似要求模型的细微几何特征，如表面粗糙度或物面上小的凸起等也与实物保持相似。完全的几何相似在实际操作中是难以实现的，比如表面粗糙度就很难控制和模拟。这就要求实验人员对这些细微几何结构给流动造成的影响程度作出正确的判断，或给予适当的修正。

除了长度比外，还可以定义与流动有关的其他变量的比值，如速度比 V_m / V_p、密度比 ρ_m / ρ_p、时间比 T_m / T_p、黏度比 μ_m / μ_p 等，相应的比例因数则分别写为 λ_V、λ_ρ、λ_T 和 λ_μ。

部分相似 如果每一个定性准则数都对应相等，则称模型流动与实物流动完全相似，严格的完全相似常常难以实现。比如在存在自由面的流动中，要使流动动力相似，则需要满足雷诺数和弗劳德数分别相等，即

$$\frac{V_m}{\sqrt{gl_m}} = \frac{V_p}{\sqrt{gl_p}}, \frac{V_m l_m}{v_m} = \frac{V_p l_p}{v_p}$$

考虑到重力加速度为常数，由弗劳德数相等得

$$\frac{v_m}{v_p} = \sqrt{\frac{l_m}{l_p}} = \sqrt{\lambda_l}$$

雷诺数相等则要求

$$\frac{v_m}{v_p} = \frac{V_m}{V_p} \frac{l_m}{l_p}$$

由于弗劳德数相等，故限制速度比等于长度比的平方根，代入上式有

$$v_m / v_p = (\lambda_l)^{3/2} \tag{9-32}$$

虽然，满足上式要求从理论上讲是可能的，但实际上寻找一种流体使它的运动黏度与实物流体的运动黏度之比正好等于线性比例因数的 2/3 次方是非常困难的。有自由面的流动，如涉及大坝泄洪道、水面船舶等的流动中流动介质一般都是水；考虑到模型实验中的大坝模型和船舶模型等的通常几何尺寸都较大，所以模型实验中唯一现实可选用的流体也是水，此时黏性比例因数等于 1，故式（9–32）不可能得到满足。通常在上述流动的水力模型实验中，只需保证弗劳德数相同，但允许模型和实物流动的雷诺数有所不同。

在模型实验中，常根据具体情况使主要相似准则数相等，如涉及黏性或阻力的实验应使雷诺数相等；对于可压缩流动的实验保证马赫数相等；对于具有自由面的流动则保证弗劳德数相等，等等。对于应该满足而未能满足相等条件的相似准则数导致的实验误差，则可通过

数据修正予以消减。这种只保证模型与实物流动的主要相似准则数相等的实验方法称为近似模型法。

9.6　模型实验举例

模型实验广泛应用于各个工程领域，不同的流体力学问题有不同的特点且对动力相似的要求也不同。本节列举 4 个方面的实例，以使读者对模型实验的方法有更为具体的了解。

通道内流动　这里通道内流动指各种不同形状横截面管道内的流动，也包括通过阀门、孔板等流量测量计的流动。由于流体充满通道截面，不存在自由面，因此起主要作用的力是惯性力和黏性力，雷诺数是重要的决定性准则数，而无须考虑韦伯数和弗劳德数的影响；如果流动速度与声速相比很低（$Ma<0.3$），则压缩性影响可以忽略不计，也不必考虑马赫数影响。当感兴趣的待测量量是一段管长的压强降落时，则非定性准则数可表示为 $\Delta p/(\rho V^2)$，于是在满足几何相似的条件下，准则方程式可写为

$$\frac{\Delta p}{\rho V^2}=f\left(\frac{\rho Vl}{\mu}\right) \tag{9-33a}$$

雷诺数相等，即 $(\rho Vl/\mu)_\mathrm{m}=(\rho Vl/\mu)_\mathrm{p}$，要求

$$V_\mathrm{m}=\frac{\mu_\mathrm{m}}{\mu_\mathrm{p}}\frac{\rho_\mathrm{p}}{\rho_\mathrm{m}}\frac{l_\mathrm{p}}{l_\mathrm{m}}V_\mathrm{p} \tag{9-33b}$$

当选用相同的流体时（$\mu_\mathrm{m}=\mu_\mathrm{p},\rho_\mathrm{m}=\rho_\mathrm{p}$），上式可简化为

$$V_\mathrm{m}=V_\mathrm{p}/\lambda_\mathrm{l}$$

如采用小于 1 的线性比例因数，则要求模型流动速度高于实物流动速度。满足动力相似时，有

$$\left(\frac{\Delta p}{\rho V^2}\right)_\mathrm{m}=\left(\frac{\Delta p}{\rho V^2}\right)_\mathrm{p}$$

实物流动的压强降落为

$$(\Delta p)_\mathrm{p}=\frac{\rho_\mathrm{p}}{\rho_\mathrm{m}}\left(\frac{V_\mathrm{p}}{V_\mathrm{m}}\right)^2(\Delta p)_\mathrm{m} \tag{9-33c}$$

在圆管摩擦压降实验中，一个有趣的现象是：当雷诺数很高时量纲为 1 的压强降落不再是雷诺数的函数，而只取决于管壁的相对粗糙度 ε/D，式中 D 是管道内径，即流动处于穆迪图的粗糙区。这是因为，雷诺数很高意味着惯性力远大于黏性力，因此可以忽略黏性力的影响，于是模型与实物流动的动力相似不再与雷诺数有关，我们称这种情形为自模化状态，在自模化区，压强降落与速度的平方成正比，因此也称阻力平方区。一个流动进入自模化区的临界雷诺数无法预先知道，通常需通过实验确定。

例 9.5　内径为 75 mm 的水平直圆管中，水流平均速度为 3 m/s，已知水的动力黏度 $\mu=1.139\times10^{-3}$ Pa·s，密度 $\rho=999.1$ kg/m³。若用相同的管道以空气为介质做模型实验，则要使两种流动动力相似，气流平均速度为多少？若模型实验中测得 5 m 长管道的压降为 906.4 Pa，则水流过相同长度的压降为多少？（空气动力黏度 $\mu=1.788\times10^{-5}$ Pa·s，密度 $\rho=1.225$ kg/m³）

解：对于管道内流动，雷诺数是定性准则，要使两种流动动力相似，需

$$\left(\frac{pVD}{\mu}\right)_{\mathrm{m}} = \left(\frac{\rho VD}{\mu}\right)_{\mathrm{n}}$$

于是

$$V_{\mathrm{m}} = \frac{D_{\mathrm{p}}\rho_{\mathrm{p}}\mu_{\mathrm{m}}}{D_{\mathrm{m}}\rho_{\mathrm{m}}\mu_{\mathrm{p}}}V_{\mathrm{p}} = \frac{0.075 \times 999.1 \times 1.788 \times 10^{-5}}{0.075 \times 1.225 \times 1.139 \times 10^{-3}} \times 3 = 38.41\,(\mathrm{m/s})$$

若取常温下的声速为 343 m/s，则气流马赫数约为 0.11，则可以被视为不可压缩流动。当两种流动动力相似时，非定性准则 $\Delta p/(\rho V^2)$ 相等，即

$$\left(\frac{\Delta p}{\rho V^2}\right)_{\mathrm{m}} = \left(\frac{\Delta p}{\rho V^2}\right)_{\mathrm{p}}$$

于是

$$(\Delta p)_{\mathrm{p}} = \frac{(\rho V^2)_{\mathrm{p}}}{(\rho V^2)_{\mathrm{m}}}(\Delta p)_{\mathrm{m}} = \frac{999.1 \times 3^2}{1.225 \times 38.41^2} \times 906.4 = 4\,510\,(\mathrm{Pa})$$

物体绕流　模型实验也广泛地用来研究完全浸没在运动流体中的物体的流动特性。比如，研制任何飞机，包括军用飞机、民用飞机以及航天飞机，都必须首先在风洞中进行模型实验以测试其各项飞行性能；对小汽车模型进行风洞实验，优化车辆外形；对于桥梁、电视塔、高层建筑群等，则需要进行针对建筑物模型的风荷载实验；大型工厂、矿山群等，也要在风洞中进行防止污染物扩散的模型实验。

与通道内流动相类似，风洞实验中也不存在自由面，无须考虑韦伯数和弗劳德数的影响。如果流速很低，同样不必考虑马赫数影响，因此决定性准则数也是雷诺数。如果感兴趣的待测量是物体受到的阻力 F_{D}，则它可表示成阻力因数的形式，有

$$C_{\mathrm{D}} = \frac{F_{\mathrm{D}}}{\frac{1}{2}\rho U^2 A}$$

式中，U 是气流速度，A 是物体的某一代表性面积（如物体表面在来流方向的投影面积），称为迎风面积。于是在满足几何相似的条件下，准则方程式可写为

$$\frac{F_{\mathrm{D}}}{\frac{1}{2}\rho U^2 A} = f\left(\frac{\rho Ul}{\mu}\right) \tag{9-34a}$$

当满足雷诺数相等时，有

$$\left(\frac{F_{\mathrm{D}}}{\frac{1}{2}\rho U^2 A}\right)_{\mathrm{m}} = \left(\frac{F_{\mathrm{D}}}{\frac{1}{2}\rho U^2 A}\right)_{\mathrm{p}}$$

$$F_{\mathrm{D,p}} = \frac{A}{A_{\mathrm{m}}}\frac{\rho_{\mathrm{p}}}{\rho_{\mathrm{m}}}\left(\frac{U_{\mathrm{p}}}{U_{\mathrm{m}}}\right)^2 F_{\mathrm{D,m}} \tag{9-34b}$$

与上节相同，因为雷诺数相等，故要求

$$U_{\mathrm{m}} = \frac{\mu_{\mathrm{m}}}{\mu_{\mathrm{p}}}\frac{\rho_{\mathrm{p}}}{\rho_{\mathrm{m}}}\frac{l_{\mathrm{p}}}{l_{\mathrm{m}}}U_{\mathrm{p}} \quad \text{或} \quad U_{\mathrm{m}} = \frac{v_{\mathrm{m}}}{v_{\mathrm{p}}}\frac{l_{\mathrm{p}}}{l_{\mathrm{m}}}U_{\mathrm{p}} \tag{9-34c}$$

如果采用小于 1 的线性比例因数，则通常要求模型流动速度高于实物流动速度。比如，采用 1/10 的线性比例因数，如果实物气流速度是 20 m/s，则当采用相同流体时，模型流动的速度应为 200 m/s，这一速度已经处于必须考虑流动压缩性的速度范围内，且实物流动是不可压缩流动。一个降低模型流动速度的代替方法是采用低运动黏度流体，如水的运动黏度约等于空气的 1/10，因此如果实物流体是空气，则模型实验可以采用水。

为了在保持雷诺数相等的同时降低模型流动速度，在风洞实验中可采用如下方法：

（1）建造相对较大的模型以及提高雷诺数，但风洞尺寸也需随之增大，其代价是风洞造价和风洞驱动功率都将大幅度提高。

（2）提高风洞工作压强以增大空气密度，在相同的速度下提高雷诺数。当今已有很多压力型高雷诺数风洞，工作压力在几个至十几个大气压强范围内。

（3）降低气体温度。如以 90 K（-183 ℃）的氮气为工作介质，在几何尺寸和速度相同时，雷诺数是常温空气的 9 倍多，但低温风洞会耗用巨量液氮，而且风洞排出的大量低温氮气，可能对当地气象和生态环境造成不利影响。

美国 NASA 实验室的全尺寸风洞（可以直接把原型飞机放进实验段中吹风）的实验段面积为 24.4 m×12.2 m，风速为 150 m/s，驱动功率为 1×10^5 kW。我国空气动力研究与发展中心建成了亚洲最大的低速风洞，串联双实验段，分别为 8 m×6 m 和 16 m×12 m，风速为 100 m/s，驱动功率为 7 800 kW。

对于马赫数大于 0.3 的高速流动，可压缩性影响变得重要起来。为了实现完全动力相似，除雷诺数外，还需马赫数相等，即

$$\frac{U_m}{\alpha_m}=\frac{U_p}{\alpha_p}$$

考虑到雷诺数相似的要求，完全动力相似需满足

$$\frac{v_m}{v_p}=\frac{\alpha_m}{\alpha_m}\frac{l_m}{l_p} \tag{9-35}$$

因为实物流体是空气，所以为满足上式风洞实验，流体必须是低运动黏度、高声速的气体。因此氢气是唯一的选择，但实验代价太高，且不够安全。如果以空气为工质，则可以采用增压和降温的方法来尽量满足式（9-35），但仍然难以满足低线性比例因数（比如 1/100）的要求。因此对于高速流动的模型实验，通常只需满足马赫数相等，而忽略对雷诺数相等的要求。

例 9.6　以 1/10 模型在高压风洞中测定飞机阻力。飞机的实际飞行速度为 107.3 m/s，在模型实验中取 $U_m=U_p$。

（1）试确定为保证动力相似所需的风洞空气压强。

（2）如测得模型阻力为 4.448 N，试求实际飞行阻力。设风洞温度与实际飞行温度相同。

解：（1）为使风洞流动与飞机实际飞行工况动力相似，需两个流动的雷诺数相等，即

$$\left(\frac{\rho Ul}{\mu}\right)_m=\left(\frac{\rho Ul}{\mu}\right)_p$$

注意到 $U_m=U_p$，$\mu_m=\mu_p$，故有

$$\frac{\rho_{\mathrm{m}}}{\rho_{\mathrm{p}}} = \frac{l_{\mathrm{p}}}{l_{\mathrm{m}}} = 10$$

由于实验温度与飞行环境温度相同，故有

$$\frac{p_{\mathrm{m}}}{p_{\mathrm{p}}} = \frac{\rho_{\mathrm{m}}}{\rho_{\mathrm{p}}} = 10$$

$$p_{\mathrm{m}} = 1.013 \times 10^5 \times 10 = 1.013 \times 10^6 \ (\mathrm{Pa})$$

（2）动力相似时，阻力因数相等，即

$$\left(\frac{F_{\mathrm{D}}}{\frac{1}{2}\rho U^2 l^2}\right)_{\mathrm{p}} = \left(\frac{F_{\mathrm{D}}}{\frac{1}{2}\rho U^2 l^2}\right)_{\mathrm{m}}$$

于是，有

$$F_{\mathrm{D,p}} = \frac{\rho_{\mathrm{p}}}{\rho_{\mathrm{m}}}\left(\frac{l_{\mathrm{m}}}{l_{\mathrm{m}}}\right)^2\left(\frac{U_{\mathrm{p}}}{U_{\mathrm{m}}}\right)^2 F_{\mathrm{D,m}} = \frac{1}{10} \times \left(\frac{10}{1}\right)^2 \times 1 \times 4.448 = 44.48 \ (\mathrm{N})$$

在以上计算中假设了飞机飞行环境是在标准大气条件下，而实际飞行环境是与此不同的，如飞行在 10 km 高度时，可由表查得相应的压强和温度分别为 2.65×10^4 Pa 和 223.26 K，与此相应的空气黏度也将与常温条件下的黏度不同。

例 9.7 为确定深水航行的潜艇所受的阻力，采用 1/20 的模型在水洞中进行模拟实验。实物潜艇速度为 2.572 m/s，海水密度为 1 010 kg/m³，运动黏度为 1.30×10^{-6} m²/s，水洞中水的密度为 988 kg/m³，运动黏度为 0.556×10^{-6} m²/s。试确定模型实验所需速度及潜艇与模型的阻力比。

解： 模型与实物流动动力相似的定性准则是雷诺数，即

$$\left(\frac{Ul}{\nu}\right)_{\mathrm{m}} = \left(\frac{Ul}{\nu}\right)_{\mathrm{p}}$$

于是为保证动力相似，所需的模型流动速度

$$U_{\mathrm{m}} = \frac{\nu_{\mathrm{m}}}{l_{\mathrm{m}}}\left(\frac{Ul}{\nu}\right)_{\mathrm{p}} = \frac{0.556 \times 10^{-6}}{l_{\mathrm{p}} / 20} \times \frac{2.572 \times l_{\mathrm{p}}}{1.30 \times 10^{-6}} = 22.0 \ (\mathrm{m/s})$$

当两种流动动力相似时，非定性准则阻力因数相等，即

$$\left(\frac{F_{\mathrm{D}}}{\frac{1}{2}\rho U^2 l^2}\right)_{\mathrm{m}} = \left(\frac{F_{\mathrm{D}}}{\frac{1}{2}\rho U^2 l^2}\right)_{\mathrm{p}}$$

于是

$$\frac{F_{\mathrm{D,p}}}{F_{\mathrm{D,m}}} = \frac{\rho_p}{\rho_m}\frac{U_p^2}{U_m^2}\left(\frac{l_p}{l_m}\right)^2 = \frac{1010 \times 2.572}{9.88 \times 22.0^2} \times 20^2 = 5.59$$

例 9.8 在风洞内利用 1/16 的模型测量一新型客车的气动阻力，所得数据如表 9-3 所示。

表 9–3 本题所需的气动阻力

速度 $U/(\mathrm{m \cdot s^{-1}})$	18.0	21.8	26.0	30.1	35.0	38.5	40.9	44.1	46.7
阻力 F_D/N	3.10	4.41	6.09	7.97	10.70	12.90	14.70	16.90	18.90

（1）由上述数据分别计算量纲为 1 的阻力因数 $C_D=F_D/(\rho U^2 A/2)$ 与流动雷诺数 $Re=\rho Vw/\mu$，（$w_m=0.152$ m 为模型宽度，$A_m=0.030\ 5$ m^2 为模型的迎风面积），然后绘制 C_D–Re 曲线，并依据所得曲线估计使阻力因数保持为常数的最低气流速度。

（2）估算当实物客车以 100 km/h 的速度行驶时的气动阻力，以及克服这一阻力所需的功率。空气动力黏度 $\mu=1.789\times10^{-5}$ Pa·s，密度 $\rho=1.225$ kg/m^3。

解：（1）计算模型气动阻力因数和雷诺数

$$C_D = \frac{F_D}{\frac{1}{2}\rho U^2 A} = \frac{F_D}{\frac{1}{2}\times1.225\times U^2\times0.030\ 5} = \frac{53.5 F_D}{U^2}$$

$$Re = \frac{\rho U w}{\mu} = \frac{1.225\times0.152}{1.789\times10^{-5}}\times U = 1.04\times10^4 U$$

将相关数据代入上两式，即得对应的阻力因数和雷诺数。C_D–Re 曲线在图 9–4 中给出。可以看出，雷诺数增大时阻力因数先下降，当雷诺数大于 4×10^5 后，阻力因数不再变化，大致保持为 0.46，此时模型流动风速约为 40 m/s。

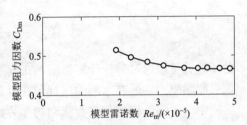

图 9–4 客车的 C_D–Re 曲线

（2）由线性比例因数计算实物客车的宽度

$$w_p = w_m / \lambda_1 = 0.152\times16 = 2.432\,(\mathrm{m})$$

模型与实物迎风面积之比等于线性比例因数的平方，于是

$$A_p = A_m / \lambda_1^2 = 0.030\ 5\times16^2 = 7.808\,(\mathrm{m^2})$$

注意到实物客车速度

$$U = 100\times10^3 / 3\ 600 = 27.78\,(\mathrm{m/s})$$

实物流动雷诺数

$$Re_p = \left(\frac{\rho U w}{\mu}\right)_p = \frac{1.225\times27.78\times2.432}{1.789\times10^{-5}} = 4.63\times10^6$$

由于 $Re_p > 4\times10^5$，故对于实物客车仍有 $C_D\approx0.46$，于是

$$F_{D,p} = C_D\times\frac{1}{2}\rho U_p^2 A_p = 0.46\times0.5\times1.225\times27.78^2\times7.808 = 44.48\,(\mathrm{N})$$

克服阻力所需功率

$$W_p = F_{D,p}U_p = 1.698\times10^3\times27.78 = 47.2\times10^3\,(\mathrm{W})$$

有自由面的流动 明渠流动、堰流、大坝的泄洪道以及绕水面船舶的流动等都是自由面流动的例子，如 9.4 节所讨论的那样，对于有自由面的流动，完全的动力相似要求雷诺数、

弗劳德数和韦伯数等分别相等。同时满足雷诺数和弗劳德数相等是难以实现的；且韦伯数会使问题变得更为复杂。幸运的是，在许多存在自由面的流动中，表面张力和黏性力的影响都相对较小，实现动力相似并不需要韦伯数和雷诺数的严格相等，起主导作用的相似准则数是弗劳德数。

让我们以水面船只的阻力为例来说明如何处理有自由面流动的动力相似问题。船舶在水面行驶时会激起波浪，消耗一部分能量，波浪运动改变了船体周围的压强分布，产生水平方向的阻力 F_{DW}，称为兴波阻力；同时船体浸没在水下的部分还受到黏性切应力的作用，导致水平方向的摩擦阻力 F_{Df}。船舶所受总阻力为上述两种阻力之和，$F_D = F_{DW} + F_{Df}$。弗劳德（William Froude，1810—1879）在 1872 年发展了一种通过实验确定船舶阻力的方法，此方法一直沿用至今。弗劳德认为船体浸没在水下部分的表面上的黏性边界层与船舶行驶过程中激起的波浪运动之间没有关联。他假设摩擦阻力只取决于雷诺数和船体表面的相对粗糙度，大小相当于一个面积为 A_w、长度为船体长度 L 的平板所受的摩擦阻力，A_w 是船体浸水部分的湿表面面积；而兴波阻力只与弗劳德数有关。依据弗劳德数的假设，摩擦和兴波阻力因数可分别表示为

$$C_{Df} = \frac{F_{Df}}{(1/2)\rho U^2 A_w} = f_f\left(\frac{\rho UL}{\mu}, \frac{\varepsilon}{L}\right) \qquad (9\text{--}36)$$

$$C_{Dw} = \frac{F_{Dw}}{(1/2)\rho U^2 A_w} = f_w\left(\frac{U}{\sqrt{gL}}\right) \qquad (9\text{--}37)$$

黏性阻力可以通过理论计算得出，在模型实验中只需保证弗劳德数相等即可确定兴波阻力。

船舶阻力实验在水池中进行，在以定常速度拖动船舶模型的过程中测量模型所受阻力。实验中只需保证模型与实物流动的弗劳德数相等；模型实验的雷诺数通常低于实物流动的相应雷诺数，船舶实际行驶过程中的流动处于湍流状态，因此模型设计中应注意保证模型流动也为湍流。

例 9.9 一货船长 100 m，航行速度为 10 m/s，浸入水中的船体面积为 300 m²。今欲采用 1/25 的模型进行阻力实验，试确定模型速度。设水池拖动实验中测得的模型总阻力为 60 N，试计算原型船只所受总阻力。

解：（1）由模型与实物弗劳德数相等可计算模型速度为

$$U_m = \sqrt{\frac{g_m L_m}{g_p L_p}} U_p = 10 \times \sqrt{\frac{1}{25}} = 2\,(\text{m/s})$$

（2）取水的运动黏度 $\nu = 1 \times 10^{-6}$ m²/s，密度 $\rho = 1\,000$ kg/m³，则模型和原型流动的雷诺数分别为

$$\left(\frac{UL}{\nu}\right)_m = \frac{2 \times (100/25)}{1 \times 10^{-6}} = 8 \times 10^6, \quad \left(\frac{UL}{\nu}\right)_p = \frac{10 \times 100}{1 \times 10^{-6}} = 1 \times 10^9$$

由雷诺数可知模型流动和原型流动都处于湍流状态。由雷诺数计算的模型和原型摩擦阻力因数分别为

$$C_{Df,m} = 0.003, \quad C_{Df,p} = 0.0015$$

引用式（9–35）计算模型流动的摩擦阻力，有

$$F_{\mathrm{Df,m}} = \frac{1}{2} \times 0.003 \times 1\,000 \times 2^2 \times \frac{300}{25^2} = 2.88\,(\mathrm{N})$$

模型兴波阻力等于总阻力与摩擦阻力之差，即

$$F_{\mathrm{Dw,m}} = F_{\mathrm{D,m}} - F_{\mathrm{Df,m}} = 60 - 2.88 = 57.12\,(\mathrm{N})$$

当弗劳德数相等时，由式（9-37）得

$$\left(\frac{F_{\mathrm{Dw}}}{(1/2)\rho U^2 A_{\mathrm{w}}} \right)_{\mathrm{p}} = \left(\frac{F_{\mathrm{Dw}}}{(1/2)\rho U^2 A_{\mathrm{w}}} \right)_{\mathrm{m}}$$

于是原型货船的兴波阻力为

$$F_{\mathrm{Dw,p}} = \frac{\rho_{\mathrm{p}}}{\rho_{\mathrm{m}}} \left(\frac{L_{\mathrm{p}}}{L_{\mathrm{m}}} \right)^2 \left(\frac{U_{\mathrm{p}}}{U_{\mathrm{m}}} \right)^2 F_{\mathrm{Dw,m}}$$

$$= 1 \times 25^2 \times \left(\frac{10}{2} \right)^2 \times 57.12 = 8.925 \times 10^5\,(\mathrm{N})$$

应用式（9-36）计算原型货船的摩擦阻力，即

$$F_{\mathrm{Df,p}} = C_{\mathrm{Df,p}} \times \frac{1}{2} \rho U_{\mathrm{p}}^2 A_{\mathrm{w}}$$

$$= 0.001\,5 \times 0.5 \times 1\,000 \times 10^2 \times 300 = 0.225 \times 10^5\,(\mathrm{N})$$

于是原型货船的总阻力

$$F_{\mathrm{D,p}} = F_{\mathrm{Dw,p}} + F_{\mathrm{Df,p}} = 8.925 \times 10^5 + 0.225 \times 10^5 = 9.15 \times 10^5\,(\mathrm{N})$$

在上例中表面张力影响较小，但在另外一些模型实验中，表面张力的影响则可能不容忽略。比如在设计河流模型时，通常会取较小的线性比例因数以使模型宽度在合理的范围内，但依据同一线性比例因数确定的模型深度尺寸却可能非常小，以至于表面张力成为重要影响因数；而在实际的河流中，表面张力影响则是可以忽略的。为了解决这一矛盾，通常在水平和垂直方向采用不同的线性比例因数。这样做虽然消除了表面张力的影响，但会造成几何相似不均匀，需要在实验中加以修正，为此，通常的做法是增加模型的表面粗糙度。在这种情形下需要先做验证实验，将模型实验的测量结果与已有的原型测量数据作比较，调整模型的粗糙度使模型实验与原型数据相符合，然后再进行实验来考察参数变化对流动特征的影响（如速度分布或自由面高度等）。

水泵　离心泵或轴流泵通过高速旋转的叶轮提升通过泵体的流体压强，一个水泵扬程的高低取决于通过泵体的流体体积流量 Q、叶轮直径 D、旋转角速度 ω 以及流体的密度 ρ 和黏度 μ，即

$$gh = f(Q, D, \omega, \rho, \mu)$$

上式中将扬程表示为 gh，即以单位质量流体的能量增加 gh 替代了单位重量流体的能量增加 h。通过量纲分析可将上式表示为如下量纲为 1 的形式，即

$$\frac{gh}{\omega^2 D^2} = f\left(\frac{Q}{\omega D^3}, \frac{\rho \omega D^2}{\mu} \right)$$

定义 $C_h = \dfrac{gh}{\omega^2 D^2}$，$C_D = \dfrac{Q}{\omega D^3}$，分别称为扬程因数和流量因数，量纲为 1 的组合 $\dfrac{\rho \omega D^2}{\mu}$ 即为雷诺数。当雷诺数很高时（$Re \geqslant 1 \times 10^5$），扬程因数将不再依赖于雷诺数，而只与流量因数有关，即

$$\frac{gh}{\omega^2 D^2} = f\left(\frac{Q}{\omega D^3}\right) \tag{9-38}$$

通常当 $C_Q = 0$ 时，C_h 取最大值；而当 C_Q 增加时，C_h 逐渐减小，直至趋于零。

另外一个感兴趣的量是为驱动水泵所需消耗的功率 $\dot{W}$。$\dot{W}$ 也是流量 Q、叶轮直径 D、旋转角速度 ω 以及流体的密度 ρ 和黏度 μ 的函数。重复上述分析过程，可得在高雷诺数条件下的量纲为 1 的关系式

$$\frac{\dot{W}}{\rho \omega^2 D^5} = f_2\left(\frac{Q}{\omega D^3}\right) \tag{9-39}$$

称 $C_{\dot{W}} = \dot{W}/(\rho \omega^3 D^5)$ 为功率因数。

泵的效率与流量因数、扬程因数和功率因数的关系于是可表示为

$$\eta = \frac{\rho g Q h}{\dot{W}} = \frac{C_Q C_h}{C_W} \tag{9-40}$$

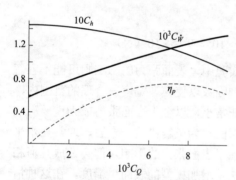

图 9-5 一个离心泵的特性曲线

在设计工况下，泵的效率最高，通常效率最高点位于 C_Q 的中间位置。图 9-5 给出了一个离心泵特性曲线的示意图。

为了方便泵的选择，工程师需要一个只包含转速、流量和扬程而与泵大小 D 无关的准则数，我们称之为比转数，定义如下

$$N_s = \frac{C_Q^{1/2}}{C_h^{3/4}} = \frac{Q^{1/2}\omega}{(gh)^{3/4}} \tag{9-41}$$

低 N_s 意味着低 Q 和高 h，即离心泵的特征；高 N_s 意味着高 Q 和低 h，即轴流泵的特征。将在最大效率点的比转数表示为 N_s^*，对于离心泵 $N_s^* < 0.3$，而对于轴流泵 $N_s^* > 0.4$，中间值则相应于混流泵。当知道了 Q 和 h 以及所需要的泵的比转数时，就可用式（9-41）来计算 ω，即驱动电动机的转速。

例 9.10 一水泵的特性曲线如图 9-5 所示，今使用该泵泵水，流量 $Q = 6.308 \times 10^{-2}\ \mathrm{m^3/s}$，回路总水头损失为 100 m 水柱。设水泵以最高效率工作，试计算该泵的转速 n、直径 D 和驱动功率 $\dot{W}$。

解： 由图 9-5 查得最高效率时 $C_Q = 7 \times 10^{-3}$，$C_h = 0.116$，$C_{\dot{W}} = 1.16 \times 10^{-3}$。由式（9-41）得

$$\omega = \frac{(gh)^{3/4}(C_Q)^{1/2}}{Q^{1/2}(C_h)^{3/4}} = \frac{(9.81 \times 100)^{3/4} \times (7 \times 10^3)^{1/2}}{(6.308 \times 10^{-2})^{1/2} \times 0.116^{3/4}} = 2.937 \times 10^2\ (\mathrm{rad/s})$$

$$n = \frac{60\omega}{2\pi} = \frac{20 \times 2.937 \times 10^2}{2\pi} = 2\,805\ (\mathrm{r/min})$$

由流量因数定义式 $C_Q = Q/(\omega D^3)$，得水泵直径

$$D = \left(\frac{Q}{\omega C_Q}\right)^{1/3} = \left(\frac{6.308 \times 10^{-2}}{2.937 \times 10^2 \times 7 \times 10^{-3}}\right)^{1/3} = 0.313\,1\,(\mathrm{m})$$

由功率因数定义式 $C_{\dot{W}} = \dot{W}/(\rho\omega^3 D^5)$，得水泵功率

$$\dot{W} = \rho\omega^3 D^5 C_W = 1\,000 \times (2.937 \times 10^2)^3 \times 0.313\,1^5 \times 1.16 \times 10^{-3} = 88.43 \times 10^3\,(\mathrm{W})$$

小　结

本章内容可以分为量纲分析、力学相似和模型实验三大部分。

量纲分析：根据量纲一致性原理，一个正确反映客观规律的物理方程必定可以写成量纲为 1 的形式。依据泊金汉 Π 定理可以方便地确定与一个流动问题相关的量纲为 1 的组合量。

力学相似：两个几何相似的流动，当其决定性准则数相等时它们便力学相似；通过对控制方程和相关的边界条件实施量纲为一化，推得基本准则数，如雷诺数、弗劳德数和马赫数等。

模型实验：在模型实验中通常采用部分相似，即只需保证模型与实物流动的主要相似准则数相等，而对未能满足相等条件的相似准则数导致的实验误差，则通过数据修正予以考虑。本部分讨论了通道内流动、物体绕流、有自由面的流动以及叶轮机械如水泵等的模型实验中的主要决定性相似准则数以及可能出现的问题和处理方法。

习　题

量纲与单位

9.1　气体的自由程 L 定义为分子两次碰撞之间的平均运动距离，根据分子运动理论，理想气体的自由程可表示为

$$L = 1.26(\mu/\rho)(RT)^{-1/2}$$

式中，R 是气体常数，T 是绝对温度。试确定常数 1.26 的单位。

9.2　一直径为 D 的圆球在高黏性流体中以速度 V 做缓慢运动时，受到的阻力可表示为

$$F_D = 3\pi\mu DV + (9\pi/16)\rho V^2 D^2$$

试检验这一表达式的量纲是否一致。

9.3　一个常用的计算直径为 D、沿流动方向压强梯度为 $\mathrm{d}p/\mathrm{d}x$ 的圆管内体积流量的公式是

$$Q = 61.9 D^{2.63}(\mathrm{d}p/\mathrm{d}x)^{0.54}$$

上式称为 Hazen–Williams 公式。试确定式中常数的量纲。

综合性习题

9.4　如图 1 所示，两清洁薄板均以倾角 α 对称地插入一表面张力系数为 σ、接触角为 θ 的液体中，在容器的液体自由面上两板间距为 L，垂直于纸面方向的宽度为 b，液体在两板间上升高度为 h。

（1）试求由于表面张力效应作用在两板间液柱上的总作用力（沿 z 轴）。

（2）设液体密度为 ρ，试推导表面张力系数 σ 用其他变量表示时的函数关系式。

9.5 圆筒黏度仪如图 2 所示，外筒静止、内筒旋转，两筒间以及圆筒底部宽为 r 的缝隙中的流体受到切应力作用，假设缝隙中速度呈线性分布。如果测得驱动内筒旋转的力矩为 M，试在下述两条件下推导流体黏度的表达式：

（1）忽略圆筒底部的黏性摩擦。

（2）考虑圆筒底部的黏性摩擦。

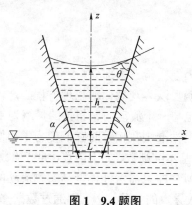
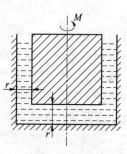

图 1 9.4 题图   图 2 9.5 题图

量纲分析

9.6 一个潜艇的螺旋桨产生的推力 F_T 与螺旋桨叶的直径 D、旋转速度 ω、船只前进速度 V、重力加速度 g、水的密度 ρ、黏度 μ 和压强 p 等因素有关。试利用量纲分析方法确定与螺旋桨运行有关的量纲为 1 的准则数。

9.7 肥皂泡玩具产生的肥皂泡直径 d 与肥皂液的黏度 μ、密度 ρ、表面张力系数 σ、压强差 Δp 以及产生肥皂的圆环直径 D 等有关。试确定相关的量纲为 1 的组合量。

9.8 通过喷管进入炉膛的油射流束最终破碎为小油滴，油滴直径 d 与油的黏度 μ、密度 ρ、表面张力系数 σ 以及射流速度 V 和喷管直径 D 等有关。试判断与油滴形成过程相关的量纲为 1 的组合量有几个，并写出每一个量纲为 1 的组合量。

9.9 重量轻的物体，如昆虫，可能由于表面张力的作用而停留在液面。水面可支持的重量 W 取决于物体的周长 p、液体的密度 ρ、表面张力系数 σ 和重力加速度 g。试确定与这一现象有关的量纲为 1 的组合量。

9.10 经过孔口出流的流量 Q 与孔口直径 d、流体密度 ρ 及压强差 Δp 有关。试用量纲分析法确定流量的表达式。

9.11 在流体中缓慢运动的小球所受到的阻力与小球的直径 d、运动速度 U 以及流体的黏度 μ 有关。试用量纲分析法确定阻力的表达式。

9.12 试用量纲分析法证明风洞运行时所需功率 $\dot{W} = \rho L^2 V^3 f(\rho L V / \mu)$，式中 $\dot{W}$ 为功率，ρ 为流体的密度，μ 为动力黏度，L 为风洞的特征长度。

9.13 水轮机输出的转矩 T 与水头高度 H、水的密度 ρ、流量 Q、水轮机的旋转角速度 ω 及效率 η 有关。试用量纲分析法确定转矩的表达式。

雷诺数相似——通道内流动

9.14 在内径为 200 mm 的管道内 20 ℃的水以 4 m/s 的速度流动。40 ℃的气流在内径为

100 mm 的管道内以多大的速度流动可保证两种流动动力相似？

9.15　一大型文丘里流量计用 1/10 的模型进行校正，模型流动介质与实物流动相同。试确定在动力相似情况下模型与实物的体积流量之比。

9.16　气体管路直径为 1.2 m，气流平均速度为 23 m/s，密度为 41.68 kg/m³，动力黏度为 0.2×10⁻³ Pa·s。为了确定管路中的损失，模型流动拟采用流量为 327 m³/h 的水流（20 ℃）。试确定模型管路的直径。

9.17　某水洞在设计条件下实验段的水流速度为 3 m/s，所需功率为 3.75 kW。若改用空气做流动介质，试确定实验段气流速度和所需功率。水的密度和运动黏度分别取 1 000 kg/m³ 和 1.14×10⁻⁶ m²/s，空气的密度和运动黏度分别取 1.28 kg/m³ 和 14.8×10⁻⁶ m²/s。

雷诺数相似——物体绕流

9.18　一飞机以 320 km/h 的速度在静止的大气中飞行，大气的温度为 15 ℃、压强为 101.3 kPa，机翼弦长 3 m。若以 1/20 的机翼模型在风洞中进行实验，需保证雷诺数相似。

（1）设风洞实验段中气流的温度、压强与大气相同，气流速度应为多大？

（2）若在变密度风洞中，气流压强为 1 400 kPa，温度为 15 ℃，气流速度应为多大？

（3）若在 15 ℃的水中进行模拟实验，模型的运动速度应为多大？

9.19　某物体在静水中以 1 m/s 的速度运动。若在风洞中以 1/5 的模型进行实验，测得其阻力为 20 N，试求动力相似条件下实物上所受到的阻力。（$\rho_水$=1 000 kg/m³，$v_水$=1.13×10⁻⁶ m²/s；$\rho_气$=1.222 kg/m³，$v_气$=1.468×10⁻⁵ m²/s）

9.20　一机翼的弦长为 600 mm，在空气中运动速度为 20.2 m/s。若以弦长为 150 mm 的模型在风洞中进行实验，当保证雷诺数相似时，风洞实验段中的风速应为多少？

9.21　某气球在 20 ℃的空气中飞行，现用 1/3 的模型在水中进行模拟实验，若水温为 15 ℃，模型直径为 1 m，模型以 1.2 m/s 的速度运动时测得阻力为 200 N，则与之动力相似的气球上受到的阻力为多少？

9.22　利用一个 1/10 的货车模型在风洞内作测试，货车的迎风面积 A_m=0.1 m²，当风速 V_m = 75 m/s 时测得气动阻力 F_D = 350 N。计算实验条件下的阻力因数。如果假设模型与原型货车的阻力因数相同，试推算原型货车在高速公路上以 90 km/h 的速度行驶时的气动阻力。为保证动力相似，与 90 km/h 速度相应的风洞内模型实验速度应为多少？这样的速度是否合适，为什么？

9.23　一 1/16 的客车模型在风洞内做气动阻力测试。模型宽为 152 mm，高为 200 mm，长为 762 mm，在实验风速 26.5 m/s 时实测的阻力为 6.09 N。由于在风洞实验测试段沿流动方向存在−11.8 Pa/m 的压强梯度，故需要对上述阻力测量数据作修正。试估算阻力的修正值，然后计算模型的阻力因数，并推算原型客车在速度 100 km/h 的气动阻力。

弗劳德数相似

9.24　若模型流动与实物流动同时满足雷诺数相似和弗劳德数相似，试确定两种流动介质运动黏度的关系。

9.25　一水坝溢洪道模型流场中某点的速度为 1 m/s，若线性比例因数为 1/10，试计算实物流场中对应点上的速度。

9.26　一线性比例因数为 1/50 的船体模型在设计速度下在水池中测得的兴波阻力为

30 N，试计算实物船体的兴波阻力。

9.27 一船体长 200 m，航行速度为 25 km/h。若用船模拟 2.5 m/s 的速度在水池中拖动，试确定两种流动的弗劳德数和模型的长度。

9.28 采用两种方法对一个 1/30 的潜水艇模型做测试：一种是水面拖动模型；另一种是水面下深水中拖动模型。已知原型潜艇水面航行速度为 20 kn（节），水下航行速度 0.5 kn。

（1）试分别计算可保证动力相似的水面和水下实验速度。

（2）推算模型实验阻力与原型潜艇阻力的比例。（注：1 kn=1.85 km/h）

9.29 一长为 1 m 的船只模型在水池实验中的测试结果如表 1 所示（数据已经过处理）。

表 1 测试结果

速度/($m \cdot s^{-1}$)	3	6	9	12	15	18	20
兴波阻力/N	0	0.125	0.50	1.50	3	4.00	5.50
摩擦阻力/N	0.1	0.350	0.75	1.25	2	2.75	3.25

试估算当原型船在水中以 15 kn 和 20 kn 速度行驶时的总阻力。

水泵、叶轮机械

9.30 今欲选一泵输运相对密度 S=0.86 的油，体积流量为 150 L/s，扬程为 22 m，转速为 1 800 r/min。请问何种形式的泵适合这一工作？

9.31 厂商欲使一几何相似的泵的流量和扬程均加倍，试确定应如何改变新泵的转速和直径。

9.32 今欲以 0.66 m³/s 的流量输运密度为 900.1 kg/m³ 的流体，消耗功率为 200 kW。试确定泵的形式、尺寸和转速。（提示：泵的转速可在 1 000～2 000 r/min。）

9.33 一原型轴流泵的流量为 0.75 m³/s，扬程为 15 m，转子直径为 0.25 m，转速为 500 r/min。现在一小型测试台架上做模型实验，提供的功率为 2.25 kW，转速为 1 000 r/min。试确定在动力相似条件下模型泵的扬程、体积流量和转子直径。

9.34 表 2 给出一原型泵和模型泵在动力相似条件下测得的不完整数据，试添加遗漏的数据。

表 2 测试数据

变量	原型泵	模型泵
Δp		29.3 kPa
Q	1.25 m³/min	
ρ	800 kg/m³	999 kg/m³
ω	183 rad/s	367 rad/s
D	150 mm	50 mm

9.35 一个风扇消耗的功率 $\dot{W}$ 与流体密度 ρ、体积流量 Q、叶轮直径 D 以及转速 n 有关。如果一个 D_1=200 mm 的风扇，在转速为 n_1=2 400 r/min 时的风量为 Q_1=0.4 m³/s，试推算一个

D_2=400 mm 的几何相似的风扇在转速为 n_2=1 850 r/min 时的体积流量。

综合性习题

9.36　流体绕流长矩形截面柱体的阻力高于绕流圆柱的阻力。在水洞中测得的边长为 2 cm 的正方形截面柱体（柱体很长）绕流阻力数据如表 3 所示。

表 3　测试数据

V/(m·s^{-1})	1.0	2.0	3.0	4.0
阻力/(N·m^{-1})	21	85	191	335

试利用上述数据估算 20 ℃的空气以 6 m/s 的速度绕流边长为 55 cm 的正方形截面烟囱的阻力，并对估算作不确定性分析。

9.37　飞机或潜艇的螺旋桨产生的推力与螺旋桨直径 D、旋转转速 n、前进速度 V 和流体密度 ρ 有关，流体黏性影响很小，可以忽略。在海平面风洞内对直径为 25 cm 的飞机螺旋桨模型在 20 m/s 速度条件下做了测试，数据如表 4 所示。

表 4　测试数据

旋转转速/(r·min^{-1})	4 800	6 000	8 000
推力/N	6.1	19.0	47.0

（1）对上述数据作量纲分析，并画出相应曲线。

（2）利用作出的量纲为 1 的曲线预测直径为 1.6 m 的飞机螺旋桨的推力，设螺旋桨旋转速度为 3 800 r/min，飞机在 4 000 m 高空以 362 km/h 的速度飞行。